基礎生物学テキストシリーズ 8

生態学

ECOLOGY

武田 義明 編著

化学同人

◆「基礎生物学テキストシリーズ」刊行にあたって◆

21 世紀は「知の世紀」といわれます.「知」とは，知識(knowledge)，知恵(wisdom)，智力(intelligence)を総称した概念ですが，こうした「知」を創造・継承し，広く世に普及する使命を担うのは教育です．教育に携わる私たち教員は,「知」を伝達する教材としての「教科書」がもつ意義を認識します.

近年，生物学はすさまじい勢いで発展を遂げつつあります．従来，解析が困難であったさまざまな問題に,分子レベルで解答を見いだすための新たな研究手法が次々と開発され,生物学が対象とする領域が広がっています．生物学はまさに躍動する生きた学問であり,私たちの生活と社会に大きな影響を与えています．生物学に関する正しい知識と理解なしに，私たちが豊かで安心・安全な生活を営み，持続可能な社会を実現することは難しいでしょう.

ところで，生物学の進展につれて，学生諸君が学ぶべき事柄は増える一方です．理解しやすく, 教えやすい, 大学のカリキュラムに即したよい「生物学の教科書」をつくれないか. 欧米の翻訳書が主流で日本の著者による教科書が少ない現状を私たちの力で打開できないか．こうした思いから，私たちは既存の類書にはない新しいタイプの教科書「基礎生物学テキストシリーズ」をつくり上げようと決意しました.

「基礎生物学テキストシリーズ」が目指す目標は,『わかりやすい教科書』に尽きます．具体的には次の３点を念頭に置きました．① 多くの大学が提供する生物学の基礎講義科目をそろえる，② 理学部および工学部の生物系，農学部，医・薬学部などの１，２年生を対象とする，③ 各大学のシラバスや既刊類書を参考に共通性の高い目次・内容とする．基本的には15時間２単位用として作成しましたが,30時間４単位用としても利用が可能です.

教科書には，当該科目に対する執筆者の考え方や思いが反映されます．その意味で，シリーズを構成する教科書はそれぞれ個性的です．一方で，シリーズとしての共通コンセプトも全体を貫いています．厳選された基本法則や概念の理解はもちろん，それらを生みだした歴史的背景や実験的事実の理解を容易にし，さらにそれらが現在と未来の私たちの生活にもたらす意味を考える素材となる「教科書」，科学が優れて人間的な営みの所産であること，そして何よりも，生物学が面白いことを学生諸君に知ってもらえるような「教科書」を目指しました.

本シリーズが，学生諸君の勉学の助けになることを希望します.

シリーズ編集委員　中村　千春
奥野　哲郎
岡田　清孝

基礎生物学テキストシリーズ 編集委員

中村 千春 神戸大学名誉教授，前龍谷大学特任教授 Ph.D.

奥野 哲郎 京都大学名誉教授，龍谷大学農学部教授 農学博士

岡田 清孝 京都大学名誉教授，基礎生物学研究所名誉教授，総合研究大学院大学名誉教授 理学博士

「生態学」執筆者

伊藤 一幸	前神戸大学教授	10 章
岩田 智也	山梨大学生命環境学部教授	4 章，5 章，7 章
丑丸 敦史	神戸大学大学院人間発達環境学研究科教授	2 章，8 章
◇武田 義明	神戸大学名誉教授	1 章，6 章，9 章
堂囿いくみ	東京学芸大学教育学部准教授	3 章

（五十音順，◇は編著者）

はじめに

地球上の生物は約40億年かけて，環境の変化に適応しながら，また環境を改変しながら進化し，非常に多くの種に分化してきた．さらに生物同士の競合，食物連鎖などを通じて複雑な関係を築き上げてきた．現在の生態系は，環境と生物，生物間の複雑な関係の上に成り立っている．人類ももちろん，この生態系の一部を構成している．しかし，人類の文明や科学の発達，人口増加が生態系に大きな影響を与えるようになってきた．これは人類自身も影響を受けることを意味し，この状態が進行すると人類の生存基盤も危うくなると心配されている．この複雑な生態系の仕組みを解明し，理解することが将来の持続可能な社会へつながると期待されている．

生態学は生物学の一分野に位置づけられる．大気現象，生物，岩石，物質，天文など，あらゆる自然界の現象を記述するのが博物学であるが，古代ギリシャのアリストテレスが『動物誌』を，テオプラストスが『植物誌』を著したのが生物学の始まりといわれている．18世紀後半から19世紀にかけてドイツの探検家であるアレクサンダー・フォン・フンボルトが熱帯アメリカを探検し，『コスモス』を著した．その中で，動植物の分布と気候および地理的な要因や緯度・経度との関係を初めて論じた．19世紀になってドイツの動物学者であるエルンスト・ヘッケルは，ギリシャ語の「家」または「経済」を意味するοἶκος(オイコス)と「学問」を意味するλόγος(ロゴス)を組み合わせて，ecology(生態学)という言葉をつくり，「生態学とは，生物と環境および共に生活するものとの関係を論じる科学である」と定義した．したがって生態学の研究対象は，生物の生活史，生物の種内・種間の関係，生物と環境の関係，生物と時間の関係など広範囲にわたる．

生物は環境に適応するように進化し，また環境も変えてきた．1章では生物を取り巻く環境について解説している．生物を取り巻く環境には，気候的要因，土地的要因，生物的要因がある．さらに生物の分布には，現在の環境だけでなく過去からの環境変化も影響しており，地史的な要因として捉えることができる．

2章では，生物が環境に対して，また，どのような要因によって適応進化してきたか，ダーウィンの進化論を元に具体的に解説している．生物は種集団内に遺伝的な個体変異があり，環境の変化に耐えられる遺伝子をもったものが生き残ることや，種内の競争によって，より有利な形質をもったものが存続できるといった自然選択が働き，進化していく．これらは生態系の構造や機能を理解するうえで役に立つ．

生態系で生物は，さまざまな種から構成されており，互いにさまざまなつながりをもって生存している．3章では生物間の関係，つまり生物間相互作用を解説している．生物が互いに利益を得る相利共生，一方的に利益を得，殺しはしないが他方に利益をもたらさない片利共生，一方的に利益を得，相手方を殺してしまう寄生がある．4章と5章では生態系の構造や機能，エネルギーの流れや物質循環が述べられている．生態系で，光合成や化学合成によりエネルギーを有機物として生態系に取り込む生産者，それを餌にしている消費者，生産者や消費者の遺体を分解して物質を環境に戻す分解者があり，物質循環の機能を担っている．これらは食物連鎖や腐植連鎖を通じてつながっている．動物には 1 mm にも満たないクマムシから 30 m を超すシロナガスクジラまで多種多様な種類がいて，それぞれが関係をもちながら存在しており，とくに食物連鎖では捕食者と被食者の関係が生まれる．この関係は，それら個体群の動態に影響を及ぼす．このことが 7 章で述べられている．

6 章では，植物群落の分類方法，世界と日本の植生について解説されている．世界の植生は，大まかに気温と降水量によって左右される．熱帯から極地に向かうにつれて気温が下がり，植生もこれに対応して変わる．また，大陸の海岸から内陸に行くにつれて乾燥が進み，植生も変化する．日本の植生は，気温は元より，積雪量にも影響を受けている．このように植生は気候環境と深く関連しているが，土地的な要因，人為的な要因も影響することが示されている．

私たちが認識している地球上の生物の種類は約 140 万種以上であるが，1000 万種以上いるともいわれている．このようにさまざまな生物がいることで生態系が維持されている．8 章では生物多様性を解説している．生物多様性には，種の多様性，生態系の多様性，遺伝的な多様性のレベルがあること，近年，生物多様性が減少して危機を迎えていること，また，その保全について解説している．生態系から人間はさまざまな恩恵を受けており，その恩恵を生態系サービスと呼んでいる．生態系サービスには供給サービス，調整サービス，文化的サービス，基盤サービスなどがあり，生物多様性は生態系の基盤になり，これらのサービスを支えている．9 章では，このことについて述べている．また人間が存続していくためには，生態系の保全が不可欠である．人間の食料を生産する農業にも持続的な営農や開発が求められる．10 章では持続可能な農業を解説している．

本書が，生態学の基礎を学び，生態系の複雑さやその重要性を理解するうえで一助になることを期待している．

2021 年 2 月

著者を代表して
武田　義明

目 次

練習問題の解答は，化学同人ホームページ上に掲載されています．
https://www.kagakudojin.co.jp/book/b378574.html

1章 環境と生物の関わり

生物は地球上のさまざまな環境に適応して，進化してきた．これらの生物によって形成されている生態系も，さまざまな環境の影響を受けており，地球上での分布も制限されている．

たとえば植物群落に影響を与える環境要因(図 1.1)には，気候的要因，土地的要因，生物的要因，地史的要因があるが，それらは必ずしもそれぞれ独立しているのではなく，強弱はあるものの総合的に働く．

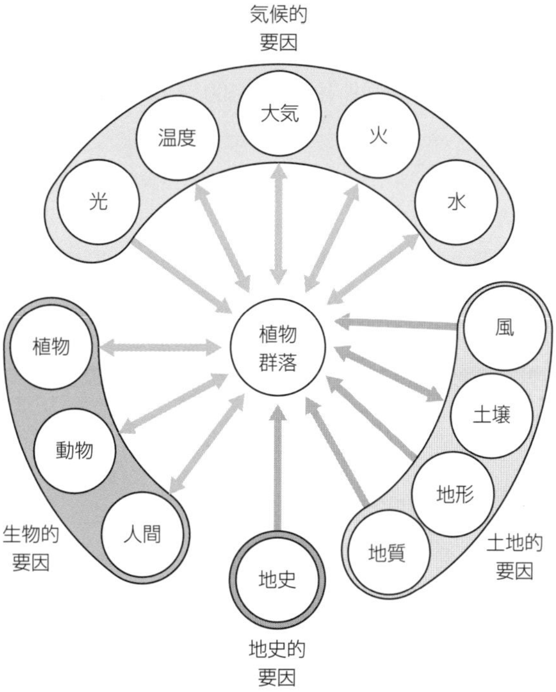

図 1.1　植物群落を取り巻く環境要因

1.1　環境要因

1.1.1　気候的要因

気候は，温度，光，水，大気，火，風などの物理化学的要因と関係し，生物の成育や分布に影響を与えている．温度は気温に反映され，地球上では赤道近くが最も年平均気温が高く，緯度が上がるにつれて低下する．植物群落もそれにつれて常緑樹林から夏緑樹林，常緑針葉樹林へと変化し，さらに高木が生育できない草原へと変わっていく．また，標高が上がるにつれて気温も低下し，同じように植物群落も変わる．

水は降水または地下水というかたちで供給される．水は海洋から蒸発して水蒸気として大気中に入り，上昇して凝縮し雲となる．雲は雨となって陸地に降り注ぎ，それが地表面を伝い，一部は地中に染み込み，海洋へと流れ出し，循環する．その循環の中でさまざまな生物が水を利用する．水は雨としてのほか，霧や雪としても地上に降る．これらの降雨の形態によって生物への影響も異なる．

地上の生物は気候環境から大きく影響を受けている．とくに気温と降水量は植生を規定している．気温が下がるにつれて植生も変化し，植生帯は平均気温 18℃以上の地域が**熱帯**(tropical zone)，12 ～ 18℃の地域が**暖温帯**(warm temperate zone)，2 ～ 12℃の地域が**冷温帯**(cool temperate zone)，－3 ～ 2℃の地域が**亜寒帯**(subarctic zone)，－3℃以下の地域が**寒帯**(arctic zone)として区分されている(図 1.2)．

熱帯のうち年間降水量約 2500 mm 以上の地域では熱帯多雨林が，約 1400 ～ 2500 mm の地域では熱帯季節林が，約 500 ～ 1400 mm の地域では熱帯広

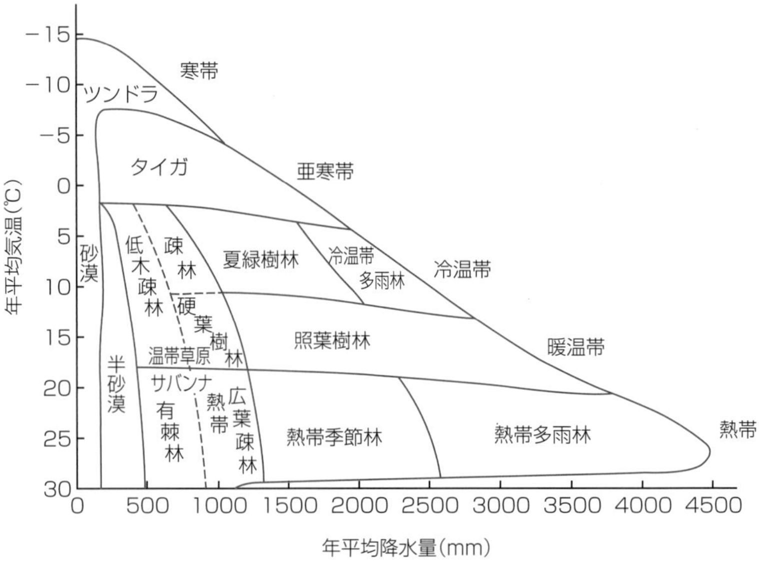

図 1.2　気温・降水量と世界の植生類型

葉疎林，有棘林，サバンナなどが成立し，約 500 mm 以下では半砂漠，砂漠となる．

暖温帯のうち年間降水量約 1200 mm 以上の地域では照葉樹林が発達し，約 800 ～ 1200 mm で冬雨型の地域では硬葉樹林が成立する．また，約 300 ～ 600 mm の地域では温帯草原（ステップ）が発達する．約 300 mm 以下の地域では半砂漠，砂漠となる．

冷温帯のうち多雨地帯で冬雨型の地域では冷温帯多雨林が成立する．約 600 mm 以上の地域では夏緑樹林となる．

亜寒帯ではタイガと呼ばれる針葉樹林が発達し，寒帯では低木や草本が優占するツンドラとなる．

降水量の少ない地域では野火がよく起こり，山火事に適応した植物が見られる．また，海岸や高山帯では常に強風にさらされる場所があり，そこでは強風によって樹形が変わったりして植物の生長が大きな影響を受ける．

地球の自転軸は公転軸に対して 23.4° 傾いており，太陽から受ける放射熱に赤道と極地で違いが出てくる．したがって，緯度の低い赤道地域が最も熱を受けて気温が高くなり，緯度が上がるにつれて気温が下がる．それとともに**植生**（vegetation）および**植物相**（flora）[*1] や**動物相**（fauna）[*2] も変化する．**地理的位置**（geographical location）によって気候が変わり，生物も影響を受ける．

＊1　ある地域に生育している植物の種類．

＊2　ある地域に生息している動物の種類．

1.1.2　土地的要因

土地的要因には，地形，地質，土壌があり，地理的位置が関係する．地形は気候を左右する．日本列島でいえば，日本海の存在と本州の脊梁（せきりょう）山脈が日本海側の多雪気候を形成する．冬期，ユーラシア大陸からの北西風が日本海を渡るときに水蒸気を含み，脊梁山脈にぶつかって多量の雪を降らせる．

Column

山火事に適応した植物

乾燥地帯では山火事の発生率が高い．人為的な影響で起こることも多いが，落雷などによる自然発生で起こることもある．このような地域では，火事に適応した植物も存在する．カナダ東部および北アメリカ東北部のバンクスマツ（*Pinus banksiana*）やカナダおよびアメリカ西部のロッジポールパイン（*Pinus contorta*）の球果は，熱に合うと鱗片が開き，種子を散布する．オーストラリアのフトモモ科のカリステモン（Callistemon）やバンクシア（*Banksia*）の仲間にも，熱に合うと蒴果（さくか）が裂開し種子を散布するものがある．また，アメリカ西部のセコイアメスギ（*Sequoia sempervirens*），オーストラリアのユーカリの一種や東アジアのカシワ（*Quercus dentata*）は，樹皮が厚いので完全に燃えることはない．日本では，火入れされている草原にカシワ林が成立していることもある．

多雪は植物や動物に大きな影響を与える．ササは，積雪量によって分布する種が異なることが知られている．最も雪の多い地域にはチシマザサが，太平洋側の雪の少ない地域にはスズタケやミヤコザサが，中間地帯にはクマイザサやチマキザサが分布している．動物も，イノシシやニホンジカは多雪地帯に分布することができない．

ユーラシア大陸においても，ヒマラヤ山脈の南斜面にはモンスーンが吹きつけ多量の雨をもたらすが，山脈を越えると途端に乾燥する．また，大陸の沿岸部は雨が多いが，内陸へ行くにつれて乾燥する．それに伴って森林地帯から草原地帯，砂漠地帯へと移行する．

さらに，山の南面は日当たりがよく乾燥しやすいが，北面は湿気が多いなど，微気象の違いも生み出す．

土壌とは，岩石が風化して粒径 2 mm 以下の砂や 0.074 ～ 0.005 mm のシルト，それ以下の粘土になり，それに植物や土壌動物などの遺体に由来する有機物が混じったものである．植生がなければ土壌は形成されない．一方，地質の違いは土壌の形成や物理化学的性質に大きな影響を与え，それが植生に反映される．石灰岩，蛇紋岩[*3]などには特殊な植物が生育している．石灰岩地帯に生育する種としてはキバナコウリンカ(キク科)，イワツクバネウツギ(スイカズラ科)，チチブミネバリ(カバノキ科)などがあるが，隔離分布していたり，分布が限られたりしているものが多い．また蛇紋岩地帯でも，同じようにトサミズキ(マンサク科)，ナンブイヌナズナ(アブラナ科)，カトウハコベ(ナデシコ科)などが生育している．石灰岩ではカルシウム，蛇紋岩ではマグネシウムを多く含む土壌を形成するが，いずれも風化しにくく岩場を形成することが多い．クモノスシダ(チャセンシダ科)，イワシデ(カバノキ科)，イワシモツケ(バラ科)などはこのような岩場に生育する．

＊3　かんらん岩が地下の深層部で水の作用を受けて形成された岩石で，マグネシウムを多く含む超塩基性岩．岩石の表面にヘビに似た模様があることから名づけられた．

1.1.3　生物的要因

生物は種内および種間で影響を及ぼし合っている．植物は動けないため，同じ場所に生えると光をめぐる競争が起こる．背の高い植物のほうが有利となり，競争に勝つことができる．また背の低い植物であっても，光の少ないところでも光合成ができる耐陰性であれば，背の高い植物の下で生きることができるし，背の高さが同じであれば，耐陰性の植物のほうが強く，最終的に生き残ることができる(6.4 節参照)．

海外との交流が盛んになるにつれ，人の移動が多くなり，その範囲も大きく広がっている．それに伴いさまざまな動植物も，経済的理由や園芸用，ペットなどとして輸入されたり，意図せずに船舶や飛行機などに忍び込んできたりしている．これらの外来生物のなかには，移住先の生物に大きな影響を与えるものも多くある．フイリマングースはハブ退治のために奄美大島や沖縄

図 1.3 アライグマ
Sharon Haeger/Shutterstock.com.

に導入されたが，ハブよりもむしろアマミノクロウサギやヤンバルクイナなど，その地の固有種を捕食するようになった．また，ペットとして導入されたアライグマは成獣になると凶暴になり，飼えなくなるために野外へ放され，野生化して農業被害を起こしたり，在来のサンショウウオやカエルに大きな影響を与えている（図 1.3）．さらに，釣りや食用として導入されたブラックバスは，モロコやフナなど在来の魚を捕食し，水域の生態系に大きな影響を与えている．このように今までいなかった種が外部から入ってくることによって，その地域の生態系が大きく変わることがある．

生物は環境の影響を受けるばかりでなく，生物も環境に作用し変えている．約 27 億年前に誕生した**シアノバクテリア**（cyanobacteria）[*4] が光合成を行い，空気中の二酸化炭素を吸収し，酸素を放出するようになった．そこで地球上の大気中に酸素が徐々に増え，他の生物が住むのに適した環境が形成されてきた．このシアノバクテリアが形成した**ストロマトライト**（stromatolite）[*5] が化石になって残り，現存するものはわずかであるが，オーストラリアのシャーク湾（図 1.4），フロリダ半島，大西洋のバミューダ諸島，ペルシャ湾岸などに存在している．

近年，日本では野生のシカが増え，農産物に大きな被害を与えているだけでなく，森林や草原も食害され，植生が大きく変化している（図 1.5）．森林では下層低木や草本がなくなり，土壌が露出している場所も見られる．樹木も樹皮が剥がされ枯死し，奈良県の大台ヶ原のトウヒ林のように壊滅的な打撃を受けている地域もある．さらに，下層植生がなくなることによって，それを餌にしている森林の他の動物にも影響を与えている．

＊4　以前は藍藻（らんそう）といわれていた．最近では，細胞内に核がないことから原核生物である細菌の一種とされる．他の細菌と違って葉緑素をもち，光合成を行う．

＊5　シアノバクテリアと堆積物が層になってドーム状に成長した岩石．

図 1.4　オーストラリア・シャーク湾のストロマトライト
Monica Johansen/Shutterstock.com.

図 1.5　シカの食害を受けた森林
兵庫県養父市. チシマザサが密生していたが, なくなった.

生物同士の関係については，共生や食物連鎖をはじめとして複雑な機構がある．それらについては3章，4章，5章，7章を参照されたい．

1.1.4　地史的要因

地史的要因とは過去の気候変動である. それによって生物の分布が変化し，その影響が現在まで残っている.

地球の気温変動は大きく，北アメリカ大陸やユーラシア大陸で氷床が発達した氷河期が過去4回あったと考えられている．さらに，その間に約10万年周期で，寒冷な氷期と温暖な間氷期が繰り返されている．最近の氷期は古い順からギュンツ，ミンデル，リス，ウルムと呼ばれる．この時代の最も寒い時期の気温は，現代よりも7～8℃低かったと推定されている．最終氷期が約1万年前に終わり，その後，徐々に気温が上昇し，約6000年前に最も暖かくなり，そのときの気温は現在より1～2℃高くなったといわれている．気温の上昇とともに海面も高くなり，現在よりも1～4m高くなったといわれており，この現象を**縄文海進**と呼んでいる．逆に最終氷期には，現在よりも海面が100～120m低かったといわれている．日本列島の植生は，これらの気温変動に対応して変化してきた．

約2万年前の日本列島の植生は，東北以南では低標高部域が冷温帯落葉広葉樹林となっており，照葉樹林は九州南部に追いやられていた．照葉樹林の一部は，比較的温暖な房総半島，伊豆半島，御前崎，紀伊半島，室戸岬，足摺岬などを**レフュージア**(refugium)[*6]として，かろうじて残された．比較的気温の高い九州南部，紀伊半島，室戸岬，足摺岬では多くの種が残存し，種多様性の高い照葉樹林が保たれたが，比較的気温の低い房総半島，伊豆半島では多くの種が消滅し，種多様性の低い照葉樹林となっている．

*6　生物の避難場所のこと．気候変動で，氷河期など生物にとって生息に不適になった時期でも生き残ることができた場所．

氷期が終わり温暖化するにつれて，照葉樹林もそれぞれのレフュージアから分布を拡大してきた．しかし，レフュージアに残された植物種が異なり，それが気候要因とは関係なく，現在の照葉樹林構成種の違いになっている．たとえば，九州南部と伊豆半島の照葉樹林にはハクサンボクが生育しているが，気温的に生育可能なその他の地域では見られない．このことは，氷期に九州南部と伊豆半島，伊豆諸島にハクサンボクが残り，その後の温暖化とともに分布を拡大していったが，まだ生育可能地域全域には達していないと考えられる．

このように，現在の気温や気候環境で説明できない種の分布には，地史的な要因が影響していることも十分考えられる．

1.2　生理的最適域と生態的最適域

図1.6に示すように，植物はある環境経度に対して，横軸を環境経度，縦軸を分布量としたグラフを描くと，ひと山の型の曲線になるといわれている．これを**生理的最適曲線**(physiological optimum curve)と呼び，その分布量の最も多い領域を**生理的最適域**(physiological optimum area)と呼ぶ．ただし，他の植物と競合したり，他の環境と複合的に作用したりする場合に，その分布量を表す曲線が変化し，最大値の位置がずれることがある．その場合の曲線を**生態的最適曲線**(ecological optimum curve)と呼び，その場合の最適域を**生態的最適域**(ecological optimum area)という．

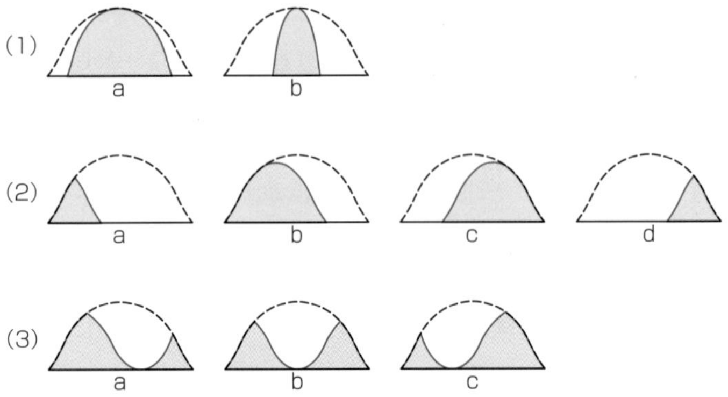

図 1.6　生理的最適域と生態的最適域の模式図

横軸はある環境経度，縦軸はそれに対する反応頻度を表す．黒の破線は生理的最適曲線で，赤の実線は生態的最適曲線．(1)は生態的最適域が中央に，(2)は片端に，(3)は両端に寄っている．a～d はそれぞれの変化のタイプを示す．D. Mueller-Dombois, H. Ellenberg, "Aims and Methods of Vegetation Ecology," John Willy & Sons(1974)より．

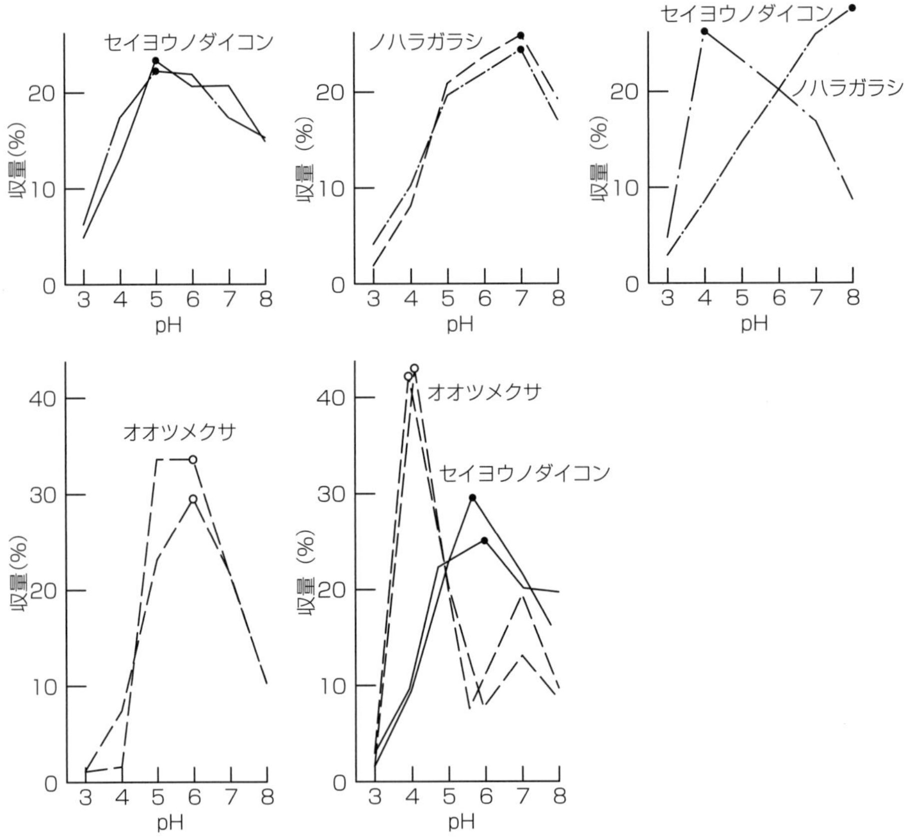

図 1.7　土壌 pH を変えて単植したときと混植したときの関係

横軸は土壌 pH の傾度，縦軸は収量の割合を示す．D. Mueller-Dombois, H. Ellenberg, "Aims and Methods of Vegetation Ecology," John Willy & Sons(1974)より．

図 1.8　アカマツとコナラ(兵庫県)
尾根にアカマツが生育しており，谷側にコナラが生育している．

生理的最適域と生態的最適域の関係を表す一例を図 1.7 に示す．畑の雑草であるセイヨウノダイコンとノハラガラシは，単独で栽培するとそれぞれ pH 5 と 7 で最適な生育を示すが，同時に栽培すると最適域がセイヨウノダイコンは酸性側に，ノハラガラシはアルカリ性側にずれる．またオオツメクサは，単独では pH 6 で最適な生育を示すが，セイヨウノダイコンと混植すると，オオツメクサは酸性側に，セイヨウノダイコンはアルカリ性側に最適域がずれる．

樹木においても，アカマツは通常は斜面で最も生育がよいが，コナラなど他の樹木と競合した場合は尾根の乾燥地や湿地などの乾湿傾度の両極に追いやられる(図 1.8)．

練習問題

1 生理的最適域と生態的最適域の違いを説明しなさい．
2 地形の気候に対する，考えられる影響を述べなさい．
3 地史的要因が植生にどのような影響を与えているかを述べなさい．
4 シアノバクテリアが地球の環境に与えた影響について述べなさい
5 緯度が異なるとなぜ生物相が異なるのか，その要因を述べなさい．

2章 生物の適応進化

アメリカ航空宇宙局(NASA)は，生命を「ダーウィン進化を経験しうる自己保存的な化学系」と定義している．この定義に従えば，現在見られるすべての生物は進化を経験してきた存在であるといえる．すべての生物が経験してきた進化とはどのようなものなのか．この章では，ダーウィンとウォレスの博物学的・生態学的な研究以降，多くの研究者たちによって明らかにされてきた進化のプロセスについて学ぶ．この章では，個々の生物種の環境への適応をもたらす自然選択による進化，形質の性差をもたらす性選択，利他的行動の進化をもたらす血縁選択などについて説明する．

2.1 ダーウィンの進化理論

ダーウィン(C. Darwin)は1859年に出版した『種の起原』のなかで，膨大な観察と実験の結果を手がかりに「すべての生物種は共通祖先から派生し，それぞれ**自然選択**(natural selection)により時間をかけて変化し，多様化してきた」という**進化理論**(Theory of Evolution)を提唱した[*1]．この進化理論は，生物の多様性を創出するメカニズムに初めて科学的(理論的)な説明を与えたが，「生物種は創造主によって個別に創造され，変化することはない」とした創造説(Creationism)を信じる人たちから多くの批判や反論を受けた．しかし現代生物学では，この自然選択による進化理論の基本的な考え方は研究者たちに広く受け入れられている．

2.2 自然選択による進化

ダーウィンは，家畜や栽培植物が飼育・栽培下で姿を変えていく品種改良(人為選択)に多くのヒントを得て，自然選択による進化理論を練り上げた．家畜や栽培植物には，野生生物に見られるよりも集団内に大きな個体間変異が見られる．人為選択では，人間に都合のよい**形質**(trait, character)をもっ

＊1　マレー諸島で観察を続けていたウォレス（A. R. Wallace)も，ダーウィンとは独立に，自然選択により生物種が多様化するという進化のメカニズムに気づいていた．彼は，1858年2月にアイデアの概要をまとめた論文をダーウィン宛に送り，その発表の是非をダーウィンに委ねている．ダーウィンはすでに自然選択の概念をまとめた草稿を1842年に書き上げていたが，発表には至っていなかった．ダーウィンはウォレスが自分と同じ考えに至っていることにすぐに気づいたという．1858年7月，ロンドン・リンネ学会で二人の自然選択による進化に関する短い論文が同時に発表された．

た個体を優先的に飼育・栽培することで，原種とは異なる形質をもった家畜や栽培植物を選抜する．ダーウィンは，自然条件下でもこれと同様の過程に基づいて生物種の変化(進化)が起こると考えた．

ダーウィンは，自然条件下の生物集団において，自然選択によって進化が起こる前提条件を四つ挙げている．

① 集団中には，さまざまな形質について個体間変異がある(集団内変異)．

② 集団中で変異が見られる形質の少なくとも一部は，親から子へ受け継がれる(遺伝形質)．

③ 各世代で，生存や繁殖において他個体よりも成功する個体が存在する．つまり，すべての個体が同様に子孫を残せるわけではない(生存・繁殖における個体間差)．

④ 生存や繁殖における成功は，ランダムではなく，個体のもつ遺伝形質と関係している．生存や繁殖においてより優れた形質をもつ個体が，より多くの子孫を残す(遺伝形質と適応度の相関)．

この四つの前提条件が満たされた場合，世代を重ねることで集団中により生

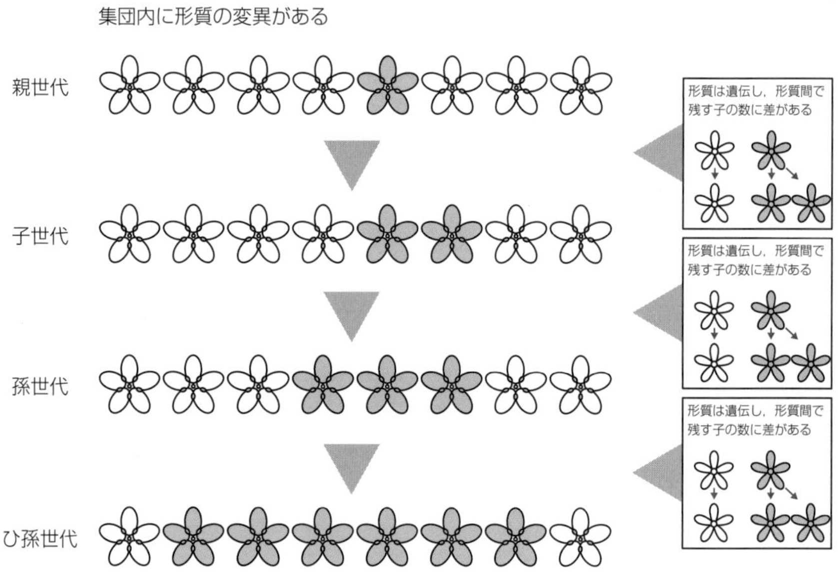

図 2.1　自然選択による進化が起こる仮定の模式図
植物の集団を考えてみる．集団に白色の花と赤色の花を咲かせる個体が存在する(集団内変異)．花色は遺伝し，白色の個体は白色の子を，赤色の個体は赤色の子を残す(遺伝形質)．子を残すとき，赤色の花は白色の花よりも多くの花粉媒介者を引きつけ，多くの種子をつけるため，赤色の花をもつ個体はより多くの子を残すことができる(生存・繁殖における個体間差と遺伝形質と適応度の相関)．毎世代同じ状況が続くと，世代を重ねるたびに赤色の花をもつ個体の頻度が増加する．ひ孫の世代では，ほとんどの個体が赤色の花をもつ個体になる．ここで，この植物集団では白色から赤色へ花色が進化したといえる．

存や繁殖に適した形質が広がっていく(図 2.1). 次に, ①〜④の前提条件が実際に野外で見られるのか, また実際に形質の進化が自然選択によって起こっているのかについて, ガラパゴス諸島におけるダーウィンフィンチ類(Darwin's finches)の研究結果を参照しながら説明する.

2.2.1 ガラパゴス諸島のダーウィンフィンチ類

南米エクアドルの本土から西に 972 km 離れた太平洋上に位置するガラパゴス諸島には, 固有動植物が多く見られ, ダーウィン以来, その進化について多くの研究がなされている. なかでもガラパゴス諸島に 13 種, ココス島に 1 種が棲息しているダーウィンフィンチ類の進化や生態については, ピーター・グラント(P. R. Grant), ローズマリー・グラント(B. R. Grant)夫妻とその研究グループ(**グラントグループ**)により 1970 年代から長期研究が行われており, この仲間の進化に関する重要な発見が報告されている.

ダーウィンフィンチ類では, その体長や体色における大きな種間差は見られない一方で, 嘴(くちばし)の形態(beak morphology)における種間での多様化が起こっている(図 2.2). 分子系統学的な研究によって, すべてのダーウィンフィンチ類は単一の祖先種から種分化して生じたことがわかっており, 嘴の形態の多様化は, それぞれの種が餌とするもの(種子, 昆虫, 果実, 蜜など)への**適応放散**(adaptive radiation)[*2] の結果として生じたと考えられている.

グラントグループは 1973 年から, 大ダフネ島に棲息するガラパゴスフィンチ(medium ground finch, 学名 *Geospiza fortis*)[*3] の標識による個体識別

＊2 単一の祖先種から比較的短期間で自然選択によって多様な生態的・形態的な特徴をもった種が分化する現象. オーストラリアにおける有袋類の適応放散が有名.

＊3 ガラパゴスフィンチはもっぱら種子を餌としており, 嘴で種皮を噛み砕いて中身を食べる(図 2.2 参照). 種内に嘴の形態の変異があり, 大きな嘴の個体は大きな種子を, 小さな嘴の個体は小さな種子を利用する.

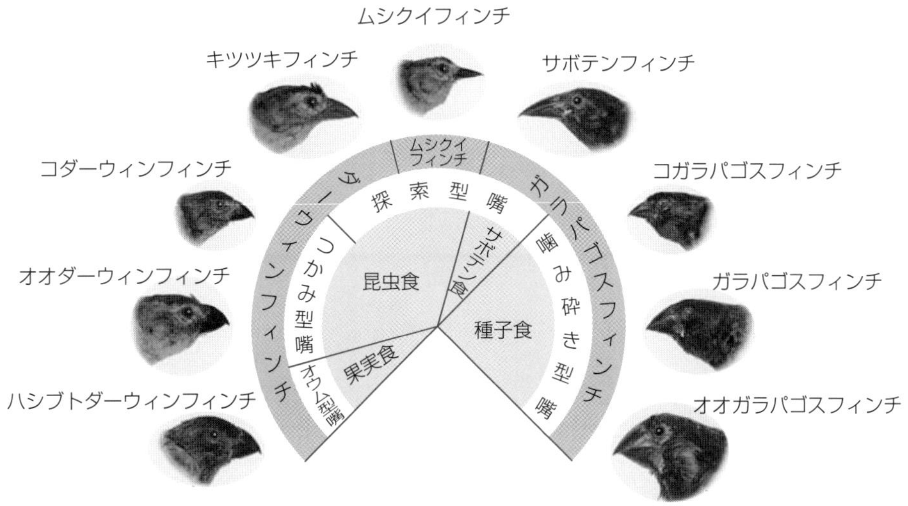

図 2.2 ダーウィンフィンチに見られる嘴の形態の多様性と食性の関係
大きく太い嘴は種子を噛み砕くのに適し, 細長い嘴は昆虫食に適している. ガラパゴスフィンチ類, ダーウィンフィンチ類ともにグループ内で嘴形態の多様性が見られる. N. H. Patel, *Nature*, 442, 515(2006)を元に作成.

を始め，1980 年以降はこの島に棲むほぼすべてのガラパゴスフィンチに標識をつけた．彼らは，この個体識別による詳細な研究から，ガラパゴスフィンチにかかる自然選択とそれによる進化について興味深い研究成果を得ている．

2.2.2　集団内変異

自然選択による進化が起こる条件の一つ目に，生物集団内にさまざまな形質に関する**集団内変異**(intra-population variation)が存在していることが挙げられる．フィンチ類では，嘴の形態に進化が起こる場合，この形態について集団内変異が存在していることが必要条件になる．では，この条件は満たされているのだろうか．1976 年に行われた 751 個体の嘴の形態の測定から，大ダフネ島のガラパゴスフィンチ集団では嘴高(しこう)(beak depth)に大きな変異(約 6 ～ 14 mm)があることが明らかになっている〔図 2.3 (a)〕．

私たちヒトにおいても，目の大きさや鼻高，身長，アルコール脱水素酵素

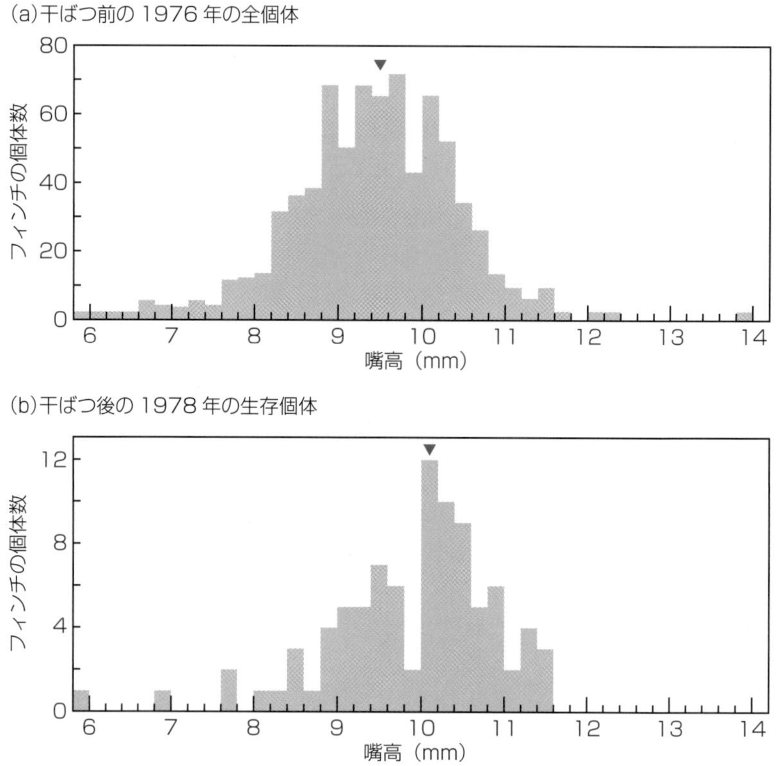

図 2.3　ガラパゴスフィンチに見られる嘴高の集団内変異と干ばつによる変化
(a)干ばつ前の 1976 年に大ダフネ島のすべてのガラパゴスフィンチを計測した結果．(b)干ばつ後の1978年に生き残った個体の嘴高を計測した結果．三角形の印は集団の平均値を表している．P. T. Boag, P. R. Grant, *Biol. J. Linn. Soc.*, **22**, 243(1984)を元に作成．

の能力や量，その他多くの形質に個体間で差が見られる．このように，生物集団内には多くの場合，さまざまな形質について変異が見られる．

2.2.3 遺伝形質

遺伝形質(genetic trait, genetic characters)とは親から子へと遺伝する形質であり，遺伝子によってコードされている形質ともいえる[*4]．もちろんダーウィンの時代には，遺伝子の存在も，遺伝子が次世代にどのように受け継がれるのか(遺伝様式)についても，詳しいことは何もわかっていなかった．ただ，子が親と非常によく似た形質をもつことは，家畜や栽培植物における品種改良の際の知識としてよく知られていた．

自然選択が作用して形質進化が起こるためには，対象となる形質が遺伝形質であることが必要条件となる．グラントグループはガラパゴスフィンチの嘴高の**遺伝率**(heritability)[*5]を調べ，親個体の平均的な嘴高と子の嘴の高さの間に強い遺伝相関があることを発見している(図 2.4)．この結果から，ガラパゴスフィンチの嘴高は親から子へ遺伝する形質であることが示唆された．

研究グループでは，2004 年に嘴の形態が異なる複数種の *Geospiza* 属のフィンチ類を調べ，発生段階で嘴上端の間充組織における *Bmp4* 遺伝子(born morphogenetic protein genes)の発現量と嘴高に相関があることを報告している．この発見は，*Bmp4* の発現調節因子の集団内変異が嘴高の変異をもたらした可能性を示唆している[*6]．

＊4　ヒトなど動物では，しばしば文化的に(親が子に教えるという形で)行動が親から子へ受け継がれる場合があるが，このように学習によって獲得される行動形質は遺伝形質とは呼ばない．

＊5　遺伝率とは，特定の表現型形質の発現に対する遺伝の重要性を示す尺度である．親同士に血縁関係がなく，親子が経験する環境の共通性の効果が小さい場合は，親の形質に対する子の形質の回帰分析をしたときの回帰係数が遺伝率の推定値になる．親子が遺伝だけでなく同一の環境を共有していることが，親子間の形質相関をもたらす．そのため遺伝率を計算するには，環境による形質のばらつきを考慮する必要がある．

＊6　2006 年には同研究グループによってカルシウム結合タンパク質であるカルモジュリン(calmodullin)の発現量と嘴長の間に相関があることも明らかにされた．

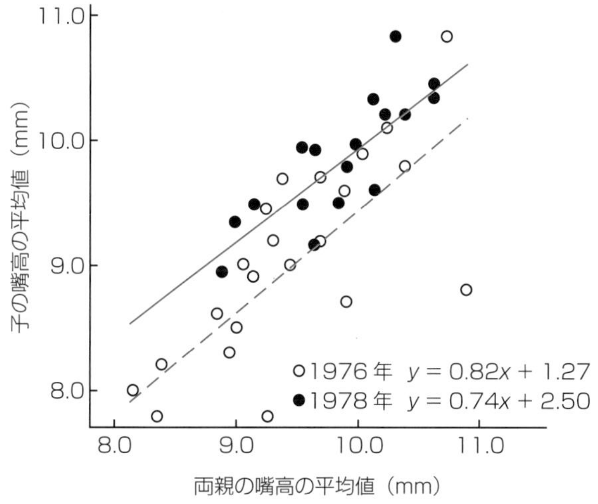

図 2.4　ガラパゴスフィンチの嘴高の遺伝率
1976 年，1978 年とも子と両親の嘴高の間に非常に高い相関が見られた．回帰直線の傾きが 1.00 のとき，集団内の嘴高の変異は遺伝によってのみ決まるといえる．P. T. Boag, *Evolution*, 37, 877(1983)を元に作成．

2.2.4　生存・繁殖における個体差

生物集団において，すべての個体が同様に子孫を残せるわけではない．繁殖に至るまでの生存率(survival success)や繁殖の際に残す子の数(reproductive success)は，個体によって大きく異なることが普通である．ダーウィンはゾウを例に挙げて，もしもすべての子が繁殖に至るまで成長して同様に子を残した場合，一つがいのゾウの子孫が後世でどのくらい増えるのか計算している．ダーウィンは，ゾウが30歳から90歳まで繁殖可能で，この間に雌雄3個体ずつ産むという現実よりも残す子の数が少ない仮定を置いて計算し，初めの一つがいのゾウから500年経つと1500万頭のゾウが生じるという結果を得た．

長寿命である温帯の樹木は，種によって異なるが，1年あたり約百から数万の種子をつけると推定されている．日本の温帯域では，胸高直径5 cm以上の樹木密度は1 haあたり数百～千数百本くらいであるから[*7]，もしすべての種子が同様に成長すれば，森林は1個体に由来する子孫だけですぐにいっぱいになってしまう．しかし現実には，すべての子が同様に生存し，繁殖するわけではない．ブナでは，生産された種子の数万分の一が成長し，繁殖するにすぎない．

大ダフネ島では，1977年の大干ばつ[*8]の際に植物がほとんど花を咲かせなくなり，生産される種子が激減した．このとき，おそらく食料である種子の不足からくる飢餓によって，ガラパゴスフィンチの個体数が激減し，20カ月後に生き残ったのはわずか15%にすぎなかった．つまり一部の個体のみが生き残り，繁殖できたことになる．このような現象は決してめずらしいものではなく，1980年と82年に起こった干ばつでは，両年とも約20%の個体数の減少が観察されている．またローズマリーは，オオサボテンフィンチ(*Geospiza conirostris*)では干ばつの際に11%の個体のみが繁殖できたことを報告している．

ある個体が生涯に残せる子孫数(もしくはその期待値)を**適応度**(fitness)[*9]と呼ぶ．すでに述べたように，自然集団では繁殖に至るまでの生存に個体間差が見られる．同様に，ほとんどの生物集団で，繁殖の際に残せる子の数にも個体差が見られる．そのため，集団内には適応度に大きな個体差が認められるのが普通である．

＊7　白神山地のブナ林で364本/ha，鳥取県大山のブナ林で690本/ha，木曽御岳のオオシラビソ林で754本/ha，立山の林で1143本/haである．

＊8　通常，雨期に130 mmある降水量が，1977年には24 mmであった．

＊9　集団遺伝学などでは，適応度として，最も高い適応度をもつ個体と比べたときの相対的な適応度(0 ≦ fitness ≦ 1)が用いられる．また現在の進化学では，適応度は個体ではなく，遺伝子を単位として計算されることが多い．

2.2.5　遺伝形質と適応度の相関と自然選択

適応度(生存・繁殖成功)における個体差は，ランダムな要因によって引き起こされるのではなく，それぞれの個体がもつ遺伝形質の変異と強く関係している場合にのみ，自然選択による形質進化が起こる．つまり，ある環境下で，特定の遺伝形質の変異(たとえば，大きな嘴高など)をもつ個体が他の形質変異(たとえば，小さな嘴高)をもつ個体より高い適応度を示す場合，次世代では，その形質変異をもつ個体の頻度が増加する．同様のことが世代ごとに起こると，世代を重ねることで生存や繁殖により有利な形質変異が集団中に広がっていく．

大ダフネ島のガラパゴスフィンチでは，集団の個体数が大きく変動した干ばつ時に，生存・繁殖成功における個体差は，それぞれの個体がもつ嘴形質と強く関係していることが報告された．1977 年の干ばつでは，種子の生産が激減しただけでなく，生産された種子のタイプも大きく変化していた．軟らかく小さな種子はほとんど見られず，大きく硬い種子〔オオバナハマビシ(*Tribulus cistoides*)の種子〕の比率が増えていた．この干ばつの際に生き残ったガラパゴスフィンチの多くは体長が大きく，大きな嘴高をもつ個体であった〔図 2.3 (b)〕．生存者は種子を噛み砕く力がより強く，大きく硬い種子を利用することができた個体であったことがわかる．嘴高の小さな個体は，わずかにあったトウダイグサ科ニシキソウ属の種がつける小さな種子を利用していたが，食べ尽くしてしまうと飢餓で力つきたと報告されている．

またグラントグループは，1983 年にエルニーニョの影響によって雨期に通常の 10 倍以上となる 1359 mm の降雨があったとき，植物の種子生産が著しく増加し，軟らかく小さな種子の現存量が増加したこと，その際に干ばつ時とは逆に，小さな嘴をもつ小さな個体がより高い生存率と繁殖成功を示したことを報告している．この発見から，ガラパゴスフィンチでは，干ばつ時には大きな嘴をもつ個体が，多雨時には小さな嘴をもつ個体がより生存と繁殖において有利になることが明らかになった．

2.2.6　自然選択による形質の進化

ガラパゴスフィンチの研究では，自然選択による進化が起こる四つの前提条件が満たされていた．それでは，ガラパゴスフィンチの嘴形質は干ばつによる自然選択によって進化したのだろうか．グラント夫妻は，干ばつ後の 1978 年に生まれたフィンチの嘴形質を測定し，嘴高の平均値が干ばつ前の 1976 年に産まれた子のものよりも大きくなっていることを発見した(図 2.5)．また夫妻は，1970 年から 2001 年までの嘴形態に関する長期測定から，1978 年の干ばつによる自然選択で嘴が大型化する進化が見られたこと，多雨が観測された 1983 年以降，徐々に嘴の大きさが小さくなる進化が見られたことを明らかにした．これらグラントグループの一連の研究によって，① 強い自然選択下では急速な形質進化が起こりうること，② 同じ方向性をもつ小さな漸進的な進化が続くと，長期的には大きな形質の変化をもたらしうることが，初めて自然集団で実際に証明された(図 2.6)．

被子植物の自然集団でも自然選択の実証研究が行われている．1980 年代

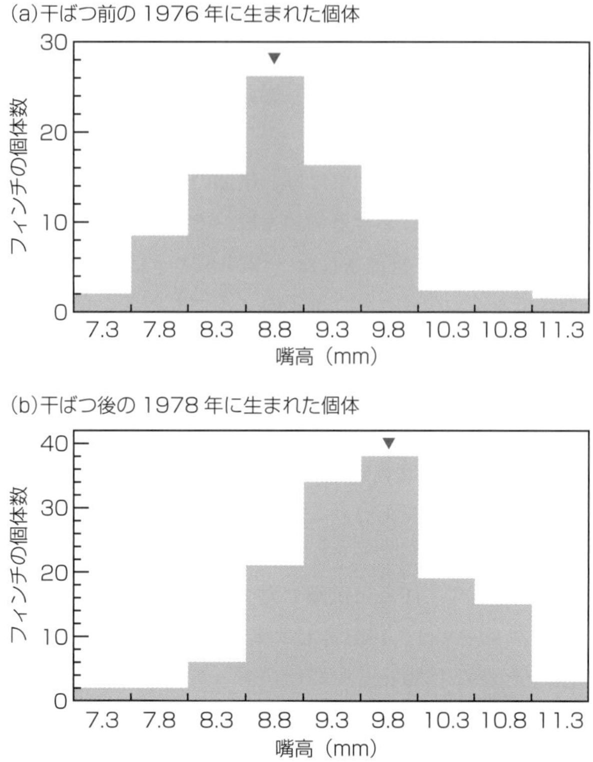

図 2.5　ガラパゴスフィンチの子に見られる嘴高の集団内変異と干ばつによる変化

(a)干ばつ前の 1976 年に大ダフネ島で生まれた個体を計測した結果．(b)干ばつ後の 1978 年に生まれた個体の嘴高を計測した結果．三角形の印は平均値を表している．P. R. Grant, B. R. Grant, *BioScience*, 53, 965(2003)を元に作成．

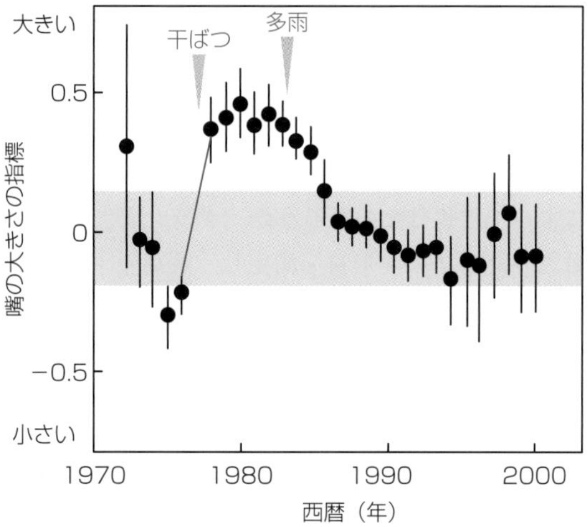

図 2.6　大ダフネ島のガラパゴスフィンチにおける嘴形態の 30 年間の変化

縦軸は複数の嘴形態(嘴高や嘴長など)を総合した嘴形態の大きさの指標．値が大きいほど嘴(嘴高)が大きくなる．赤い帯は 1973 年の嘴の大きさの 95% 信頼区間を示す．干ばつ後に集団の嘴が大きくなるように進化していることがわかる．また 1983 年の多雨以降，嘴が小さくなる進化が少しずつ進行していることがわかる．P. R. Grant, B. R. Grant, *Science*, 296, 707(2002)を元に作成．

初めにウォーサー（N. M. Waser）とプライス（M. V. Price）はオオヒエンソウ属の *Delphinium nelsonii* の自然集団を調べ，大多数の個体が濃い青色の花を咲かせるが，わずかに白色または薄い青色の花を咲かせるアルビノ個体が存在すること（集団の 1% 未満）を見つけた．彼らは，アルビノ個体が集団中で数を増やさない理由について知るために，青花個体とアルビノ個体の繁殖成功を調査した．その結果，アルビノ個体では青花個体と比べて花粉媒介者（ハチドリやマルハナバチ）の訪花が少なく[*10]，その結果，種子生産が少ないことがわかった．この結果から，アルビノ個体はその低い適応度のため，集団中にわずかしか存在していないことが明らかになった．このように自然選択は，集団のなかで特定の形質の頻度を増加させないように作用する場合も多く見られる．

＊10　アルビノ個体では，花の蜜標（蜜の場所を花粉媒介者に知らせる器官）が目立たず，花粉媒介者の花上の採餌効率が低下してしまうため，花粉媒介者がアルビノ個体を避け，訪花頻度が減ることがわかっている．

進化学で用いられる「自然選択」という言葉は，しばしば自然が意図的に生物の形質を選択しているという誤解を生む要因になっている．しかし人為選択のように，自然が好む形質を選んでいるわけではない．集団内に遺伝形質の個体間変異があり，ある環境下で個体がもつ形質変異と適応度に相関が生じた場合，世代を重ねることで適応度を高める形質をもつ個体の頻度が集団内で増える，もしくは維持される．

このとき，特定の形質をもつ個体の頻度が増加することは，その形質をコードする遺伝子座において特定の対立遺伝子の頻度が集団内で増加することを意味する．つまり進化とは，「個々の遺伝子座に複数の対立遺伝子がある場合，

Column

遺伝形質の集団内変異をもたらす要因――突然変異

自然選択による進化が起こるには，集団内に遺伝形質の個体間変異がなければならない．さらに，自然選択は集団内で特定の変異の頻度を増やすだけで，今まで集団のなかになかった形質変異をもたらすことはない．では，それまで集団中になかった遺伝形質の集団内変異をもたらす要因とはいったい何だろうか．**突然変異**（mutation）が遺伝形質の集団内変異をもたらす要因であることがわかってきたのは，20 世紀初頭になってからである．

突然変異は，減数分裂や DNA 複製の際に起こる複製ミスや，紫外線照射，ウイルス感染や化学物質などによる DNA の塩基配列の変化によって引き起こされる．突然変異には，DNA 中の 1 塩基が別の塩基に置換される点突然変異や，数個の塩基の添加や欠失によるフレームシフト，遺伝子を含む DNA のある領域が重複する遺伝子重複，染色体の欠失・重複・逆位による染色体の構造的変異，また植物で多く見られる倍数性などの染色体の数的変異など，小さな変化から大きな変化まで含まれる（詳しくは同シリーズの『遺伝学』を参照）．

突然変異は，既存の**遺伝子座**（locus）に新しい**対立遺伝子**（allele）を生じるだけでなく，新しい機能をもった遺伝子を生み出す原動力にもなっている．突然変異なしに，進化が起こる条件である集団内変異が生み出されることは考えられない．

その遺伝子座において対立遺伝子頻度が世代間で変化すること」*11 である.

2.3 性選択

多くの生物種で外部形態や繁殖期の行動に性差が見られる. カブトムシの雄は長く伸びた角(つの)をもち, なわばりを守る行動が見られるが, 雌のカブトムシではこのような角も行動も見られない. トノサマガエルでは, 雄は繁殖期に水田などでなわばりをつくり, 鳴嚢(めいのう)をふくらませ雌を誘うために大きな鳴き声を出すが, 雄よりも一回り大きな雌にこのような繁殖行動は見られない. このような雌雄の形質に見られる性差を**性的二型**(sexual dimorphism)と呼ぶ.

性的二型が見られる形質の多くは, 何らかのかたちで繁殖と関係している. ここでは, これら形質の性的二型を生み出す要因として考えられている**性選択**(sexual selection)について説明する.

2.3.1 繁殖成功の制限要因における性差と二つの性選択

なぜ繁殖に関わる遺伝形質に性的二型が存在するのか. そのヒントとなる考えはベイトマン(A. J. Bateman)によって示された. 彼は, 雌雄間には子に対する直接的な資源投資量の非対称性があるため, 雌雄で繁殖成功を制限する要因が異なっていると考えた. 大配偶子(卵)をつくる雌では, 小配偶子をつくる雄よりも子に対する直接的な投資が多くなる. そのため, 雌では繁殖に投資できる資源量と繁殖成功が強く相関する一方で, より少ない資源で繁殖できる雄では交配相手の数が繁殖成功と強く相関するとベイトマンは考えた(**ベイトマンの原理**, Bateman's principle). 彼はショウジョウバエを用いた実験によって, この原理の妥当性を証明した. 雄の繁殖成功を正しく示すことは近年まで難しかったが, 分子マーカーを利用した父性解析法の開発によって正確な雄の繁殖成功を測定できるようになった. この父性解析法によって, ハダカイモリ(*Taricha granulosa*)ではベイトマンの原理を支持する結果が得られている*12.

多くの生物でベイトマンの原理が成立している場合, 雌雄が繁殖に関して異なる行動規範をもつことが予測される.

① 雄は, より多くの雌と交配するために他の雄と競争する(**雄間競争**, male-male competition).

② 雌は交配相手には制限されない一方, 子への大きな資源投資を有効にするため, より優れた雄を選ぶ(**雌による選択**, female choice).

この雌雄間の行動規範の違いは二つの選択圧をもたらす. 第一の選択圧は, 雄同士は雌をめぐって常に競争しなくてはならないため, この競争で勝利で

＊11　遺伝子座における対立遺伝子頻度の世代間変化は, 自然選択だけによって引き起こされるわけではない. すべての対立遺伝子が自然選択に中立な(生存や繁殖に極端な個体差をもたらさない)場合, 対立遺伝子頻度は世代間で偶然的な要因によって変化しうる. この考えは中立説と呼ばれ, 1960 年代後半に木村資生により提唱された.

＊12　動物では妥当と考えられるベイトマンの原理も, 被子植物では成立しない例が多く知られている. 多くの被子植物で, 受精に必要な花粉が柱頭上で不足することで十分に胚珠(雌器官)を受精できないことが, バード(M. Burd)によって報告されている. これは, 被子植物の繁殖(花粉媒介)は風・水・動物などに依存するため, 花粉(雄器官)が柱頭にうまく運ばれないことが起こるためである. また動物でも, 雄が子の世話をする種(たとえばタツノオトシゴの仲間)では, 雄の子に対する直接的な投資が雌の投資を上回ることがある.

きる形質をもつ者のみが子孫を残せるというもの．第二の選択圧は，より雌に交配相手として選ばれるための形質をもつ雄が，より多くの子孫を残せるというものである．次に，この雄間競争と雌による選択についてより詳しく説明する．

2.4 雄間競争

雄間競争は**同性内性選択**(intrasexual selection)とも呼ばれる．ヒトやチンパンジー，ゴリラなどで見られる雄の大型化，イッカクやシカ，カブトムシで見られる大きな角などの闘争に適した**武器**(weapon, armor)，さらに雌の交配相手になるための巧みな**戦略**(tactics)も雄間競争によって進化したと考えられている．

2.4.1 同性内性選択による武器の進化

雄同士は，直接に雌をめぐって，また雌を獲得するために維持するなわばりをめぐって互いに**闘争**(combat)を繰り広げる．時に相手を傷つけ合う激しい闘争に発展することがあるが，多くの場合，闘争は互いの体や武器を誇示し合い，より劣った個体が引き下がることで勝敗が決する．これは儀礼的闘争(display)[*13] と呼ばれ，そうすることで互いの雄が闘争によるダメージを最小限にできると考えられている．儀礼的闘争で決着がつかないときに，実際の体や武器を用いた闘争に移行する．カブトムシのなわばりをめぐる雄間競争の研究を例に見てみよう．

樹液なわばりをめぐるカブトムシの雄同士の闘争では，まず雄同士が出会い，角を突き合わせるところから闘争が始まる．ここでは勝敗の決し方に三つのパターンが見られる．まず，明らかに一方の角が小さなときには，角を突き合わせた後，角の小さな雄がその場から逃げることで闘争は決着する(図2.7のパターン1)．雄間の角の大きさに差がない場合は，取っ組み合いが始まる．取っ組み合いでは，より体の大きな雄が勝利し，その場から相手を追い出すか(パターン2)，相手をひっくり返して飛ばしてしまう(パターン3)．パターン1では儀礼的闘争で決着がつき，パターン2と3ではより激しい闘争へと進展する．カブトムシでは儀礼的闘争による決着は全闘争の約6割で見られ，より大きな角をもつことで，より多く雄間の闘争に勝てることがわかる．このようにカブトムシでは，同性内性選択により雄の角や体の大きさの進化がもたらされることが示唆される．

＊13 儀礼的闘争は，かつて種を保存するための行動と解釈されたことがあったが，現在ではそれぞれの個体が闘争時に受ける傷害で適応度が低下することを避けるための行動と考えられている．

また，雄間競争が交尾後に見られることも知られている．雌が複数の雄と交尾した場合，雌の生殖器中で異なる雄由来の精子が受精をめぐって競争することが知られており，**精子競争**(sperm competition)と呼ばれている．さまざまな動物の研究から，精子競争で勝つためにより多くの精子を生産した

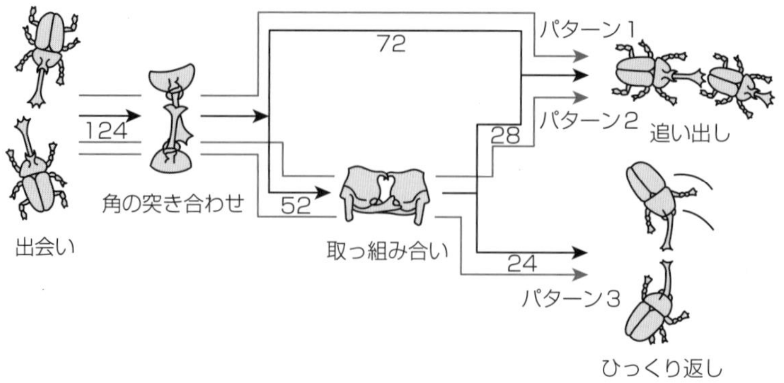

図 2.7　カブトムシにおける雄間闘争
雄同士の出会いから，角を突き合わせる儀礼的闘争，より激しい闘争へとエスカレートしていくが，多くの場合，儀礼的闘争で決着することがわかる．図中の数字は，それぞれの観察数を示している．Y. Hongo, *Behaviour*, 140, 501(2003)より．

り，他の雄の精子を雌の交尾器からかき出す器官を発達させたり，他の雄の精子を殺す化学物質をもったりするなどの形質進化が起こることが明らかにされている．昆虫やクモの仲間では，雄が精子競争を避けるために交尾後に雌の交尾器に蓋(ふた)をしたり，交尾器の一部を破壊したりするなど，他の雄との再交尾を不可能にしてしまう行動をとることが知られている．

2.4.2　同性内性選択による戦略の進化

雄間の闘争に負けた場合，その雄(多くの場合，小さい個体)は雌の配偶者

Column

同性内性選択がもたらす子殺し

雄間競争は，交配前だけでなく交配後にも継続される場合がある．交配後に見られる雄間競争の例として有名なのは，ハヌマンラングールやライオンなどで知られている**子殺し**(infanticide)である．

ハヌマンラングールやライオンでは，1～数頭の雄が多数の雌と幼獣を抱えるハーレム(ライオンではプライドと呼ばれる)が形成される．このとき雌同士は血縁個体であり，ハーレム内の幼獣はすべてハーレムのボスである雄の子である．幼獣が成熟すると，雌はそのままハーレムに留まるが，雄はハーレムから出て放浪し，やがて他のハーレムのボスと闘争し，勝てばそのハーレムのボスとなる．

子殺しはこのハーレムの雄の交代のときに起こり，雄は追い出した雄の子であるハーレム内の幼獣を殺してしまう．特定の雄がハーレムを維持できる期間は2年程度で，それほど長くはない．子殺しは，短い期間に自分の子を残さなければならない雄が，雌が追い出した雄の子を育てることで自分の子を残す機会が減少する(雌が受精不能になっている)ことを防ぐためにとっている行動であると解釈されている．

この行動の発見は，個体は種の保存のためではなく，自己の遺伝子を残すための行動をとることを理解するうえでも重要である．

になれないのだろうか．サケ科の仲間やブルーギルでは，雌の産卵直前に大きな雄が雌の周囲を守り，他の雄を排除する行動が見られる．通常，この大きな雄の精子で雌の卵は受精される．しかし，巧みな戦略によって，小さな雄でも雌の交配相手になることが可能になる．

一つ目は**スニーカー戦略**(sneaky strategy)と呼ばれ，雌が放卵する瞬間に大きな雄の背後から雌との間に割り込み，すばやく放精する戦略である．この戦略によって小さな雄でも，大量の卵の一部を受精させることができる．二つ目は**雌擬態**と呼ばれる戦略で，雌に擬態することで雌を守っている大きな雄を油断させ，放卵の際に近づき，放精することで子の親になる戦略である．同性内性選択は，このような巧みな戦略を進化させる原動力にもなっている．

2.5　雌による選択

雌による選択は**配偶者選択**(mate choice)または**異性間性選択**(intersexual selection)と呼ばれる．多くの鳥の雄の目立つ体色や尾羽，カエルの雄の鳴き声などの形質進化は，異性間性選択により引き起こされたと考えられている．ダーウィンは，一見して生存の妨げにもなりうるクジャクの目立つ尾羽は雌の好みによって進化しうるとし，異性間性選択の初期の概念を提示した*14．実際にイトヨ(*Gasterosteus aculeatus*)の雌はより強い赤の婚姻色をもつ雄を(図 2.8)，ツバメ(*Hirundo rustica*)の雌はより長い尾羽をもつ雄を交配相手として選ぶことがわかっている．なぜ雌はより目立つ体色・尾羽・

＊14　雄のインドクジャクの尾羽が雌による選択によって進化したという仮説には，近年，支持する研究結果と否定する研究結果が出されている．仮説に否定的な研究では，雌による選択の対象となっていたのは雄の鳴き声であるとしている．

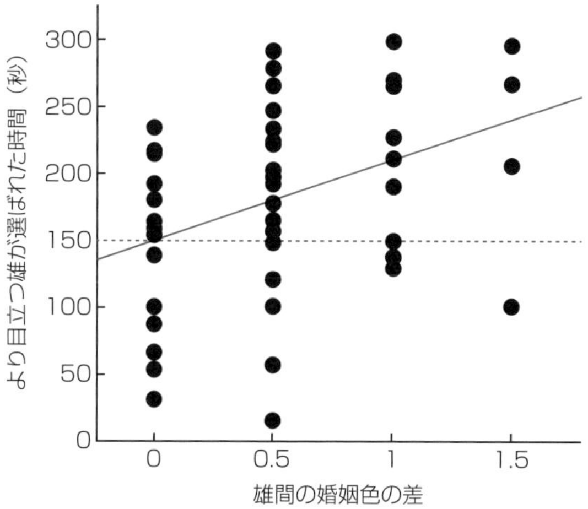

図 2.8　イトヨで見られる雌による選択の例

雌は婚姻色の強さによって雄を選択する．雄 2 匹の婚姻色の強さの差(横軸)と雌による選択(縦軸)の関係を調べた実験結果を示す．雌による選択は，雌が 5 分(300 秒)間にどのくらいの時間，より目立つ婚姻色をもつ雄に引きつけられたかで表現されている．時間が長いほど雌が目立つ色の雄を選んでいることになる．2 匹の雄の婚姻色の差が大きいほど，より目立つ雄を選んでいることがわかる．M. Milinski, T. C. M. Bakker, *Nature*, 344, 330(1990)を元に作成．

鳴き声をもつ雄を選ぶのだろうか．これまで提案されている仮説のうち二つを紹介する．

一つ目は，目立つ形質をもつ雄を選ぶことが直接的に雌の適応度を増加させるという仮説群(direct selection hypotheses)である．イトヨでは，雄が巣で受精後の卵を保護する行動が見られる．つまり，より健康な雄を選ぶことは，雌にとってより確実な卵の保護が見込めることになる．しかし，ウオノカイセンチュウ(*Ichthyophthirius multifiliis*)に寄生された雄は，その婚姻色が弱くなるため，雌に交配相手として選ばれなくなることが実験的に示されている(図 2.9)．つまり，目立つ形質が雄の健康状態の指標となっているという仮説である．また，昆虫のガガンボモドキ(*Bittacus apicalis*)では交尾の際に雄が雌に餌の贈り物をすることが知られているが，雌はより大きな餌を運んでくる雄を選び，交尾する．この場合，雌は雄を選ぶことで直接的により多くの餌を獲得することができる．

二つ目は，目立つ雄を選ぶことが間接的に雌の適応度を増加させるという仮説群(indirect selection hypotheses)である．このなかの一つに，目立つ形質をもつことが「子の適応度を高くするよい遺伝子をもつことの指標になっている」という仮説(good genes hypothesis)がある．ハイイロアマガエル(*Hyla verscicolor*)の雌は，より長く鳴く雄を選択する．ゲルハルド(H. C. Gerhardt)の研究グループは，ハイイロアマガエルではより長く鳴く雄の子(オタマジャクシ)の成長や生存率，変態後の成長がよりよいことを見出している．一方で，雌がより大きな雄を選ぶアメリカヒキガエル(*Bufo americanus*)では，体の大きさと子の能力の間に相関は見られず，この仮説

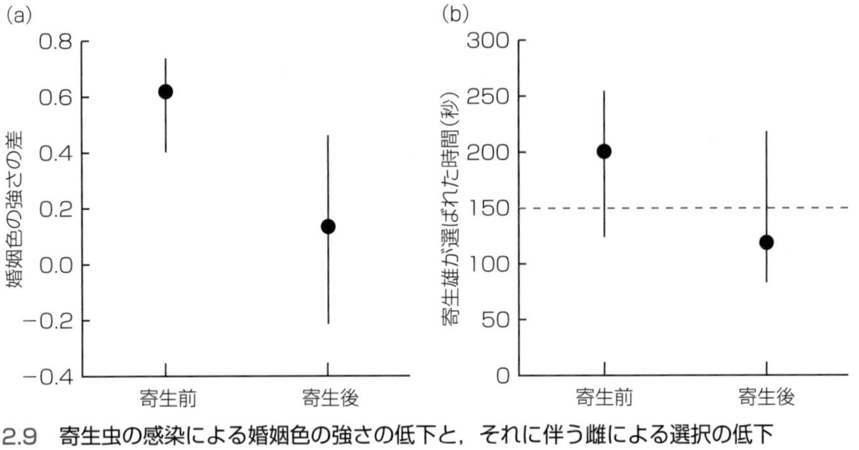

図 2.9　寄生虫の感染による婚姻色の強さの低下と，それに伴う雌による選択の低下

あらかじめ婚姻色の強さの異なる雄を用意し，より目立つ雄に寄生虫を感染させる．(a)は，もともとあった婚姻色の差が寄生虫の感染によってなくなったことを示している．(b)は，もともと雌に選ばれていた目立つ雄が，寄生虫の感染によって雌に選ばれなくなったことを示している．M. Milinski, T. C. M. Bakker, *Nature*, **344**, 330 (1990)を元に作成．

を支持する結果は得られなかった．

これら二つの仮説群のほかに，雌による選択は雌が自然選択により獲得した感覚器のバイアスによってもたらされるという仮説もある．このように雌が雄を選ぶ理由はさまざまであるが，異性間性選択により雄の目立つ繁殖形質が進化しうることを実証した研究は数多く存在する．

性選択はしばしば自然選択と分けて考えられることがあるが，個体の適応度を最大にする遺伝的形質（対立遺伝子）が集団で頻度を増していくという観点からすると自然選択と変わりはなく，自然選択の一部であるという考えが主流になっている．

2.6 血縁選択

ここまで進化とは，個体の適応度を高める形質が集団のなかで頻度を増加させることであると説明してきた．ただし，この考え方ではすぐには説明できない現象も知られている．多くの動物では個体がまとまり，群れ（社会）を形成する．社会のなかでは，ある個体（**行為者**，actor）は他個体（**被行為者**，recipient）に対してさまざまな行動をとりうる（表 2.1）．行為者と被行為者がともに適応度を高める**互恵的行動**（cooperative behavior）[*15]や，行為者のみが適応度を増加させて被行為者の適応度を減少させる**利己的行動**（selfish behavior），逆に行為者の適応度を下げて被行為者の適応度を増加させる**利他的行動**（altruistic behavior）などがある．自然選択の観点から見ると，互恵的もしくは利己的行動は行為者の適応度を増加させるため，集団内に広がりうることがわかる．一方で，行為者の適応度を下げてしまう利他的行動が集団中に広まることは理解しにくい．しかし，多くの動物の社会では利他的行動を観察することができる．なぜ動物社会で利他的行動が見られるのだろうか．この節では，この謎に答えを出した**血縁選択**（kin selection）という概念を紹介する．

＊15　たとえば，プライド（p.22 のコラム参照）内の雌ライオンが集団で狩りをする行為は，1 個体では捕まえることが困難な草食獣を複数の個体で協力して捕まえることにより互いに利益を得ることができる．

表 2.1　動物の社会的行動の分類

		行為者の適応度	
		増加	減少
被行為者の適応度	増加	互恵的	利他的
	減少	利己的	いじわる

いじわる行動は行為者および被行為者の適応度を減らすため，避けられる．

2.6.1 社会を構成するメンバー

多くの動物において社会の基本単位は，血のつながった**血縁個体**（kin）によって構成されている．たとえば，ヒトの社会の最小単位である家族は，血縁者からなる場合がほとんどである．また，サルのハヌマンラングールやライオンでは群れの雌同士は血縁であるし，アリやハチのコロニーもたいてい血縁個体からなる集団である．ある個体にとって血縁個体とは，自分と同じ遺伝子をもっている確率の高い個体である．血縁個体が集まって社会を構成しているという事実こそが，利他的行動(を引き起こす遺伝子)が集団内に広がることの謎を解く鍵となる．

2.6.2　包括適応度

ある個体のもつ遺伝形質 A(対立遺伝子 A)が次世代に引き継がれる経路は，その個体が子を残すだけではない．実は，その個体の血縁個体(同じ対立遺伝子 A をもつ個体)が子を残すことによっても，対立遺伝子 A は次世代に継承されうる．つまり，ある個体が自己のもつ対立遺伝子 A をより多く残すには，自分の子を多く残すだけでなく，「血縁個体の繁殖を助け，その子を多く次世代に残させる」という方法がある[*16]．

＊16　ヒトの例で考えると，個人のもつ遺伝子は兄弟姉妹も共有している確率が高く，兄弟姉妹が子を残すことでも次世代に残りうる．つまり甥や姪は自分のもつ遺伝子をもっている確率が高い．

この考え方に基づき，行為者が利他的行動をとった場合，利他的行動を引き起こす遺伝子 a の適応度(W_a)を定式化すると

$$W_a = W_0 + Br - C \tag{2.1}$$

となる．ここで W_0 は利他的行動をせずに自分で子を残した場合の行為者の適応度，B は利他的行動を受けた被行為者の適応度，r は個体間の**血縁度**〔2 個体が同じ遺伝子を共有する確率(coefficient of relatedness)〕，C は利他的行動による行為者の適応度の減分(コスト)である．このように，自己だけでなく血縁個体を通じた適応度を考慮したものを**包括適応度**(inclusive fitness)と呼ぶ．式(2.1)からは，利他的行動による適応度の増分が利他的行動による適応度の減分を上回ったとき，つまり

$$Br - C > 0 \tag{2.2}$$

のときに行為者の包括適応度は増加し，利他的行動が集団内に広まることがわかる．この式(2.2)は，発見者であるハミルトン(W. D. Hamilton)にちなみ，**ハミルトン則**(Hamilton's rule)と呼ばれている．ハミルトン則からは，利他的行動は両者の血縁度が高いとき，被行為者の適応度の増分が大きいとき，行為者の適応度の減分が小さいときに集団に広まりやすいことが予測される．血縁選択とは，他個体を通じて間接的に自分のもつ遺伝子を次世代に残す経路を考えることで，自然選択を拡張した概念である．また血縁選択を理解することは，自然選択が個体ではなく，個体のもつ遺伝子を単位に作用していることを理解するうえで非常に重要である．

次に，実際に見られる利他的行動の例をいくつか紹介する．血縁選択で説明可能か見てみよう．

2.6.3　動物に見られる利他的行動

警戒声(alarm calling)とは，捕食者の接近を仲間に知らせるための鳴き声のことであり，鳥類や哺乳類の群れで観察される．捕食者を見つけた個体にとって，警戒声を上げることは時に捕食者に見つかる確率を高め，行為者の適応度を下げてしまうことになりかねない．なぜこのような危険を冒してまで警戒声を上げるのだろうか．

ベルディングジリス(*Spermophilus beldingi*)では，雄は乳離れすると親元から離れて放浪し，他の集団を探す，一方で雌は成熟しても親元に留まったまま繁殖する．その結果，この種の集団は，血縁者同士の雌と互いに非血縁者である雄から構成される．ベルディングジリスでは，空からの捕食者(タカ)の接近の際と地上性の捕食者(コヨーテ，アナグマ，イタチなど)の接近の際に異なる警戒声を上げることが報告されている．シャーマン(P. W. Sherman)の研究によると，タカの接近に対して上げる警戒声(whistle)は，行為者の適応度を上げる利己的行動である一方で，地上性の捕食者が接近したときに出す警戒声(trill)は，行為者が捕食者に捕まる確率を上げる利他的行動であることが明らかになった(**表 2.2**)．また，シャーマンの別の研究から，地上性の捕食者に対して警戒声を上げるのはほとんどが雌個体であること，とくに娘や孫娘が近くにいる場合に警戒声を上げることが明らかになった．この発見は，血縁度が高い個体に対して利他的行動をとるという，ハミルトン則からの予測を裏づけるものである．

中米コスタリカのチスイコウモリ(*Desmodus rotundus*)は樹洞をねぐらに集団で生活し，昼はねぐらで過ごし，夜になると家畜を襲ってその血を餌としている．ウィルキンソン(G. S Wilkinson)の研究により，この種の基本的な群れの構成員は 8 ～ 13 匹の雌とその子で，雌は複数ある群れのいずれかに属しており，ベルディングジリス同様，雄は親元を離れる一方で雌は親元に残るため，雌の群れには血縁個体が多く含まれることがわかっている．また，群れの一部(2 ～ 4 匹の雌と子)はしばしば異なる樹洞をねぐらとして利

表 2.2　ベルディングジリスの警戒声とそのリスク

捕食者の種類	警戒声の有無	ジリスの数		
		被捕獲	逃避成功	割合
タカ	有	1	41	0.024
	無	11	28	0.282
地上性哺乳類	有	12	141	0.078
	無	6	143	0.040

タカと地上性哺乳類が接近してきたとき，警戒声を出した個体と出さなかった個体，および，それぞれの捕食者に捕まった割合．どちらの場合も，警戒声を出した個体と出さない個体で割合に有意差($P < 0.05$)が見られた．P. W. Sherman, *Behav. Ecol. Sociobiol.*, **17**, 313(1985)を元に作成．

用すること，2年に1匹程度，非血縁個体が群れに参入することも報告されている．これらの結果，ねぐらでは血縁個体と非血縁個体が同居することになる．チスイコウモリではねぐらにおいて，夜間に血を獲得できなかった個体[*17]に対して血が分け与えられる利他的行動が観察されている．ウィルキンソンの観察の結果，血を与える利他的行動はもっぱら血縁個体に対して行われること，また，ねぐらをいつも共にしている非血縁個体に対しても行われることがあることが明らかになった．前者の行動はベルディングジリスの警戒声と同様に血縁選択により理解できるが，後者の行動については異なる説明が必要となる．より詳しく見てみると，非血縁個体に対する血の供与は，以前その個体に血を分け与えられた個体によってなされていることが明らかになった．これは**互恵的利他主義**(reciprocal altruism)と呼ばれ，非血縁個体間でも行為者と被行為者が交互に入れ替わる場合に利他行動が進化的に安定となることを示している．

＊17　夜間の行動時間に血を獲得することは難しく，若いチスイコウモリの3割，成体でも1割弱が血の獲得に失敗する．この種は3日以上連続で血を獲得できないと飢えてしまう．

このほかにもアリ・ハチ類，アブラムシ類，シロアリ類，テッポウエビ類，ハダカデバネズミでは，**真社会性**(eusociality)と呼ばれるまったく子を残さない不妊個体(働きアリや兵隊ネズミなど)が非常に多く存在する社会が見られる．真社会性に関しては，血縁個体から社会ができているとともに(rが大きくなる)，不妊個体の存在によりコロニー全体で餌を集める効率や外敵からの防御能力が高くなるなど，被行為者の適応度を著しく高める(Bが著しく大きくなる)ことが，利他的行動の進化を促進したと考えられている．

練習問題

1 進化の概念以前に生物多様性を説明した考え方を挙げ，その内容を説明しなさい．

2 ダーウィンが提唱した自然選択による進化では，四つの前提条件が満たされることで進化が起こる．この四つの前提条件をすべて挙げなさい．

3 ダーウィンフィンチの嘴の形態が遺伝形質であることを示すためには，どのような調査を行わなければならないか説明しなさい．

4 集団中で進化が起こっていることを証明するためには，複数世代にわたって形質を調べなければならない．それはなぜか．

5 大ダフネ島で観察された干ばつや多雨は，なぜフィンチの嘴の進化をもたらしたのか，その理由を述べなさい．

6 ベイトマンの原理で，雄の繁殖成功を制限する要因は何とされているか．

7 儀礼的闘争が見られる理由を述べなさい．

8 雌による選択が起こる理由に関して，これまでに提案されている仮説を二つ挙げなさい．

9 包括適応度とは何か説明しなさい．

10 ハミルトン則を書き出し，そこから予測されることを三つ挙げなさい．

11 非血縁個体間で利他行動が見られる条件を説明しなさい．

3章 生物の共生

生物群集は多様な種で構成され，それぞれの種はお互い関わり合いながら生活している．このような生物同士の関わり合いを**生物間相互作用**という．生物間相互作用とは，競争関係や食う—食われる（捕食—被食）の関係のような対立的なものもあるが，共生関係のように互いに強く関係し合ってともに生活しているものもある．共生関係には，互いに利益を得るもの，一方だけが利益を得るものなど，さまざまなパターンが見られる．この章では，多様な共生関係を見ながら，生物同士の複雑な関係を学ぶ．

3.1　共生のいろいろ

共生は英語で symbiosis であり，これには「一緒に暮らす」という意味がある．共生には，一方が他方の種の細胞内や組織内を生息場所にするような緊密な関係もある．たとえば，マメ科植物の根に根粒（こんりゅう）をつくって生活する根粒菌は，細胞レベルで「一緒に暮らしている」．これほど緊密ではなく，別種の個体同士が距離を保ちながら「一緒に暮らしている」場合もある．たとえば，クマノミは毒針をもつイソギンチャクの触手の中を泳いで生活している．共生する生物がともに利益を得る場合を**相利的関係**（mutualism）というが，共生には双方に利益がある場合だけでなく，一方が利益を得て，もう一方には利益も損失もないような**片利的関係**（commensalism）も多く観察されている（図 7.1 参照）．さらに，一方の種は利益を得るが，他方の種には損失がある関係を**寄生**（parasitism）という．寄生と共生は相反する関係のようであるが，実際には，相利的関係から片利的関係を経て寄生関係まで，連続的な変異が見られる．相利共生関係は寄生関係から進化したと考えられている．

3.2　相利共生のいろいろ

共生者の双方に利益がある関係を**相利共生**という．細胞レベルの緊密な関係には，微生物と昆虫の**菌細胞共生**(mycetocyte symbiosis)や，アーバスキュラー菌根菌や根粒菌のような菌類・細菌と植物との相利共生がよく知られている．緊密な関係を伴わない個体レベルの相利共生の場合は，「牧畜・栽培」，「防衛」，「散布」といった行動による結びつきが見られる．

3.2.1　菌細胞共生

アブラムシの体内には *Buchnera* 属の細菌が共生しており[*1]，ビタミンや必須アミノ酸を合成してアブラムシに供給している．アブラムシが餌としているのは植物の師管液で，ショ糖が大量に含まれている．しかし，脂質やタンパク質はほとんど含まれず，偏った種類のアミノ酸があるだけなので，アブラムシは師管液だけでは生活することができず，*Buchnera* から栄養を補っている．*Buchnera* をアブラムシから除去すると，成長が遅くなったり，子を残せないなどの弊害が出ることがわかっている．*Buchnera* もまた，アブラムシの体外では生活できないため，両者は非常に緊密な相利共生の関係を築いている．*Buchnera* は，アブラムシの母から子へ卵巣感染によってのみ伝えられる．

＊1　アブラムシの体内には菌細胞という細胞があり，その細胞質に *Buchnera* が存在している．*Buchnera aphidicola* という学名があるが，異なるアブラムシ種には，異なる *Buchnera* が共生している(図3.1参照)．ここでは *Buchnera* という属名を用いた．

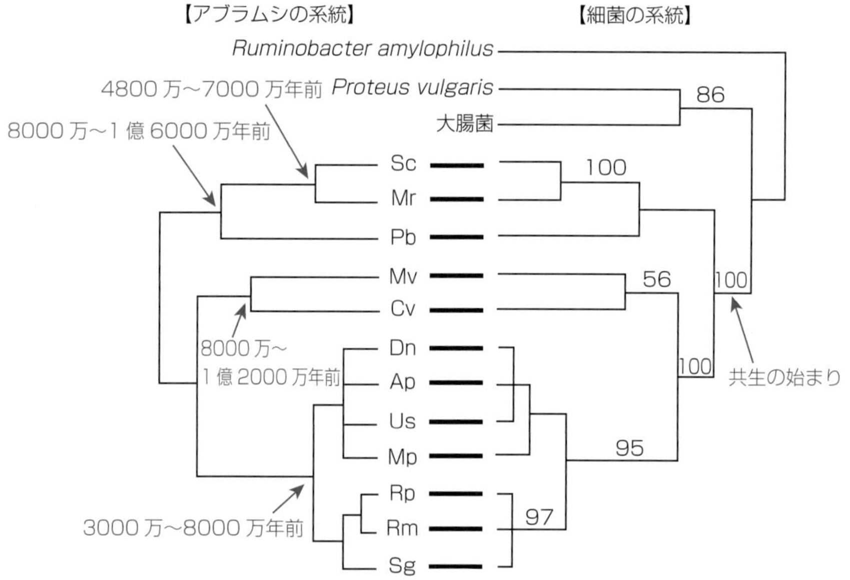

図3.1　アブラムシ(左)と対応する内部共生細菌(右)の系統関係

太線は内部共生関係を示している．アブラムシの系統樹は形態を元にしている(Heie, 1987)．各アブラムシの種に共生している *Buchnera* とその他の細菌の系統樹は16S rDNAの塩基配列を元にしている．系統樹の枝の長さは時間の長さとおおよそ対応している．細菌の系統樹は最節約法を用いており，枝の数字はブートストラップ確率を示している．以下はアブラムシの種．Sg: *Schizaphis graminum*, Rm: *Rhopalosiphum maidis*, Rp: *Rhopalosiphum padi*, Mp: *Myzus persicae*, Us: *Uroleucon sonchi*, Ap: *Acyrthosiphon pisum*, Dn: *Diuraphis noxia*, Cv: *Chaitophorus viminalis*, Mv: *Mindarus victoirae*, Pb: *Pemphigus betae*, Mr: *Melaphis rhois*, Sc: *Schlectendalia chinensis*. N. A. Moran et al., *Proc. R. Soc. Lond. Ser. B*, 253, (1993)より．

モラン(N. A. Moran)らの分子系統学的研究によると，アブラムシと *Buchnera* の共生は2億8000万年前から1億6000万年前の間に成立したと考えられている．アブラムシの種と各アブラムシ種に共生している *Buchnera* の系統関係は厳密に一致しており，アブラムシ各種はそれぞれ独自の *Buchnera* と共生している(図 3.1)．

3.2.2　植物の菌根共生と根粒共生

マメ科植物と根粒菌の共生はよく知られているが，それよりもっと古くから，多くの陸上植物はアーバスキュラー菌根菌とも共生関係を築いてきた．およそ4億年前の植物化石から，初期の陸上植物がアーバスキュラー菌に似た菌類と共生していた証拠が得られている．それに比べると，マメ科植物はおよそ6400万年前に現れたので，根粒菌はアーバスキュラー菌根菌よりもずっと新しい時代に植物と共生関係を築いたことになる[*2]．

アーバスキュラー菌根菌には，共生する植物の種特異性(**宿主特異性**)は見られない．アーバスキュラー菌根菌は，リン酸などの土壌中の栄養塩類を植物根へ輸送し，植物からは光合成産物を得る．一方，根粒菌は大気中の窒素を還元して窒素化合物を生成し(**窒素固定**)，植物体に供給する代わりに，植物から光合成産物を得る．

菌根(mycorrhiza)は植物の根と菌類の共生体であり，形態学的な特徴と菌種の組合せにより，いくつかの菌根タイプに分けられている[*3]．アーバスキュラー菌根は，アーバスキュラー菌根菌が植物組織内に入り，菌糸を形成したものである〔図 3.2 (a)〕．一方，**根粒**(root nodules)は，根粒菌が植物

＊2　アーバスキュラー菌根菌は真核生物，根粒菌は原核生物である．

＊3　菌根の種類は，アーバスキュラー菌根，外生菌根，内外生菌根，ツツジ型菌根，イチヤクソウ型菌根，シャクジョウソウ型菌根，ラン型菌根などに分けられる．

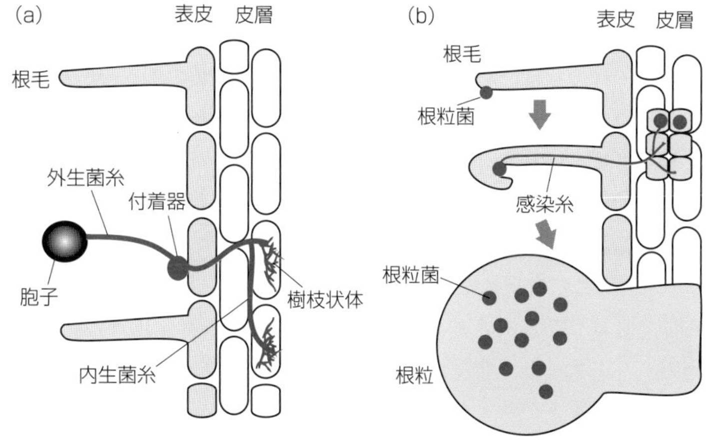

図 3.2　アーバスキュラー菌根と根粒の形成
(a)アーバスキュラー菌根菌は外生菌糸を伸ばして根の表面に付着器を形成する．付着器から内生菌糸を伸長させ，植物の細胞内に樹枝状体を形成する．(b)根粒菌が根毛に付着すると，根毛が変形して根粒菌を囲い込む．管状の感染糸が形成され，根粒菌は感染糸を通って皮層の細胞に侵入し，根粒が形成される(矢印は時間経過を示す)．

の根毛に感染し，根毛が瘤(こぶ)状に変形したものをいう〔図 3.2 (b)〕．菌根と根粒は構造的に違うものであるが，それらの形成過程では宿主植物の共通の遺伝子が関与していることが明らかになってきている[*4]．マメ科植物は，すでにある菌根菌との共生システムの一部を利用して，根粒菌との共生を始めたのではないかと考えられている．

3.2.3　牧畜・栽培の相利共生

アリとある種のシジミチョウとの関係は，よく知られている相利共生である．日本にも分布するクロシジミ（*Niphanda fusca*，シジミチョウ科）の幼虫は，3齢までコナラやクリなどの食草の植物（昆虫が餌とする植物）とともに過ごし，その後，クロオオアリ（*Camponotus japonicas*）によって巣に運ばれる．幼虫はアリの巣の中で餌をもらい，捕食者から守ってもらう代わりに，体から出る糖分を含んだ分泌物をアリに与えて相利的な関係を築いている．これは，アリによるシジミチョウ幼虫の「牧畜」といえる．北條賢らの研究によると，クロシジミの幼虫の体表炭化水素[*5]の組成比は，クロオオアリの雄と似ていることがわかっている．クロオオアリの雄は巣の中で働くことなく餌をもらって過ごすことから，クロシジミはクロオオアリの雄の匂いに似た化学物質を分泌して擬態することで，働きアリに世話をしてもらえると考えられている．しかし，シジミチョウとアリの関係は寄生的な場合もある．たとえば，ゴマシジミ（*Maculinea teleius*）はワレモコウ（*Sanguisorba officinalis*，バラ科）を食草とし，3齢幼虫まではワレモコウの花を餌としている．その後，ゴマシジミの幼虫はクシケアリによって巣に運ばれ，糖分を含んだ分泌物をクシケアリに与えるが，ゴマシジミの幼虫はクシケアリの幼虫や蛹(さなぎ)を餌として食べるので，クシケアリは損失も被る．

スズメダイ科の魚は，サンゴ礁の海底に餌となる藻類の畑（藻園）をつくる．スズメダイはなわばりに侵入し，藻類を食べる他種の魚を追い出すことで，藻園を繁茂させている．その結果，藻園内は藻類の多様性だけでなく，有孔虫類や底生動物の多様性も高い環境が維持される（図 3.3）．さらにクロソラスズメダイ（*Stegastes nigricans*）は，ハタケイトグサ（*Polysiphonia* sp.，フジマツモ科）[*6]という藻類だけを栽培する緊密な共生関係を築いている．畑啓生らは，クロソラスズメダイが藻園内のハタケイトグサ以外の藻類を除藻する一方，ハタケイトグサはクロソラスズメダイの藻園内でしか生育できないため，ハタケイトグサとクロソラスズメダイは互いに依存する**絶対栽培共生**（obligate cultivation mutualism）[*7]の関係にあることを明らかにした．同様の関係がハキリアリとキノコ（担子菌類）の間でも見られる．ハキリアリは幼虫の栄養源としてキノコに依存しており，切りとった葉を巣内に運び，その葉を使ってキノコを栽培する．ハキリアリの新しい女王アリ[*8]は，元の

＊4　菌根菌と根粒菌の共生系を制御している植物のシグナル伝達経路をコモンSYM（symbiosis）パスウェイという．この経路に関わる七つの遺伝子座がわかっている．

＊5　総炭素数が23以上の難揮発性成分から構成されており，昆虫の外骨格の表面を覆っているワックス中に含まれている．直鎖不飽和炭化水素（アルケン，アルカジエンなど），直鎖飽和炭化水素（*n*-アルカン），分枝飽和炭化水素（モノメチル，ジメチルトリメチルアルカンなど）に分けられる．各成分比によって，情報化学物質としての特徴的な機能を担っている．アリやハチなどの真社会性昆虫では，血縁関係にある仲間の識別や，巣内に同居する個体の発育段階・カーストを把握する信号となっている．

＊6　沖縄のクロソラスズメダイが育てているハタケイトグサは，分子系統学的研究から，ショウジョウケノリやモロイトグサなどと近縁であるが，別種だと考えられている．

＊7　潮間帯に生息するカサガイ類でも栽培を行う種がいる．カサガイ類の藻園では特定の藻類を栽培し収穫しているが，栽培藻類は藻園外でも生育しており，必ずしも栽培者のカサガイ類を必要としない．このような場合は条件的栽培共生という．

＊8　真社会性昆虫のアリやハチには，集団（コロニー）の中に女王アリ（ハチ）と働きアリ（バチ）というカーストが存在している．繁殖を行うのは女王アリ（ハチ）のみである．働きアリは女王アリの娘であるが，繁殖は行わず，育児や巣の維持の労働を担う．新しく生まれた女王アリは，元いたコロニーを出て，新しいコロニーを形成する．

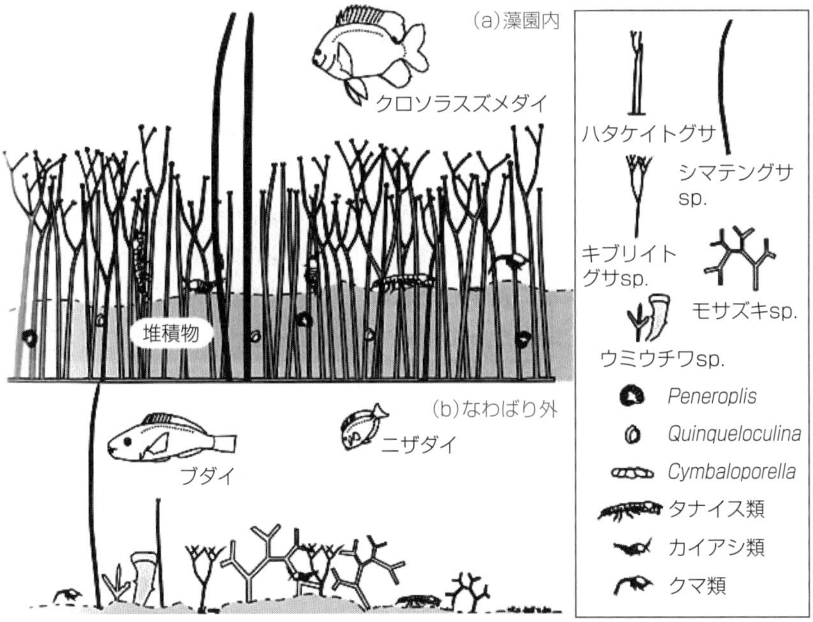

図 3.3　クロソラスズメダイの藻園の内外

クロソラスズメダイはなわばり内に藻園をつくり，藻園は紅藻のハタケイトグサが繁茂している．背丈はおよそ 1 cm ほどの芝生のような構造になっている．藻園内には堆積物があり，多種多様な有孔虫が暮らし，なわばり外と比べると明らかに異質性に富んだ環境となっている．枠内は，藻園およびなわばり外で見られるおもな藻類，有孔虫類，底生動物種を示す．畑啓生，「魚による農業」，種生物学会編，『種間関係の生物学』，文一総合出版(2012)より．

巣から菌株をもちだして新しいコロニーをつくる．栽培されているキノコはアリの巣外では見つからないため，ハキリアリとの絶対栽培共生の関係にある．

3.2.4　防衛の相利共生

一方の種が他方の種を危険から守る防衛型の相利共生で有名なのは，魚のクマノミとイソギンチャクである．クマノミはイソギンチャクの近くで生活し，危険が迫るとイソギンチャクの触手の中に逃げ込む行動が見られる．イソギンチャクの触手には刺胞(しほう)があるが，クマノミの体はイソギンチャクの粘液で覆われており，刺胞に刺されることはない．一方，クマノミはイソギンチャクを食べようとする魚を追い払ったり，クマノミの食べ残しをイソギンチャクが食べたりといった相利共生の関係にある．

アリ植物と呼ばれる植物は，アリと防衛型の相利共生関係を形成している．アリ植物は茎や葉が変形した空洞をもっており，アリの営巣場所を提供する代わりに，営巣するアリは植食者を追い払い，植物を防衛している．アマゾンのマメ科の *Tachigali myrmecophila* はクシフタフシアリ属の *Pseudo-*

myrmex concolor に巣場所となる空洞を提供している．フォンセカ(R. C. Fonseca)は，実験的にアリを取り除いた木の葉の寿命が，アリがいる木の葉の寿命と比べて半分になったことから，アリが植物を植食者から防衛していることを示した．このようなアリ植物は特定の分類群に限られたものではなく，たとえばアカネ科のアリノスダマ，イラクサ科の *Cecropia* 属，マメ科のアリアカシア，トウダイグサ科のオオバギ属(*Macaranga*)などさまざまな分類群で見られる．これはアリ植物が単一の起源ではないことを示している．またこれらの植物は，アリと共生する前から，アリが利用しやすい形質をもっていた一群の植物と考えられている．たとえば，オオバギ属は大きな葉や太い枝をもち，*Cecropia* 属は枝・幹内の髄質が柔らかいことで，アリが利用しやすかったと考えられる．一方，共生したアリは，アリ科全12亜科のうち，5亜科に偏っている．さらに，アブラムシの甘露のような液状の餌を好む属に集中していることから，植物が分泌する花外蜜や栄養分を利用しやすかったことが共生関係へつながったと考えられる．

オオバギ属は東南アジアの熱帯域に分布し，20種以上のアリ植物を含み，その多くはシリアゲアリ属(*Crematogaster*)と相利共生関係にある．オオバギ属9種とシリアゲアリ属6種を含む系では，種特異的な関係が見られる．

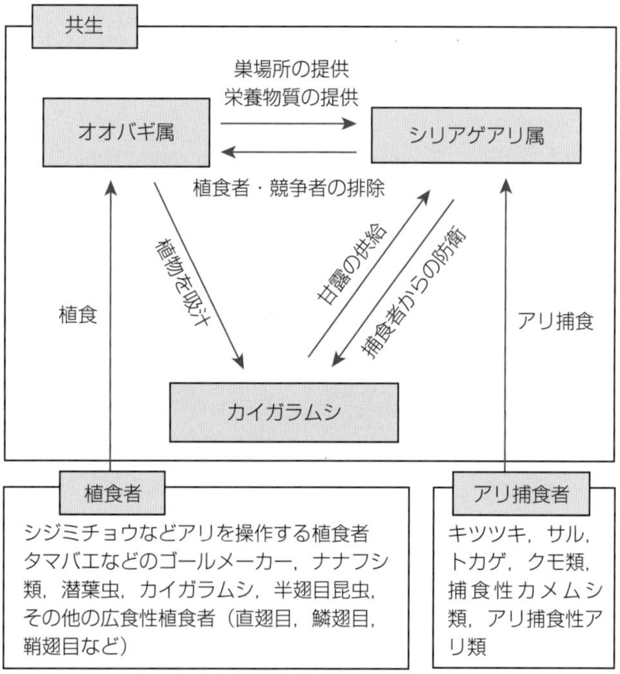

図 3.4　オオバギ属-アリ-カイガラムシの共生関係とそれを取り巻く生物群集
アリと共生するオオバギ属植物の多くの個体では，茎内(アリの巣内)にカイガラムシが共生している．カイガラムシとオオバギ属植物にはある程度の種特異性が認められるが，アリとオオバギ属植物間の種特異性より緩やかである．市岡孝朗，日本生態学会誌，55，431 (2005)より．

両者の系統樹はほぼ一致していることから，アリが植物種と共種分化(cospeciation)[*9]してきたと考えられている．オオバギは，茎の内部の中空になった場所をアリの巣として提供するだけでなく，葉や托葉(たくよう)に脂質に富む付属体を形成することで，食物も提供している．さらにアリの巣内にはカイガラムシが共生しており，アリはカイガラムシの分泌する甘露を餌として利用する代わりに，カイガラムシを捕食者から防衛するという3者間の共生関係が見られる(図3.4)．

*9 密接な相互作用をもつ二つの生物の間で同調して起こる種分化のこと．アブラムシと *Buchnera* はその一例．共進化(coevolution)は，二つの生物間で相互の適応を伴なった進化であり，しばしば共種分化と混同される．共種分化は種分化のパターンであり，共進化が生じているかどうかは分けて考える必要がある．

3.2.5 花粉および果実・種子散布の相利共生

現在，地球上で最も種数が多い植物は被子植物である．被子植物の多くは送粉(花粉散布)と果実・種子散布に動物を利用しており，花の形質(色，形，匂いなど)や果実・種子形態の多様化は，それに関与する動物との相互作用によってもたらされたと考えられている．

(1) 送　粉

昆虫による送粉の始まりは，植食性昆虫との関係からだったと考えられている．昆虫にとって花粉は，良質のタンパク質を含んだ栄養たっぷりの餌である．やがて植食者の昆虫が花粉を運搬するようになり，互いに依存する相利共生の関係が生まれた．およそ1億年前(白亜紀)には，モクレンの仲間の花粉を甲虫が媒介していたと考えられる．やがて花蜜を分泌する花が現れると，花蜜食のハチやガなどによって送粉されるようになった．花蜜食のハチやガでは長い口吻(こうふん)が発達し，それに伴って合弁状で深い蜜源をもつ花が現れたと考えられる．白亜紀の終わりには左右相称花が現れ(図3.5)，それらはハナバチによって送粉されていた．その後第三紀になると，ハナバチとの共進化(3.5節参照)によって花の形はさらに多様になり，筒状花，旗状花，ブラシ状花などの合弁花が現れた[*10]．

*10 合弁花をもつ種はいろいろな科で見られ，独立して何回も起源したことがわかっている．近年明らかになった被子植物の系統関係から構築された分類体系によると，双子葉植物の合弁花をもつ多くの科がキク類に含まれていることから，合弁花が系統的にまとまった形質であり，離弁花から合弁花へと進化したことが示唆されている．

マダガスカルに生育するランの一種 *Angraecum sesquipedale* は，長さ30 cmの長い距(きょ)(花弁が管状に伸びたもの)をもっている．進化論を唱えたダーウィンは，このランの距にある蜜を吸うことができる長い口吻をもつガがいることを予言し，40年後に予言通り，長い口吻をもった *Xanthopan morganii*(スズメガ科)が発見された．この長い距からは *X. morganii* 以外の昆虫は蜜を吸うことができないため，このランには *X. morganii* だけが訪花し，結果として花粉を同種他個体へ効率よく運搬してもらえる．一方，*X. morganii* にとっても，*A. sesquipedale* の蜜を独占的に餌として利用することができる．このように，植物が特定の送粉者に依存する送粉様式を**特殊化した送粉様式**(specialized pollination system)という．一方，特定の送粉者に依存せず，さまざまな昆虫種に送粉を依存するような場合を**一般化した送粉様式**(generalized pollination system)という．被子植物の送粉は，初めは

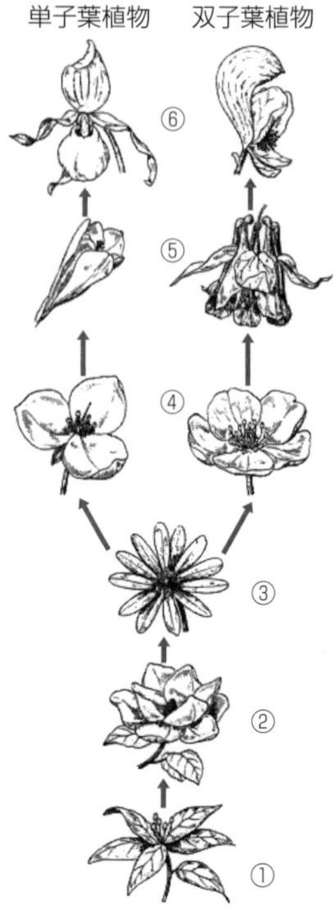

図 3.5　被子植物の花形態の進化傾向
① 最も原始的で不定形な花，② モクレンの花などのらせん状の花，③ 典型的な放射相称花，④ 一定の花被片をもつ花，⑤ 立体的で左右相称となり蜜が隠されている花，⑥ 複雑な立体構造をもつ花．F. G. Barth, "Biologie einer Begegnung," Deutsche Verlags-Anstalt GmbH (1982) より．

複数種の昆虫に依存するものだったが，そのなかで特定の送粉者に依存するような植物が進化してきたと考えられている．

Column

送粉者シフトによる進化

ランとスズメガの極端な形質進化について，送粉者シフト（pollinator shift）というメカニズムも提示されている．他の植物を利用していた口吻の長い送粉者が存在しており，その送粉者に訪花されることで長い距が急速に進化したというメカニズムである．それでは，スズメガの長い口吻はどのように進化したのだろうか．スズメガのような送粉者は，飛びながら空中で静止するホバリングで吸蜜する．花の近くにはスズメガを捕食するクモなどがいるため，スズメガが吸蜜時に花に近づくのは危険である．スズメガが捕食を回避するように，長い口吻が進化した可能性が示唆されている．

ホイットール（J. B. Whittall）とホッジズ（S. A. Hodges）は，北米のオダマキ属（*Aquilegia*，キンポウゲ科）において送粉者シフトが起こったことを示唆している．オダマキ属の花には距があり，距に蜜がたまっている．マルハナバチ媒花，ハチドリ媒花，スズメガ媒花の種が見られ，距の長さは対応する送粉者によって異なっている．分子系統学的解析の結果，マルハナバチ媒花からハチドリ媒花が２回，ハチドリ媒花からスズメガ媒花が５回，独立に進化したことが明らかになった．オダマキ属の長い距は，送粉者シフトが起こり進化したと考えられる．

被子植物のなかには，昆虫ではなく，鳥類や哺乳類に送粉を依存しているものもある．たとえば，アメリカ大陸に分布するハチドリ(ハチドリ科)は花蜜を主食にしており，長い嘴で花冠の長い花から蜜を集めるとともに受粉を行う．中南米に分布するクジャクサボテン属(サボテン科)は，哺乳類のコウモリに送粉を依存している．花は大型で，夜に咲き始めて芳香を漂わせ，コウモリは花蜜と花粉を摂食する．

北米のハナシノブ科では，主要な送粉者に適合した花形態，色，匂いが分化している．たとえば，スズメガに送粉を依存している種は花冠が長く，ハチドリ媒花の場合は花弁が赤く，コウモリ媒花の場合は花サイズが大きくなっている(図 3.6)．このような傾向には一般性があり，ハチドリ媒花の植物の花は「赤い」という共通の特徴をもっていたり[*11]，スズメガ媒花では，花は筒状で細く長く，甘い香りがするなど，系統的に異なる植物でも同じような花形質を示す．このように，被子植物の花の特徴と依存する送粉者のグループに一定の対応が見られることを**送粉シンドローム**(pollination syndrome)という．

*11 ミツバチなどのハナバチ類は紫外線・青・緑という3種類の色受容細胞をもっているが，赤を受容する細胞がないため，赤色は見えない．一方，鳥類の視覚は，霊長類が見える可視光に加えて紫外線も見ることができる．鳥媒花に多く見られる赤い色は，鳥類の視覚に対応して進化したと考えられている．

送粉者は一般に餌を求めて花を訪れるが，餌だけでなく生活の場としても花を利用し，非常に緊密な関係を築いている場合がある．これを**絶対送粉共生**(obligate pollination mutualism)という．最も有名な例は，イチジク属植物(クワ科)とイチジクコバチ(イチジクコバチ科の20属以上)の関係である(図 3.7)．イチジクは，果嚢という花が集合した花序をもっている．花は雌花(雌性期)が先に開花し，他の果嚢の花粉をもったイチジクコバチの雌が果嚢に入ってきて子房に産卵する．果嚢内には花柱の長い花と短い花があり，イチジクコバチは花柱の長い花に産卵することはできない．花柱の長い花では種子ができるが，花柱の短い花はイチジクコバチの幼虫の食料となる．雄のイチジクコバチは翅(はね)がなく，子房内の雌バチと交尾し，果嚢内で一生を終える．雌のイチジクコバチは翅をもち，雌バチが羽化する頃は果嚢内の雌花が終わり，雄花が開花している(雄性期)．雌バチは花粉を体につけて果嚢を出て，別の果嚢へと移動する．イチジクコバチとイチジクは熱帯を中心にそれぞれ750種以上が生育しているといわれ，1種のイチジクコバチが1種のイチジクを訪れるという種特異性を示している(まれに近縁な2種のイチジクを訪れる)．イチジク-イチジクコバチと同様の関係はユッカ(リュウゼツラン科)とユッカガ(ユッカガ科)で古くから知られている．

近年，加藤真と川北篤らは，コミカンソウ科カンコノキ属(*Glochidion*)がハナホソガ(ホソガ科，*Epicephala*)と絶対送粉共生関係にあることを明らかにした．1種のカンコノキ属植物は種特異的な1種のハナホソガに送粉されている．ハナホソガはカンコノキの雄花から口吻を使って花粉を集め，雌花を見つけると花柱の内側に花粉をつけていくという能動的送粉を行う．花粉

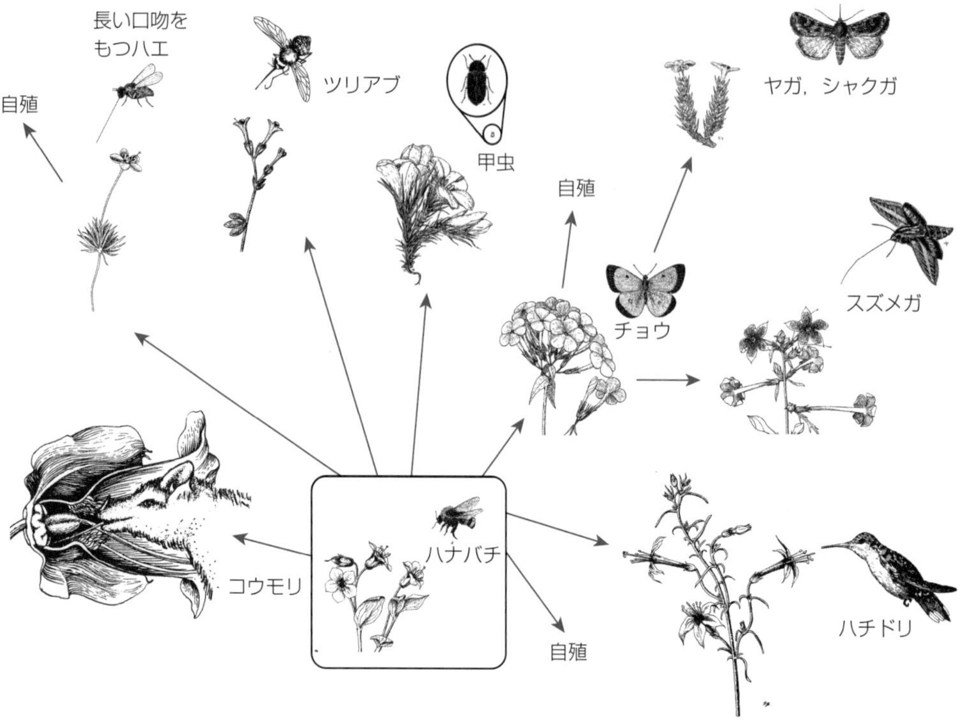

図 3.6　ハナシノブ科の送粉者に対する適応放散

ハナバチが受粉する花を起点と仮定し，それぞれの送粉者に対応した花形態が進化した．長い口吻をもつハエ，チョウ，ハナバチに送粉されるグループからは，花サイズや個体サイズが小さく，一年草で自殖型のグループが進化した．V. Grant, A. K. d Grant, "Flower Pollination in the *Pholox* Family," Columbia University Press (1965) を元に作成．

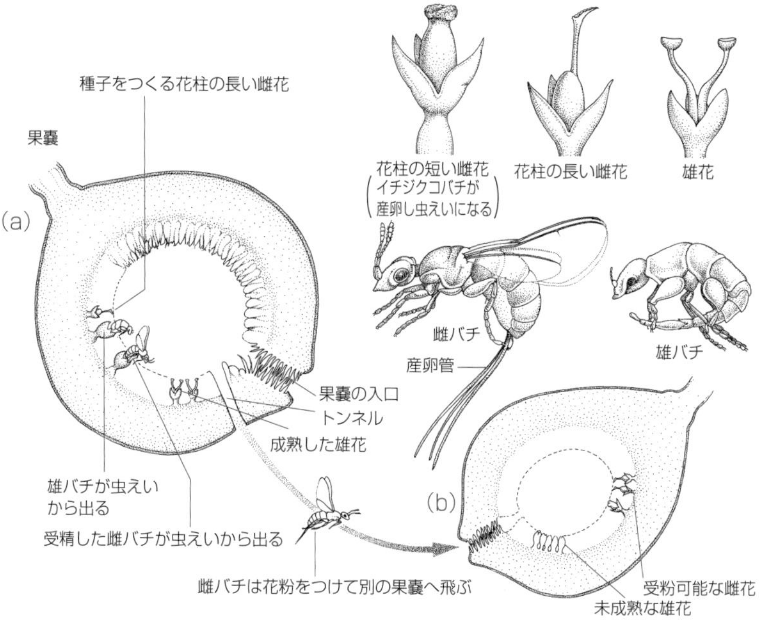

図 3.7　イチジク属植物 *Ficus sycomorus* とイチジクコバチの関係

(a) 雄バチは虫えい (gall) 内にいる雌バチと交尾して，受精した雌バチが虫えいから出てくる．雌バチは外へ出るために果嚢内を移動するとき，雄花に触れて体に花粉が付着する．果嚢に穴を開けてトンネルをつくり，外へ出て，若い果嚢へと飛んでいく．(b) 雌バチは花柱の短い雌花に産卵し，花柱の長い雌花は，雌バチの体についた花粉によって受精する．B. Meeuse, S. Morris, "The Sex Life of Flowers," Facts on File (1984) より．

をつけた後は，雌花に産卵する．ハナホソガの能動的送粉は，産卵後の幼虫の餌となる種子を用意するためであるが，同時にカンコノキ属植物の繁殖を手助けしている．

(2) 果実・種子散布

固着性の植物にとって，種子散布は長距離移動できる機会である．なぜ長距離移動が有利であるのかについては，ハウ(H. F. Howe)とスモールウッド(J. Smallwood)により次の三つの仮説が提示されている．

① 逃避仮説：親木の近くに果実や種子が落ちてしまうと，捕食されやすい．または子植物同士の競争が激しくなるので，親木から離れたところへ逃避するため．
② 移住仮説：新しい生育地へ移動する機会を得るため．
③ 指向性散布説：特定の散布者の行動を利用して，生育に適した新しい場所へ移動するため．

この三つの仮説は必ずしも相互に排他的なものではなく，植物種によって複合的に作用していると考えられる．

動物による散布様式には，動物の体表(毛など)に付着して運ばれる付着型と，動物の食物として運ばれる被食型がある．被食型にはさらに二つのタイプがあり，食べ残されたり置き忘れられた種子が発芽する食べ残し型と，種子の周りの果肉が食べられる周食型である．これら散布様式には，種子形態にそれぞれ特徴が見られる．付着型は果皮が変形した鉤(かぎ)や棘(とげ)をもっており，鳥類や哺乳類の羽毛や毛皮にくっついて運ばれる．ただしこの場合，散布に対する報酬はないので，動物を一方的に利用している片利共生といえる．これに対し被食型のほうは，散布者へ食糧という報酬が用意されている．食べ残し型は，ネズミなどの齧歯(げっし)類の哺乳類や鳥類(カラスやキツツキなど)に見られる．食糧を集めて保存する貯食行動を利用し運んでもらい，貯食したものを忘れて食べ残した種子が発芽する．食べ残し型の種子形態は，大型で栄養価が高く，大量に実り，外皮が厚いのが特徴である．温帯林では，ブナ科やマツ科，クルミ科が食べ残し型散布である．

周食型の種子は，哺乳類や鳥類に食べられて，種子が糞として排泄されることで運ばれる．種衣や果肉[*12]は栄養価(糖質，脂質，タンパク質など)が高い．モモなどの核果[*12]は，種子が硬い核に覆われていて，動物の消化管を通っても壊れない．このタイプの種子の特徴は，熟したときに種衣や外果皮が赤，オレンジ，黄，黒に着色して，遠くからでも目立つことである．これは，霊長類と鳥類は視覚が発達していて，認識できる色の範囲が広いことと関係している．霊長類と鳥類が利用する果実は大きさが異なる．鳥類は歯がなく，果実を飲み込んでいるため，利用できる果実のサイズは嘴の開く幅

＊12　果肉は子房壁が成熟した果皮に由来し，肉質で多汁質のものをいう．核果は果実の種類の一つで，種子が硬い殻に覆われ，さらにその周りを果肉に覆われている．

に限定される．一方，霊長類は手と歯を使って大きな果実を処理できる．果実食を主とする哺乳類は霊長類であるが，雑食性のタヌキやイタチ，クマなどの食肉類も周食型の種子散布に関わっている．

「植物と種子散布者」の関係は，「植物と送粉者」の関係と同様とはいえない．植物にとって，送粉者には何度も訪花してもらう必要があるが，種子散布者には繰返しの訪問ではなく，種子発芽の適地へ運搬してもらうほうが重要である．したがって，ある特定の種子散布者に適応するという進化は起こりにくく，現在の植物は，かなり広い分類群の種子散布者と関係を築いている．

3.3　片利共生

片利共生とは，片方が利益を得て，もう一方には利益も損失もないような**片利的関係**(commensalism)のことである(図7.1参照)．たとえば，コバンザメは頭部背面の吸盤で大型のサメやクジラに吸いついて，こぼれた餌や寄生虫を食べることで利益を得ている．一方，大型のサメやクジラには利益も損失もないと考えられる．植物では，シダやランの仲間で樹木の上に根を下ろして生活する着生植物は片利共生で知られている．着生植物は生活の場を得ており，着生されている樹木には利益も損失もない．

3.4　寄　生

片方が利益を得るが，もう一方の種には損失があるような関係を**寄生**(parasitism)という．寄生者は宿主(しゅくしゅ)から資源を摂取しているが，宿主の存在なしには生活できないことから，宿主に対して大きな影響を与えないことが多い．寄生者としては動植物に感染する細菌やウイルスが代表的であるが，カビなどの真菌，ダニやシラミなどの節足動物，原虫や線虫などもよく知られている．細菌，ウイルス，原虫などは宿主の体内で生活するため，内部寄生者ともいう．ダニやシラミは宿主の体表面で体液を吸って生活するため，外部寄生者という．

ヒトや多くの哺乳類の小腸に寄生する線虫である回虫は，宿主から栄養を摂取しており，数匹の寄生であれば宿主にはほとんど影響がない．回虫は宿主の体内で産卵し，卵は宿主の糞便とともに排出される．ヒトの場合は，下肥(しもごえ)(人糞尿を肥料にしたもの)を用いた野菜栽培により，その野菜を食べることで回虫卵が再び体内に入る．マラリア原虫は熱帯から亜熱帯に生息しており，蚊を媒介者とした原虫感染症としてよく知られている．マラリア原虫は中間宿主の脊椎動物では無性生殖を，終宿主[*13]のハマダラカでは有性生殖を行う．ヒトはマラリア原虫の中間宿主であり，マラリア原虫をもった蚊に刺されると感染し，原虫は肝細胞や赤血球内で増殖し，全身倦怠感，頭痛，高熱などの症状が現れる．

＊13　寄生虫の生活環で有性生殖をするときの宿主をいう．寄生虫の幼生期と同じ場合もあるが，宿主が異なることもあり，この宿主を中間宿主という．たとえばトキソプラズマ(*Toxoplasma gondii*)は，ヒトやブタが中間宿主で，ネコ科動物が終宿主である．

ウイルスは他の生物の細胞に侵入し，宿主の細胞内でウイルス自身の遺伝子を複製し増殖するため，宿主に対して影響を与えることが多い．ウイルスの種類によって感染する細胞が決まっており，たとえば，ヒトに感染するインフルエンザウイルスは宿主の気道の細胞に感染する．宿主個体ではウイルスを除去しようと免疫反応が起こり，発熱，くしゃみ，鼻水など恒常性に影響を与える症状が出る．宿主から排除されたウイルスは，飛沫や接触により別の宿主へと感染する．デング熱の原因となるデングウイルスは，デングウイルスをもった蚊がヒトやサルを刺すことで体内に侵入し，白血球の単球やマクロファージ[*14]などで増殖し，発熱，関節痛などの症状をもたらす．蚊がデングウイルスに感染したヒトを刺すと，ウイルスは蚊に感染し，さらにその蚊がヒトを刺すと，ヒトへと感染が広がる．

昆虫類，ダニや線虫，菌類が植物に寄生するとき，葉，花，茎に虫えい(gall)と呼ばれる構造物を形成する．植物組織が異常に発達してこぶ状または特殊な形状を示す．寄生者は餌または天敵からの隠れ場所として植物を利用するが，虫えい形成は植物にとって負の影響を与えている．イチジクコバチはイチジクの果嚢内の一部の花で虫えいを形成するが，イチジクの送粉に寄与しているため，相利共生関係が成立している(3.2.5 項参照)

宿主から栄養を摂取するのではなく，宿主が捕獲した獲物を奪って生活することを**労働寄生**(kleptoparasitism)という．カッコウ科(ホトトギス，ジュウイチ，カッコウなど)の鳥は，別種の鳥(ウグイス，オオヨシキリ，ホオジロなど)の巣に卵を産み，育児(＝労働)を宿主に任せてしまう．これを托卵(たくらん)という．寄生種の卵は宿主の卵より早く孵化(ふか)し，宿主の卵を巣外へ押し出し，餌を独占する．しかし，巣内のヒナの数が減ると，宿主の親鳥はそれに応じた量の餌しか運ばない．そこで托卵種には，宿主により多くの餌を運ばせるための行動が見られる．ジュウイチ(*Cuculus fugax*)のヒナには，翼の内側に口内と同じ黄色い部分(翼角(よくかく))があり，宿主が餌をもってきたときに，翼をもち上げて激しく揺らす行動が観察されている．田中啓太らは，実験的に翼角を塗料で塗りつぶすと，宿主の給餌回数が減少したことから，翼角が餌請いの信号となっていることを明らかにした[*15]．また，宿主が翼角に給餌を行う行動も観察された．宿主は巣内のヒナの数が多いと錯覚し，餌を多く運んでくると考えられる．

ハナバチ類でも労働寄生が見られる．真社会性のマルハナバチは[*8]，女王バチが春に巣をつくって産卵し，幼虫の餌となる蜜と花粉を集める．働きバチが羽化すると，餌の収集は働きバチに任せて，女王バチは産卵に専念する．秋になると新しい女王と雄バチが羽化し，交尾後に女王は冬眠する．一方，ヤドリマルハナバチ(*Psithyrus norvegicus japonicus*)は別種のマルハナバチ(ヒメマルハナバチ，*Bombus beaticola*)の巣を乗っ取り，宿主の働きバチに

＊14　単球は白血球の一種で，骨髄でつくられ血管内に存在する．異物を細胞内に取り込んで消化する．血管外に移動するとマクロファージなどに分化する．マクロファージは死んだ細胞を消化したり，異物の断片を抗原として取り込んでＴ細胞を活性化させたりする．

＊15　カッコウの仲間に見られる托卵では，卵は宿主の卵と非常に似ており，擬態している．一方，寄生ヒナは宿主のヒナには擬態していない．擬態のない卵に対しては，宿主の学習効果により，寄生卵が見分けられて排除されるため，寄生卵の擬態が進化したと考えられる．一方，ヒナの場合は，日々の成長による変化が学習が難しくしていると考えられる．もしヒナに対しての学習効果が働くと，宿主の初めての産卵で寄生された場合，寄生ヒナを自分の子と学習し，その後の繁殖で自分の子を排除してしまうと予想される．したがって寄生ヒナの排除は進化にくいと考えられる．

(a)　(b)

図 3.8　ヤセウツボとギンリョウソウ
(a)ヤセウツボ(*Orobanche minor*, ハマウツボ科ハマウツボ属), (b)ギンリョウソウ(*Monotropastrum humile*, ツツジ科ギンリョウソウ属).

育児をさせる労働寄生種で,「働きバチ」というカーストは存在しない. ハキリバチの仲間は単独性で[*16], 地中や木の穴などに営巣し, 葉を切りとって巣材に利用している. ハラアカハキリバチヤドリなど一部のハキリバチは, 別種がつくった巣を乗っ取って産卵する.

＊16　単独性のハチは, 巣内に餌を一緒に入れて産卵し, 幼虫は孵化すると, その餌を食べて親の世話なしに成虫になる.

宿主を必ず殺してしまう寄生を**捕食寄生**という. 寄生バチ(ヒメバチ, コマユバチなど)は宿主に産卵し, 孵化した幼虫は宿主の栄養をとって成長し, 宿主の体を食べて成虫になる.

寄生植物は他の植物に寄生し生活している. 世界一大きい花(直径およそ 90 cm)として知られるラフレシア(ラフレシア科, *Rafflesia*)は, ブドウ科の植物の根に寄生し栄養を得るため, 茎・葉・根をもたない. 花は腐臭を発し, クロバエ科のハエが送粉している. 近年, 日本でも外来種としてよく見られるようになったヤセウツボ(*Orobanche minor*, ハマウツボ科)はマメ科やキク科の植物に寄生し, 葉緑素はもたず光合成をしない〔図 3.8 (a)〕. 葉緑素をもたない植物として有名なギンリョウソウ〔*Monotropastrum humile*, ツツジ科, 図 3.8 (b)〕は, 菌類(ベニタケ属)に寄生している. 菌類は樹木と共生しており, ギンリョウソウは樹木が光合成でつくった有機物を菌類を通して栄養分として得ている.

3.5　共進化

共進化(coevolution)はエンリッチ(P. R. Ehrlich)とレーヴェン(P. H. Raven)によって 1964 年に提唱された造語で, 植物と草食性昆虫が互いの進化に対して影響を及ぼしてきたことを表現している. 具体的には, 2 種あるいはそれ以上の種のある形質が, 他方の種のある形質に反応して進化しており，他方の種の形質もまた最初の種の形質に反応して進化していることをいう．共進化は，1対の種について考える場合は非常にわかりやすい．たとえば，長い距をもつランの *Angraecum sesquipedale* と長い口吻をもつスズメガの共生関係において(3.2.5項参照)，植物と送粉者の双方に極端な形質が進化した．このメカニズムについてダーウィンは次のように考えた．

長い距の奥には蜜が分泌されており，その距の奥まで届く口吻をもったスズメガは，十分な蜜を吸うことができるので適応度が高くなる．しかし，スズメガの口吻がランの距より少し長く，余裕をもって蜜を吸えるとき，ランにとっては盗蜜となり，受粉には寄与しない．逆に，ランの距がスズメガの口吻より長い場合は，距の奥にある蜜を吸おうとするスズメガの口吻基部が蕊柱(ずいちゅう)へ接触する．このとき，ランの適応度は高くなる．このように，スズメガはランの距より長い口吻をもつほうが有利であり，ランはスズメガの口吻より長い距をもつほうが有利であるため，両者は追いかけっこのような進化をしながら極端な形質が生まれる．このような進化のメカニズムを**ダーウィンの共進化的競走**(Darwin's coevolutionary race)という(p.36のコラム参照)．

ランとスズメガの関係は相利共生的であるが，片利共生や寄生，捕食-被食関係でも共進化は起こりうる．すでに述べたイチジクとイチジクコバチの絶対送粉共生関係の始まりは，イチジクコバチが卵を産むだけの寄生関係だったと考えられている．卵を産むだけだったイチジクコバチが送粉を担うようになり，たとえば，ある種のイチジクが出す揮発性物質を，ある種のイチジクコバチが特異的に感知するといった形質の共進化が起こっている．寄生や捕食-被食のような生物間の関係が敵対的な場合は，攻撃する形質と防御する形質がいたちごっこのように進化するが，これを**軍拡競走**(arms race)という．

ツバキゾウムシとヤブツバキの関係において，攻撃形質(口吻の長さ)と防御形質(果皮の厚さ)は軍拡競走によって進化したと考えられている．ヤブツバキの果実の果皮の厚さには地理的な変異が見られる．ツバキゾウムシは口吻を使ってヤブツバキの果実に穴を開けて産卵し，幼虫はツバキの種子を食べて育つ．ツバキゾウムシの口吻の長さには，ヤブツバキの果皮の厚さの地理的変異と同じような地理的な変異が見られ，形質に対応が見られる〔図3.9 (a)〕．これらの形質の地理的な変異は緯度と相関が見られ，ヤブツバキの果皮は南の集団ほど厚くなり，ゾウムシの口吻は長くなっている．ただし，形質の緯度に対する勾配(緯度クライン)は果皮と口吻では傾向が違っており，南の集団では両形質の平均値はほぼ一致しているが，北の集団では果皮の厚さより口吻の長さのほうが長くなっている〔図3.9 (b)〕．南の集団では軍拡競走がより強く働き，果皮が厚く，口吻が長くなる方向へ選択圧が働

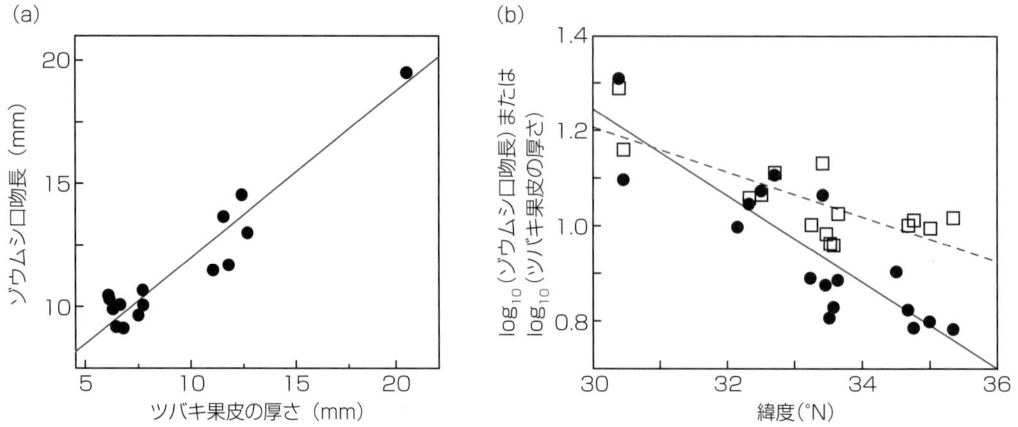

図 3.9　ツバキ果皮の厚さとゾウムシ口吻長の関係

(a) ツバキ果皮の厚さとツバキゾウムシの口吻長の集団平均値．ツバキ果皮が厚い集団ほどツバキゾウムシの口吻が長い．(b) ツバキ果皮の厚さとツバキゾウムシの口吻長（対数変換した値を用いている）の緯度クライン．ツバキ果皮の厚さの緯度クライン（実線）のほうが，ツバキゾウムシの口吻長の緯度クライン（破線）よりも傾きが急になっている．東樹宏和，「ツバキとゾウムシの共進化」，種生物学会編，『共進化の生態学』，文一総合出版（2008）より．

いていることが明らかである．数理モデルでは，環境条件が好適なほど軍拡競走が起こりやすいことが予測されている．気温が温暖で水分条件もよいなど環境条件がよくなれば，十分な資源をもつことができ，そのため，防御形質や攻撃形質に資源を多く投資できるかもしれない．その結果，軍拡競走が強く働き，極端な形質が進化する可能性が考えられている．

多くの種はさまざまな餌を利用して，複数の種と相互作用している．しかし，ある種が，相互作用している複数種のすべての形質に対して反応して進化するとは考えにくい．たとえば，複数種が含まれる機能群（7章参照）と進化的な相互作用をもっている場合も見られ，これは**拡散共進化**（diffuse coevolution）と呼ばれる．

練習問題

1 細胞レベルの相利共生関係について例を挙げて説明しなさい．

2 絶対栽培共生系について説明しなさい．

3 アリ植物にはさまざまな植物分類群が含まれるが，共生するアリの分類群には偏りがある．その理由は何だろうか．

4 労働寄生が現れる条件は何だろうか．生物種ごとに考えなさい．

5 マダガスカルに生育するラン *Angraecum sesquipedale* の花の距とスズメガの口吻の極端な長さは，どのようなメカニズムで進化したと考えられているか．説明しなさい．

6 イチジク-イチジクコバチとカンコノキ-ホソガはどちらも絶対送粉共生系であるが，その共生関係で異なる点を説明しなさい．

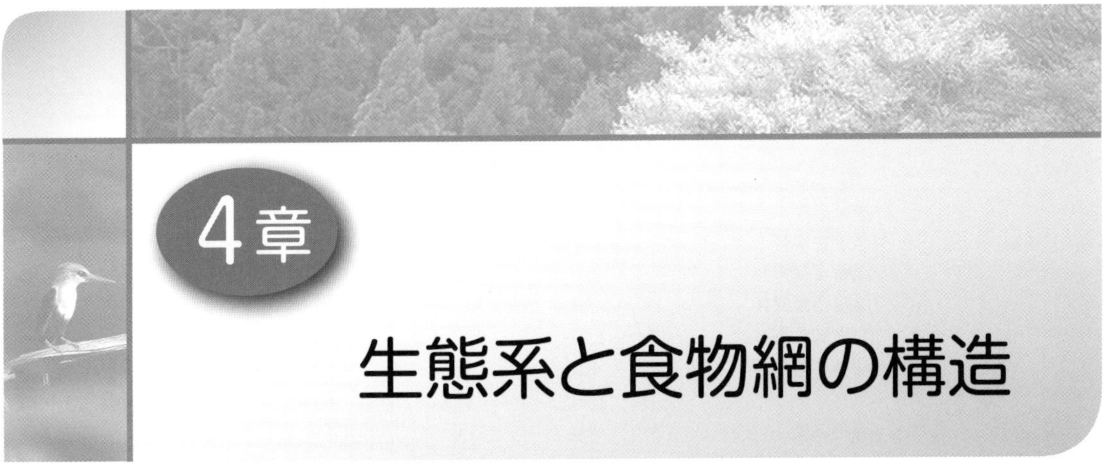

4章 生態系と食物網の構造

生命が存在する地球表層の空間が**生物圏**(biosphere)である．生物圏の広がりは，海抜数千 m の山岳地帯から水深 10,000 m の深海にまで及ぶ．この生物圏のなかで生物は不均一に分布しており，無機的環境と相互作用し，さらに生物同士の関係を築きながら生活している．この章では，生物圏を構成する生態系の特徴と分布，さらに生態系内で生物群集がかたちづくる食物網の構造について理解を深める．

4.1 生態系の構成要素

ある空間に生息しているすべての生物と，それを取り巻く無機的環境を含む複合体を**生態系**(ecosystem)という[*1]．ある程度均質な環境の広がりを指すことが多く，森林生態系や湖沼生態系，沿岸生態系などと区分される．ただし，その境界が不明瞭なことも多い．生態系のなかでは，生産や消費，分解といった機能を担う生物が，同種または他種の生物と餌をめぐる競争や，捕食-被食関係などの複雑な相互関係を結んでいる．また，温度や光，水，養分などの無機的環境の影響を受けたり，これら物理的・化学的要素に影響を及ぼしたりしている．

＊1　生態系の概念を初めて提示したのは，イギリスの植物学者タンスレー(A. G. Tansley)である．彼は，生物的環境と無機的環境が相互に作用する空間を一つのシステムとしてとらえた．その後，アメリカのシステム生態学者であるリンデマン(R. L. Lindeman)やオダム(E. P. Odum)らが，エネルギーの流れや物質の循環を理解するうえで生態系の概念が重要であることを示した．

4.2 生態系の分布

生物圏にはさまざまな生態系が分布している．陸地には，熱帯雨林や温帯落葉樹林といった森林のほかに，サバンナやツンドラなどの草本や低木を主体とする生態系，さらには砂漠のように植物がほとんど生育しない生態系もある．また，飲料水の源でもある湖沼や河川などの淡水域も，陸地に見られる生態系である．ヒトが密集して生活する都市も一つのシステムとして機能しており，生態系の一つに区分できるだろう．面積で見ると陸地の約 30% は森林で覆われており，そのうち赤道域に分布する熱帯雨林が 11% を占めて

表 4.1　さまざまな生態系における生産者のバイオマス（生物量）と純一次生産

生態系	面積 (10^6 km^2)	バイオマス（平均値） (kg/m^2)	地球全体のバイオマス (10^9 t)	純一次生産（平均値） (g/m^2/年)	地球全体の純一次生産 (10^9 t/年)
熱帯雨林	17.0	45	765	2200	37.4
熱帯季節林	7.5	35	260	1600	12.0
温帯常緑樹林	5.0	35	175	1300	6.5
温帯落葉樹林	7.0	30	210	1200	8.4
北方針葉樹林	12.0	20	240	800	9.6
疎林と低木林	8.5	6	50	700	6.0
サバンナ	15.0	4	60	900	13.5
温帯草原	9.0	1.6	14	600	5.4
ツンドラと高山帯	8.0	0.6	5	140	1.1
砂漠と半砂漠	18.0	0.7	13	90	1.6
岩質と砂質砂漠，氷原	24.0	0.02	0.5	3	0.07
耕地	14.0	1	14	650	9.1
沼沢と湿地	2.0	15	30	3000	6.0
湖沼と河川	2.0	0.02	0.05	400	0.8
陸地全体	149	12.2	1837	782	117.5
外洋	332.0	0.003	1.0	125	41.5
湧昇流海域	0.4	0.02	0.008	500	0.2
大陸棚	26.6	0.001	0.27	360	9.6
藻場とサンゴ礁	0.6	2	1.2	2500	1.6
河口	1.4	1	1.4	1500	2.1
海洋全体	361	0.01	3.9	155	55.0
地球全体	510	3.6	1841	336	172.5

単位は有機物の乾燥重量で示されている．純一次生産は，生産者が光合成によって生産した有機物量から呼吸による消費量を差し引いたものである．H. Leith, R. H. Wittaker eds., "Primary Productivity of the Biosphere," Springer (1975) より．

いる（**表 4.1**）．また，草地（サバンナ，草原，ツンドラ）は 21%，砂漠や半砂漠は 12% を占めている*2．

＊2　人間活動の影響や気候変化により砂漠は年々増加傾向にある．一方，森林面積は温帯域では植林により増加しているが，熱帯域で大きく減少しているため，全体では近年（2010～15年）でも減少傾向にある．

海洋は総面積が 3.6 × 10^8 km^2 であり，地球表面の 71% を占めている（表 4.1 参照）．また海洋は，陸地と同じように深さ方向にも広大である．平均深度はおよそ 3800 m もあり，表層から海底に至る全層にわたって生物が分布している．海洋にも多様な生態系が分布しているが，面積で見ると大陸棚（水深約 200 m）以深の外洋生態系だけで 92% を占めている．残りが沿岸域であり，そこには藻場やサンゴ礁といった生物群落によって形成される特徴的な構造をもつ生態系も見られる．

4.3　生態系の生物量

単位空間あたりの生物体の量を**バイオマス**（biomass）といい，kg/m^2 や t/ha などの単位で表される．樹木の場合には，枝や幹の木質部のように代謝していない部分もバイオマスに含める．地球全体の生産者のバイオマスの合計は 1.8×10^{12} t と見積もられている（表 4.1 参照）．また，地球のバイオマスのほとんどが陸上の生態系に存在するといわれており，なかでも森林が圧倒的に大きい．森林の場合，地上部が非常に大きな構造をもつとともに，樹木の根など地下部のバイオマスも大きいためである．とくに熱帯雨林のバイオマスは大きく，その合計は地球全体の生産者のバイオマスの約 40% を占めている．

海洋は地球表面の大半を占めているが，バイオマスで見ると地球全体の生産者のわずか 0.2% しか分布していない．海洋全体のバイオマスの四分の一は外洋域の植物プランクトンであるが，単位面積あたりのバイオマスは非常に小さいことがわかる（表 4.1 参照）．陸地から離れた外洋域ではプランクトンの増殖に必要な栄養塩類が少ないことや，陸上の植物とは異なって水中では体を支える構造物を必要としないことが，バイオマスが小さいことの要因と考えられる．一方，沿岸域の藻場やサンゴ礁のバイオマスは比較的大きく，その合計は外洋域のバイオマスを凌いでいる．

4.4　栄養形式と栄養段階

生物を介した生態系におけるエネルギーや物質の流れを理解するため，生物群集を**栄養形式**で区分してみよう．無機化合物を炭素源として摂取して有機化合物を合成する生物を**独立栄養生物**（autotroph）という．一方，他の生物やデトリタス（生物の遺骸や老廃物）を食べることで有機物を得る生物が**従属栄養生物**（heterotroph）である．また，独立栄養と従属栄養の双方を行う生物もおり，これを**混合栄養生物**（mixotroph）と呼んでいる．

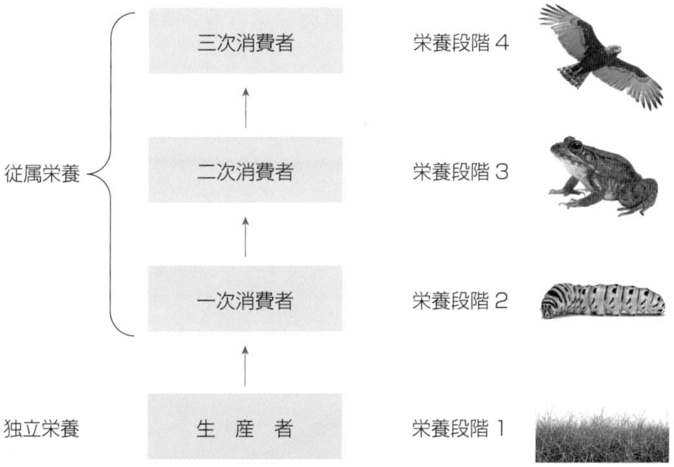

図 4.1　栄養形式と栄養段階
矢印は餌生物から消費者への有機物の流れを示している．

独立栄養生物は炭酸同化(炭素固定)によって有機物を生産するため，**生産者**とも呼ばれる(図 4.1)．緑色植物や藻類，シアノバクテリアなどの光合成を行う**光合成独立栄養生物**(photoautotroph)と，化学合成を行う**化学合成独立栄養生物**(chemoautotroph)が該当する[*3]．これに対し従属栄養生物は，独立栄養生物が生産する有機物を直接あるいは間接的に利用しながら生活しているため，**消費者**と呼ばれる．すべての動物とキノコやカビなどの真菌類，多くの原生生物や従属栄養性の細菌類などが含まれる．混合栄養生物には，食虫植物(ウツボカズラ，モウセンゴケなど)やプランクトンの渦鞭毛藻類などが知られている．

＊3　現在の地球環境において，独立栄養生物の多くは緑色植物などの光合成独立栄養生物である．しかし，光が届かず，還元物質が豊富に存在する深海の熱水噴出孔周辺や湖の深水層などでは，化学合成独立栄養生物の炭酸同化を起点とした食物連鎖がしばしば発達する．

生態系において生産者は，無機的環境から生物的環境にエネルギーと物質を取り込む働きを担っている．また，生産者によってつくられた有機物が被食されると，有機物中に蓄えられたエネルギーや栄養元素は消費者に移動する(図 4.1 参照)．消費者のなかでも，草食や果実食，藻類食といった生産者を食べる植食生物のことを一次消費者という．また，一次消費者を直接食べる肉食生物が二次消費者，さらにそれを捕食する三次消費者と，捕食-被食関係を経るたびに次数が増加していく．生産者を起点とし，栄養の流れに沿って一次，二次，三次消費者と順に並べたものが**食物連鎖**(food chain)であり，生産者を1としたときの階数を**栄養段階**(trophic level)と呼ぶ．生物によって無機的環境から取り込まれたエネルギーや物質は，栄養段階を低次から高次へと転流していく[*4]．

＊4　リンデマンは，栄養段階の概念を元に生態系内のエネルギー・物質の流れと生物群集の動態を理解することを提唱した．しかし，自然界で見られる捕食-被食関係はより複雑であり，栄養の流れを直線的に配置した栄養段階で示すことは難しい場合が多い．

4.5　分解者の機能

消費者のなかでも，死んだ動植物の組織や排泄物(デトリタス)を利用する生物を**分解者**(decomposer)という(図 4.2)．主要な分解者である従属栄養細菌や真菌類(カビやキノコ)は，細胞外に分泌した分解酵素によりデトリタ

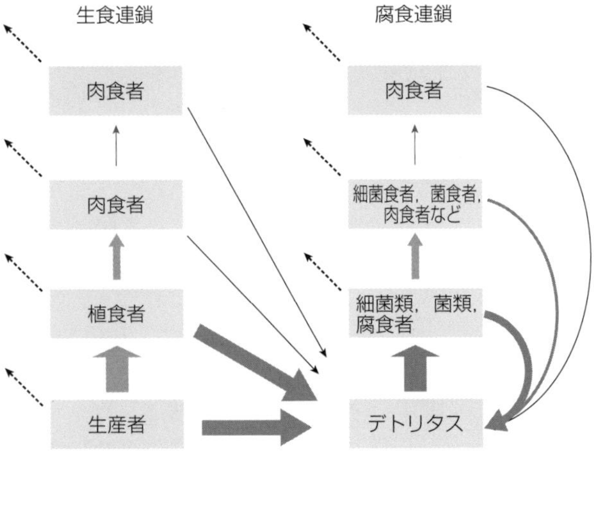

図 4.2　生食連鎖と腐食連鎖
実線の矢印は食物連鎖を伝搬する有機物の流れを示し，そのうち黒矢印はデトリタス(生物の遺骸や排泄物)への移動を示している．破線の矢印は呼吸を示している．有機物は各栄養段階で呼吸によって消費されながら生食連鎖を伝搬し，消費されなかった分はいずれデトリタスとして腐食連鎖へ流入する．デトリタスは分解されるか難分解性物質となるまで腐食連鎖を循環する．図には示していないが，肉食者が他方の食物連鎖の餌生物を捕食することもある．W. H. v. Dobben, R. H. Lowe-McConnell eds.,"Unifying Concepts in Ecology," Springer(1975)を元に作成．

スを消化し，低分子化して細胞内に取り込んでいる．植物の細胞壁を構成するセルロースやリグニンは，デトリタスのなかでも難分解性であるが，これらを分解できる真菌類もいる．また，デトリタスを摂食して体内で消化する腐食性の土壌動物（ミミズやヤスデ，昆虫の幼虫など）や水生動物（一部の水生昆虫や甲殻類など）も分解者に含まれる．

分解者も他の従属栄養生物と同様に，取り込んだ有機物から化学エネルギーを取り出して生命活動を維持している．その結果として，有機物は無機態の二酸化炭素や窒素・リン化合物などへ分解される．また，残った有機物も再び分解者に利用されていき，最終的には無機化されて環境中へ放出される．この放出された無機物は生産者に取り込まれ，食物連鎖を再び伝搬していく．すなわち，分解者の存在によって物質の循環サイクルが完成するともいえる．もし分解者が存在しなければ，生態系内にはデトリタスが蓄積していき，物質循環が大きく変化するだろう．さらに，無機栄養分の放出が抑制されることで，生産者の成長速度にも影響が及ぶだろう．

4.6　生食連鎖と腐食連鎖

食物連鎖には**生食連鎖**（grazing food chain）と**腐食連鎖**（detritus food

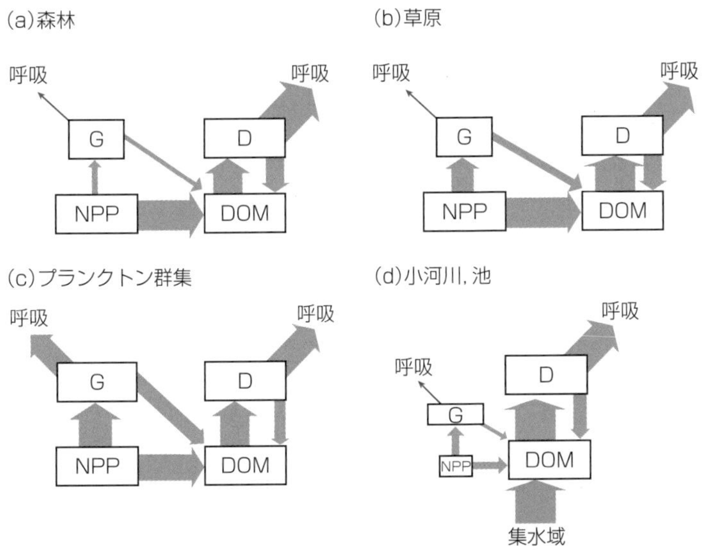

図 4.3　さまざまな生態系におけるエネルギー流のパターン
赤矢印は，有機物の移動を介したエネルギーの流れを示す．四角と矢印の大きさは，有機物のストックと流量の相対的な大きさに比例している．NPP（net primary production）：植物の純一次生産，G：生食連鎖，DOM（dead organic matter）：デトリタス，D：腐食連鎖．森林では，植物の純一次生産の多くが腐食連鎖に流入する．一方，草原やプランクトン群集では，生食連鎖と腐食連鎖の双方をエネルギーがよく流れる．小河川や池の群集では，集水域から運ばれてくるデトリタスを起点とした腐食連鎖が発達する．M. Begon et al.,“Ecology, 4th Ed.,”Wiley-Blackwell（2005）より．

chain)の二つがあり，ほとんどの生態系で両者は共在している(図 4.2 参照)．生食連鎖は，生きた植物を起点として植食者，肉食者へと栄養が転流する食物連鎖である．一方，腐食連鎖はデトリタスを起点とする食物連鎖であり，デトリタスを利用する分解者と，それを食す細菌食者や菌食者，さらにその捕食者などから構成される．二つの食物連鎖は互いに独立しているわけではない．生食連鎖からはデトリタスが腐食連鎖に供給されている．また，捕食者が生食連鎖と腐食連鎖の双方の餌生物を捕食することで，二つの食物連鎖が結びつくこともある．

森林生態系では，独立栄養生物が生産した有機物のほとんどは腐食連鎖へと流入する(**図 4.3**)．森林では，枯死した植物遺体(落葉落枝など)が林床に堆積し，土壌生物を中心とした腐食連鎖が発達する．また，渓畔林(けいはんりん)や集水域から大量の有機物が供給される小河川や池では，水生昆虫や甲殻類などが陸起源のデトリタスをよく利用する．一方，草原の生物群集や湖や海洋のプランクトン群集では，生食連鎖を流れる有機物量の割合が森林や河川と比べて高い(図 4.3 参照)．これは，おもな生産者である草本や植物プランクトンが，硬い木質部をもつ樹木と比べて植食者に利用されやすいためと考えられている．このほかに湖や海洋では，水中に存在する溶存態有機物を細菌が分解し，その細菌を原生生物，さらに動物プランクトンが摂食する腐食連鎖の存在が知られている．この微生物を介した溶存態有機物から高次消費者への有機物の転流は**微生物ループ**(microbial loop)と呼ばれており，その有機物の流量は食物連鎖全体で見てもかなり大きいことが明らかになっている[*5]．

4.7 生態効率

各栄養段階において生産者や消費者は，それぞれの栄養形式により有機物を生産している．一方で，すべての生物は**呼吸**(respiration)によって有機物を消費し，そこから化学エネルギーを取り出して生命活動を維持している．また，消費者は老廃物を体外に排出している．生産された有機物量から，呼吸で消費されたり老廃物として排出された有機物量を差し引いた量が**純生産**(net production，P)である．純生産は，他の栄養段階に属する消費者が潜在的に利用可能な有機物量ともいえる．ただし，純生産のすべてが高次栄養段階の生物の成長に回るわけではない．それは，摂食から同化，生産に至る過程において多くの有機物が生物体から失われていくためである．

栄養段階 $n-1$ の純生産 P_{n-1} のうち，一つ上の栄養段階 n で摂食される量(I_n)の割合を**消費効率**(consumption efficiency，I_n/P_{n-1})という(**図 4.4**)．消費効率は，森林の木本と植食者の間で 0.01 ～ 0.05，草本と草食者の間で 0.1 ～ 0.6，植物プランクトンと動物プランクトンの間で 0.4 以上といわれている[*6]．植食者に食べられずに残った有機物は，いずれ枯死してデトリタスと

＊5　溶存態有機物とは水に溶解している有機物のことであるが，孔径 0.2～0.7 µm の沪紙を通過する水中の有機物画分を指す．水域には，陸上から輸送されたり，植物プランクトンから排出されたりした溶存態有機物が多く存在している．アメリカのスクリプス海洋研究所のアザム(F. Azam)は，溶存態有機物が微生物ループによって高次栄養段階に流れていく経路を初めてモデル化した．

＊6　生態系間で生態転換効率が大きく異なる理由の一つに，餌の質の違いがある．木化した細胞壁で大きな構造物をつくったり，物理的・化学的な被食防衛戦略を発達させたりしている植物に対しては，植食者の消費効率や同化効率が低下する．そのため森林生態系では生態転換効率が低くなりやすい．

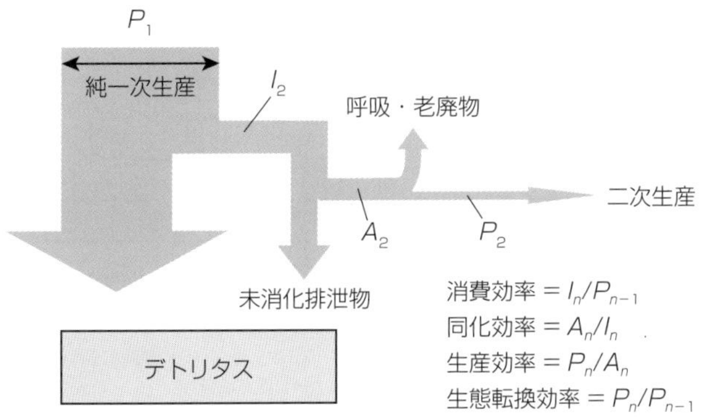

図 4.4　植物と動物の間の生態効率
栄養段階 1 に位置する植物の純生産(P_1)から栄養段階 2 の植食者の純生産(P_2)に至る有機物の流れを示している．I_2 と A_2 は，それぞれ植食者による摂食量と同化量を示す．P_1 と P_2 はそれぞれ純一次生産，二次生産ともいう．F. S. Chapin Ⅲ et al., "Principles of Terrestrial Ecosytem Ecology," Springer(2002)より．

なる．つまり森林では，植物の生産の 95 ～ 99% がデトリタスとして腐食連鎖に流入することを意味している．次に，捕食者が摂食した食物量 I_n に対する同化量 A_n の割合が**同化効率**(assimilation efficiency, A_n/I_n)である．同化されない有機物は糞として排泄される．同化効率は消費効率より高く，陸上の植食動物で 0.05 ～ 0.2，肉食動物や水生の藻類食者では 0.8 に達することもある．同化量 A_n に対する純生産量 P_n の割合が**生産効率**(production efficiency, P_n/A_n)である．残りは，自身の呼吸による消費や尿などの老廃物として排泄される．生産効率は恒温動物(0.01 ～ 0.03)と変温動物(0.1 ～ 0.5)で大きく異なっている．恒温動物は体温維持のために多くのエネルギーを消費しており，同化した有機物のわずか 1 ～ 3% しかバイオマス生産に回していない．

これらさまざまな生態効率の結果として，栄養段階 $n-1$ の純生産 P_{n-1} のうち，栄養段階 n の純生産 P_n に移動する有機物の割合が決まってくる．この割合を**生態転換効率**(ecological transfer efficiency, P_n/P_{n-1})といい，消費効率と同化効率および生産効率の積で求めることができる．

$$P_n/P_{n-1} = I_n/P_{n-1} \times A_n/I_n \times P_n/A_n \qquad (4.1)$$

生態転換効率の値も，生態系や栄養段階によって異なるが，水域生態系ではおおむね 0.02 ～ 0.25 の範囲をとり，平均値として 0.1 が用いられることが多い．つまり淡水や海洋では，有機物中に蓄えられたエネルギーのおよそ 90% は，栄養段階を一つ移動するごとに食物連鎖から失われている．

4.8　生態ピラミッド

前節で学んだ通り，枯死や排泄，呼吸などによる損失があるため，ほとんどの場合，生態転換効率が 1 を超えることはない．すなわち，生物群集は一つ下の栄養段階がもつ量以上の有機物を利用することはできない．この特性により，高次の栄養段階ほど有機物の生産量が減少するといったピラミッド

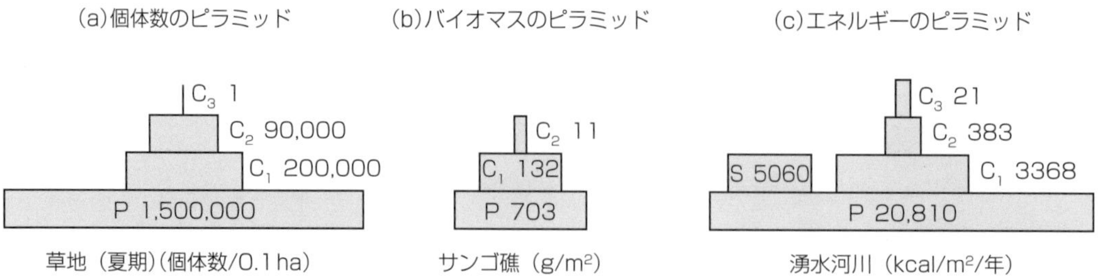

図 4.5　生態ピラミッド

(a)草地における個体数のピラミッド．ただし，微生物と土壌動物の個体数は除いている．(b)エニウェトク環礁におけるバイオマスのピラミッド．(c)フロリダ州シルバースプリングスにおけるエネルギーのピラミッド．P：生産者，C_1：一次消費者，C_2：二次消費者，C_3：三次消費者，S：細菌と菌類．E. P. Odum, "Basic Ecology," Saunders College Pub. (1983) より．

構造が形成される(図 4.5)．生産量はエネルギー量で数値化されることも多いため，エネルギーのピラミッドとも呼ばれる．栄養段階とともにエネルギー流量が減少することから，個体数やバイオマスも高次の栄養段階ほど小さくなるピラミッド構造をとることが多い．

しかし，なかには高次栄養段階ほど個体数やバイオマスが大きくなることもある．たとえば，栄養段階の上位に位置する寄生者は，大型の寄主(宿主)より個体数が多くなることがある．また，水域の植物プランクトンのようにバイオマスのほとんどが動物プランクトンに食べられてしまう場合は，バイオマスのピラミッドが逆転したりもする．あるいは，生態系の外から消費者に餌資源が大量に補給される場合には，消費者の純生産が生産者の純生産を上回り，エネルギーのピラミッド構造が逆転することもある．たとえば，植物がほとんど生育しない海洋島では，海鳥の糞や死骸，岸に打ち上げられる海藻などによって，陸上の消費者群集(昆虫やクモ類，爬虫類)の生産が高く維持されている例が報告されている．

4.9　食物連鎖の構造に影響を及ぼす要因

食物連鎖の長さ(生産者から最上位捕食者に至る栄養段階の数)や各栄養段階のバイオマスは，どのような要因によって決まっているのだろうか．栄養段階間の生態転換効率が低いことを考えると，植物の純生産が高次栄養段階のバイオマスや生産速度に影響することは容易に予想できるだろう．このような低次栄養段階による調節を**ボトムアップ効果**という[*7]．一方，高次栄養段階に位置する生物の捕食によってバイオマスや生産速度が抑制されることもあり，この上からの調節を**トップダウン効果**と呼んでいる．

ボトムアップ効果とトップダウン効果の双方によって，食物連鎖の長さと各栄養段階のバイオマスが決まることを理論化したのがフレットウェル(S. D. Fretwell)とオクサネン(L.Oksanen)である(図 4.6)[*8]．この仮説では，

＊7　ボトムアップ効果には，生産者の純生産が高次栄養段階の生産を増加させる効果のほかに，生産した有機物の質(難分解性有機物など)によって植食者の成長が低下することなども含まれる．また，生産者に対するボトムアップ効果としては，栄養塩類の供給によって成長速度が増加することなどが挙げられる．

＊8　ヘアストン(N.G. Hairston)らは，植物，植食者および捕食者の3栄養段階からなる食物連鎖では，植食者は捕食者によって個体数が調節されるため，植物を食べ尽くすほどの密度に到達できないと予測する仮説を1960年に発表した．この予測をフレットウェルやオクサネンらがより栄養段階数が高い食物連鎖にまで拡張した．

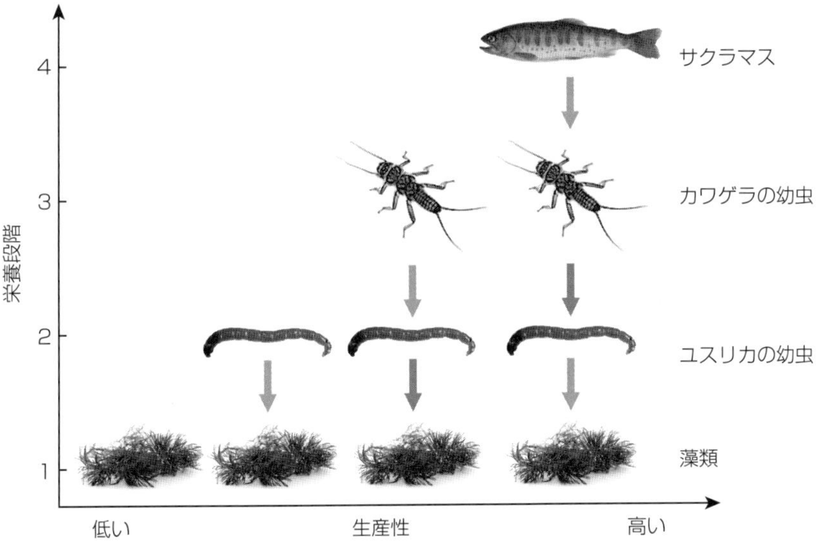

図 4.6　河川食物連鎖におけるフレットウェル-オクサネン仮説
赤矢印と黒矢印は，それぞれ強い摂食圧と弱い摂食圧を示す．最上位捕食者の一つ下の栄養段階では，強い捕食圧によりバイオマスが低く抑えられる（トップダウン効果）．それによって二つ下の栄養段階はバイオマスが増加する．強い捕食圧を受けない栄養段階（最上位捕食者を含む）のバイオマスは，資源量で調節される（ボトムアップ効果）．全体的に見ると，生産性の増加に伴い栄養段階の数は増加するが，食物連鎖長（栄養段階の数）が奇数（1 と 3）のときには生産者のバイオマスは増加し，偶数（2 と 4）のときには低く抑えられて一定レベル以上には増加することができない．

生産性が増加すると食物連鎖長が増加し（ボトムアップ効果），かつ，その栄養段階数が捕食者による影響の強さ（トップダウン効果）を変化させることを予測している．これによると，生産性が低いときには植物（生産者）しか存在できず，植物は栄養が枯渇するまで増殖する．ところが，植物の生産性がさらに増加して植食者が生存できるようになると，植物のバイオマスは摂食圧によって一定レベルに抑えられるようになる．さらに生産性が増し肉食者が定着すると，捕食により植食者が抑えられるため，今度は植物のバイオマスが増加する．**最上位捕食者**（top predator）のバイオマスは常にボトムアップ効果により調節され，その直下の生物はトップダウンの影響を強く受けるのが特徴である．さらに低次の栄養段階に対しては，ボトムアップとトップダウンの重要性が交互に変化しながら作用していく．

フレットウェル-オクサネン仮説は，自然界の食物連鎖構造をよく説明できるだろうか．植食者が植物のバイオマスを抑えたり，肉食者が植食者を調節したりする事例は，水域と陸域の双方から数多く報告されている．また，トップダウン効果が多段階（3 以上）にわたって食物連鎖を伝搬する現象を**栄養カスケード**（trophic cascade）というが，この強いトップダウン効果は湖沼や河川，岩礁潮間帯や沿岸域でしばしば観察されている．栄養カスケードは，

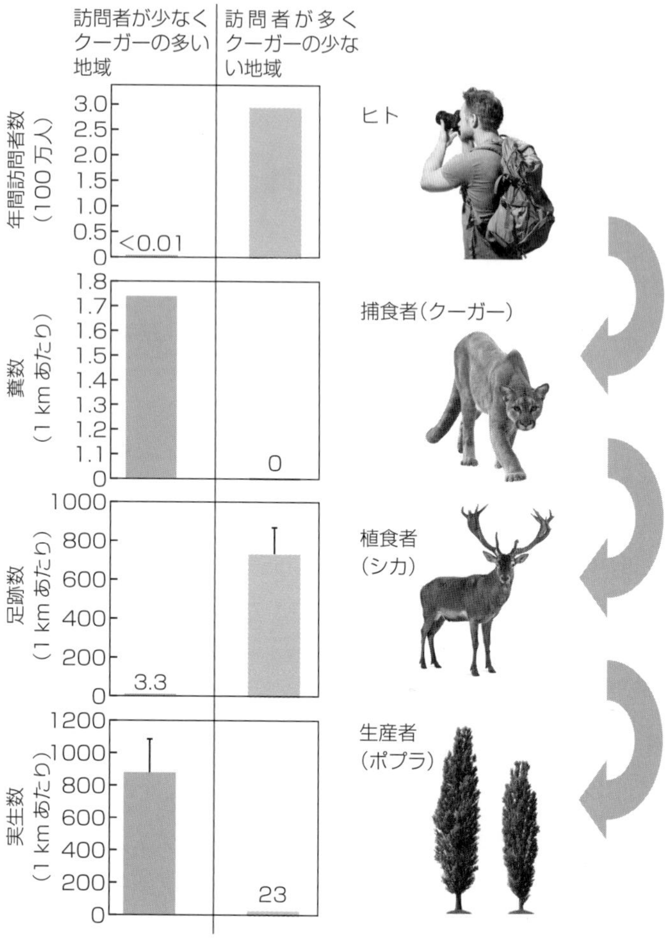

図 4.7　陸域の栄養カスケードの例
アメリカのザイオン国立公園内では，ヒトが多く訪れる場所でクーガーの密度が減少し，それによってシカが増加した．シカの増加は河畔植物の大きな減少をもたらした．さらに河畔植物の減少で川岸の浸食が進み，水生生物や川岸の陸上動物にまで影響が及んでいる．W. J. Ripple, R. L. *Beschta, Biological Conservation,* 133, 397 (2006) と C. J. Krebs,"Ecology, 6th Ed.,"Benjamin Cummings (2009) を元に作成.

かつては水域の生食連鎖でのみ見られる現象と考えられていたが，今では陸上の生食連鎖や水域の腐食連鎖でも確認されている（図 4.7）．一方，ボトムアップ効果による栄養段階の増加については，実験系やきわめて生産性の低い生態系では確認されているものの，野外での実証例はそれほど多くはない．

4.10　複雑な食物網の構造

食物連鎖の概念は，高次栄養段階の消費者が直下の餌生物（えさせいぶつ）を摂食することを想定しており，直線状に栄養段階が配置された単純な構造をとっている．しかし自然界の捕食-被食関係は，ずっと複雑な構造をとることが多い．二つ以上の栄養段階の餌を食べる**雑食**（omnivory）[*9] や，同じ栄養機能群に属し競争関係にある他種の生物を食べる**ギルド内捕食**（intraguild predation），同種他個体を食べる**共食い**（cannibalism）など，複雑な採餌（さいじ）を行う生物は少なくない（図 4.8）．また多くの種は，ある特定の餌だけを専食するのではな

＊9　とくに植物と動物を利用する生物を雑食者と呼ぶことが多い．発育段階によって動物から植物へと餌を変化させる雑食者（life-history omnivory）も普通に見られる．かつては，雑食は自然界ではまれと考えられていたが，最近では雑食者の割合は低くはないことが明らかになっており，雑食が食物網動態に及ぼす影響に関心が集まっている．

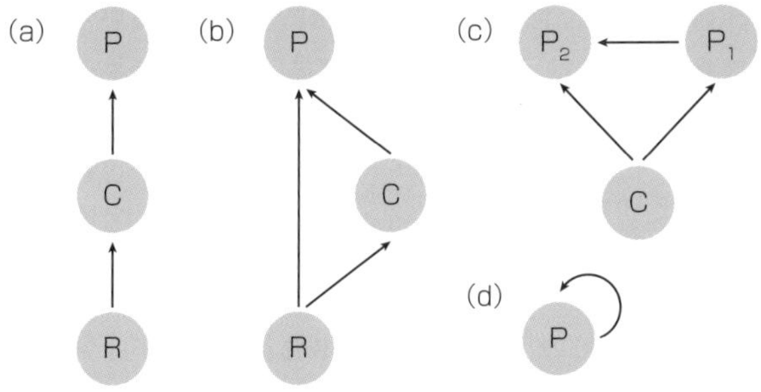

図 4.8　さまざまな捕食-被食関係

(a) 3栄養段階からなる単純な食物連鎖.（b）捕食者Pが二つの栄養段階（CとR）の餌を食べる雑食.（c）雑食のなかでも，P_2が他の捕食者（P_1）を食べる捕食をギルド内捕食という.（d）同種の他個体を食べる共食い. Rを基底種，Cを一次消費者，Pを捕食者とし，種をノード（円）で表し，ノード間の捕食-被食関係をリンク（線）で示している.

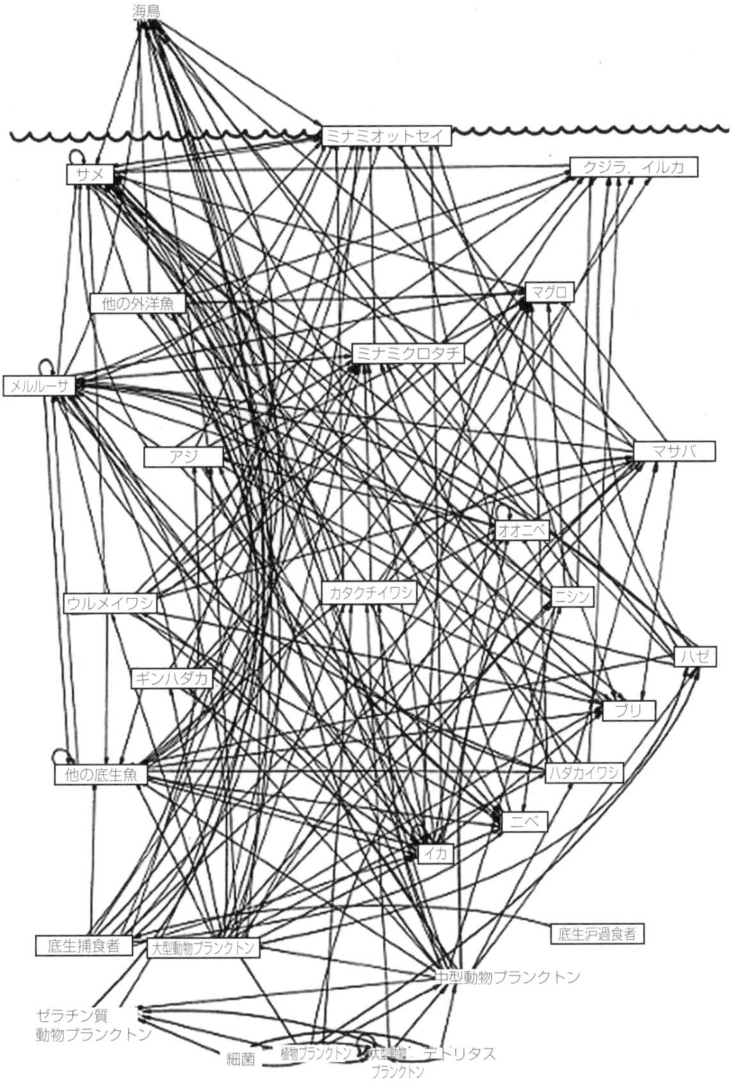

図 4.9　ベンゲラ海洋生態系の複雑な食物網構造

P. Yodzis, *J. Anim. Ecol.*, 67, 635 (1998) より.

く，いくつもの餌を利用しながら，同時に複数の生物に捕食されている．このような複雑な捕食-被食関係を表したものが**食物網**(food web)である．食物網の構造は複雑なネットワーク形状を示すことがほとんどである(図 4.9)．

食物網は，捕食-被食関係にある種(ノード)を線(リンク)でつないだグラフとして表現することができる(図 4.8 参照)．生産者や分解者のような他の生物を食べない基底種(basal species)からリンクは出発し，ノードを経由しながら，いずれかのリンクが最上位捕食者に到達する．描き出された食物網グラフは，各生物種(ノード)に至る栄養物質の流れを描いたロードマップになる．食物網には，膨大な数の捕食-被食関係を記載するのが困難といった

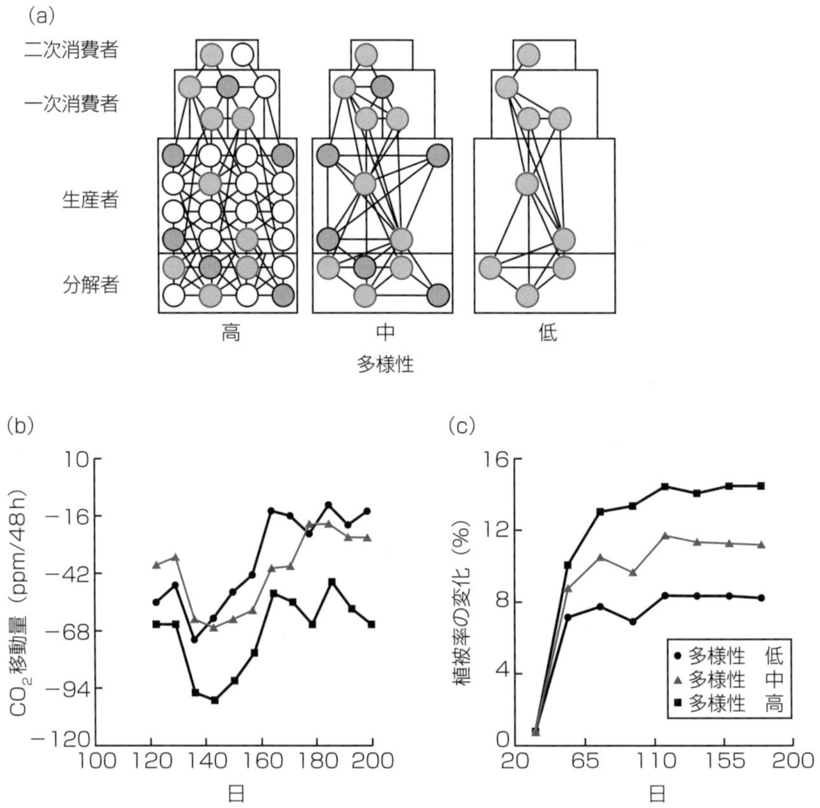

図 4.10　食物網の複雑さと生態系機能の関係

(a)種多様性を変えることで複雑性の異なる三つの食物網をつくり，(b)生態系の二酸化炭素移動量と(c)生産者の被植率(植物が地表面を覆う割合)を比較した．二酸化炭素移動量が正のとき生態系は CO_2 を放出しており，負のとき CO_2 を吸収している．各食物網は，分解者，生産者，一次消費者，二次消費者で構成されている．室内実験の結果，複雑な食物網ほど生産者の植被率が増加し，二酸化炭素吸収量も大きくなった．この結果は，食物網構造が炭素循環に影響を及ぼすことを示している．(a)において，丸は種を，線は種間相互作用を示している．赤い丸はすべての処理区で用いた種，灰色の丸は多様性が中程度の処理区と高い処理区で用いた種，白い丸は多様性が高い処理区でのみ用いた種を示している．M. Tokeshi,"Species Coexistence,"Blackwell Science(1999)より．

点や，個々のリンクを流れるエネルギーや物質の量を定量化しにくいといった欠点がある．しかし，リンクをたどることで，捕食-被食関係のほかに，餌資源をめぐる競争関係や間接的な相互作用についても把握できるため，種間関係の理解にきわめて有効である．また，食物網のネットワーク構造そのものが生物群集の動態を変化させ，個体群の存続にまで影響する可能性が指摘されている*10．さらに，食物網構造が物質循環といった生態系機能に影響を及ぼすことがある．人工閉鎖生態系において構成種(生産者，分解者，一次消費者，二次消費者)を変化させた陸上食物網を構築して長期観測した実験では〔図 4.10 (a)〕，複雑な食物網ほど植物の成長が早く〔図 4.10 (c)〕，二酸化炭素吸収量も大きいことが示されている〔図 4.10 (b)〕．このほかにも，群集呼吸や有機物分解速度，土壌中の栄養塩濃度や水分保持量などが，構成種の多様性と食物網構造によって変化することが報告されている．今日では，ネットワークの形状と生物群集の構造・機能との関係に着目した理論・実証研究が活発に進められている．ネットワークの形状と生物群集の構造・機能との関係に着目した理論・実証研究が活発に進められている．

＊10　理論生物学者のメイ(R. May)は，複雑な構造をもつ食物網ほど安定性が低下し，生物群集が存続しにくくなることを数理モデルにより予測した．しかし，自然界には複雑な食物網が多く見られることから，この予測を検証する研究が数多く行われてきた．捕食者の適応的行動や代謝速度など，より現実的な条件を考慮したモデルでは，複雑な食物網ほど安定化するとの結果が得られている．

Column

安定同位体分析で食物網を解析する

食物網の構造や複雑性を決める要因については，古くから活発に研究が行われてきた．とくに，食物連鎖の長さは，環境中に放出された重金属や殺虫剤，PCB などが捕食者に蓄積されていく生物濃縮の問題からも関心を集めてきた．一般的には，エネルギーによる制約や物理的な撹乱が原因で，食物連鎖は長くはならないといわれている(通常 3 〜 4 以下)．前者は，生態転換効率が通常 10% 程度と低いため，連鎖長もおのずと制限されてしまうとする説であり，後者は，環境撹乱下では長い食物連鎖は存続できないとする説である．

しかし，自然界の生物群集は複雑な食う-食われるの関係を築いており，実際に食物連鎖長を調べるためには膨大な労力が必要になる．また，消化管や糞を調べても，どの餌が実際に同化されているのかわからないといった問題も浮上する．そのため，野外で食物連鎖長を測定するのは大変難しく，連鎖長に影響を及ぼす要因についてはよくわかっていなかった．しかし，1984 年の南川雅男と和田英太郎の研究を契機に安定同位体分析が生態学分野で普及し，食物連鎖長に関する知見が急速に集まってきている．

南川と和田は，生物体に含まれる窒素安定同位体(^{14}N に対する ^{15}N の量比)が，栄養段階を上がるごとに，ほぼ一定の割合で上昇することを見出した．つまり，生産者と最上位捕食者の ^{14}N と ^{15}N の含有量を測ることで，食物連鎖の長さが推定できるようになったのである．さまざまな生態系で食物連鎖長を測定する研究が行われた結果，従来考えられてきたエネルギーや撹乱による制約だけでなく，島や湖などの生態系の大きさ(面積や容積)も食物連鎖長に大きく影響していることが明らかになってきている．

4.11　系外からの資源流入と食物網の結合

かつて栄養物質の流れや捕食-被食関係は，一つの食物網を丹念に調べることで明らかにできると考えられていた．ところが，餌生物やデトリタス，捕食者は生態系間を頻繁に移動しており，これによって異なる生態系の食物網同士が結びついていることが明らかになってきている．ここで，系内で生産された資源を**自生性資源**(autochthonous resource)とし，系外で生産されて運ばれてくる資源を**他生性資源**(allochthonous resource)と呼ぶ．自生性資源が少ない貧栄養な生態系や，生態系同士が接する境界域(エコトーン)では，他生性資源によって受け手側の個体群が維持されていることが多い．たとえば，植物プランクトンの生産が低い貧栄養湖沼では，ミジンコの成長の約 50% が陸上から流入してくる有機物によって維持されていることが示されている．森のなかを流れる河川では，ヤマメやイワナなどの肉食魚類は河畔林から落下する節足動物を摂食することで個体群を維持している．一方で，河畔林の鳥類群集は川から陸に羽化する水生昆虫を摂食しており，この河川資源の貢献は季節的に非常に大きくなることがある(図 4.11)．このほかにも，陸域から運ばれるデトリタスを沿岸域の底生生物群集(二枚貝など)が利用しているなど，食物網同士が結びついている事例は非常に多い．そればかりか，他生性資源の補給を受けて増加した捕食者は，下位栄養段階の生物に

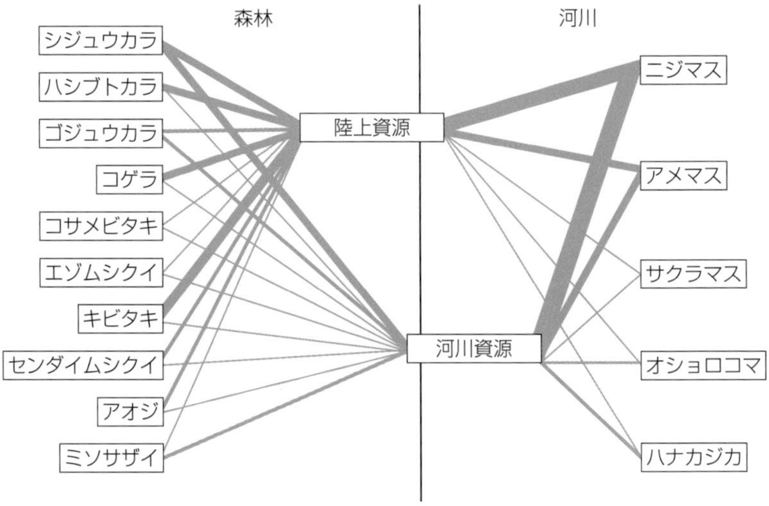

図 4.11　餌生物の移動を介した河川と森林の食物網の結びつき

消費者のエネルギー収支に占める陸上資源と河川資源の相対的な貢献度を線の太さで示している．森林河川に生息する肉食性魚類は河畔林から落下する節足動物を多く利用しており，魚類群集全体では年間エネルギー摂取量の 44% がこれら陸上資源によって賄われていた．一方，河畔域の森林鳥類は，冬から初夏にかけて川から羽化する水生昆虫に依存して生活している．鳥類群集全体では河川資源の貢献は 26% に達していた．S. Nakano, M. Murakami, *PNAS*, 98, 166 (2001) より．Copyright (2001) National Academy of Sciences, U.S.A.

強いトップダウン効果を引き起こすことがしばしば観察されており，他生性資源の流入は受け手側の食物網構造を大きく変化させることがある．

4.12　生態系の相転移

これまで見てきた生態系や食物網の構造は，ある瞬間の様子をとらえたスナップショットであったり，一定期間の平均的な特徴を表したものであったりする．それでは，環境条件が変化した場合，生態系はどのように変化するのだろうか．最近の研究により，生態系には複数の安定状態が存在することがあり，さらにその状態間を急激に転移する例が知られるようになった．生態系に二つの安定な状態が存在する場合を**双安定性**(bistability)といい，湖をはじめ，外洋域や砂漠などで確認されている．たとえば浅い湖の場合，透明度の高い状態と濁った状態の二つの安定状態がある．栄養塩(とくにリン)の流入量が少ない場合，湖の透明度は高く，その状態は安定している(図4.12)．しかし，リンの流入量がある臨界点を超えると植物プランクトンが急激に増加し，濁った富栄養状態の湖へと突発的に**相転移**(レジームシフト)を起こす．しかも，この濁った状態は，リン流入量が多いときには安定し続けるという特徴をもつ[*11]．さらに重要な特徴は，生態系を元の状態に戻そうと再び臨界点までリン流入量を低下させても，容易には戻らないという点である．このように，生態系の状態がそれまでたどった履歴(経路)に依存して応答する特性は**履歴効果**(ヒステリシス)と呼ばれている(図4.12参照)．双安定性をもつ生態系が履歴効果を示す場合には，ひとたびレジームシフトを起こした生態系を元の状態に復元するのに相当の努力が必要になる．富栄

＊11　栄養塩の流入量の増加に対して，その濃度上昇を抑えるような生態系の復元応答を負のフィードバックという．環境変化に対して負のフィードバック機構が働くことで，各状態の安定性が維持されている．一方，系の復元力以上に環境が変化したとき，もう一方の状態へと急激な相転移が生じる．

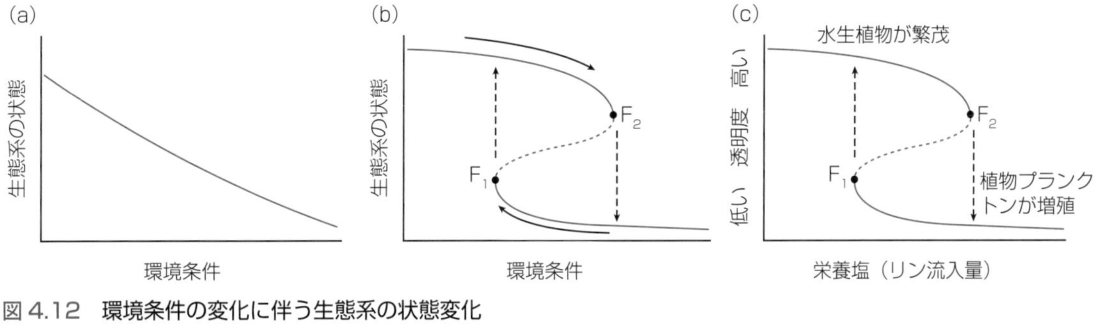

図4.12　環境条件の変化に伴う生態系の状態変化

(a)生態系が連続的に応答する場合．(b)生態系が二つの状態間を不連続に転移する場合．臨界点(F_2)までは環境条件が変化しても生態系は大きく変化しないが，F_2を超えると急激に変化する．ひとたび相転移が起こると，環境条件をもう一つの臨界点(F_1)まで回復させない限り，生態系は元の状態には戻らない．(c)浅い湖で見られるレジームシフト．リン流入量が少ないときには水生植物が繁茂し，リンを吸収したり底泥からのリン溶出を抑えたりして，植物プランクトンの増殖を抑えている．この作用により，多少のリン流入に対しても湖は透明度の高い状態を維持し続ける．一方，リン流入量が臨界点(F_2)を超えると，植物プランクトンが増殖し，透明度が低下することで水生植物の生育が阻害される．このため，植物プランクトンが優占する富栄養状態が続くことになり，リン流入量をもう一つの臨界点(F_1)まで減少させない限り，透明度はほとんど回復しない．M. Scheffer et al., *Nature*, 413, 591 (2001)を元に作成．

養化した湖の透明度を回復させる場合には，透明度の高い状態へ相転移を起こすもう一つの臨界点まで，リン流入量を大きく低下させなくてはならないからである．

練習問題

1 生態系の物質やエネルギーの流れにおいて，生産者，消費者および分解者が果たす機能について述べなさい．

2 生産者と一次消費者の間の生態転換効率が森林や草原，水域で大きく異なる理由を述べなさい．また，この違いが生食連鎖と腐食連鎖の栄養物質の流れにどのような影響を及ぼすか，考察しなさい．

3 デトリタス中の炭素原子が，生食連鎖の高次栄養段階に位置する捕食者の体組織に移動した場合，炭素原子はどのような経路で移動したと考えられるか．次のキーワードを用いて説明しなさい．
キーワード：光合成，分解者，呼吸，二酸化炭素，植食者

4 1 ha の草地生態系に生息する植食者と肉食者の純生産量を求めなさい．また，肉食者が 1 年間に呼吸による消費および代謝産物として排出する有機物量の合計も求めなさい．ただし，草地の純生産は 500 gm^{-2} 年$^{-1}$ とし，植食者と肉食者の生態効率は次の通りとする．
植物-植食者間の生態転換効率(0.1)，肉食者の消費効率(0.5)，肉食者の同化効率(0.8)，肉食者の生産効率(0.03)

5章 生態系における エネルギーと養分の流れ

生物は，環境中からエネルギーや栄養物質を取り込んで有機物を合成し，さらに無機物へと分解する自然界の化学工場である．このような生体内の化学反応は，生態系のエネルギーや栄養物質の移動に大きく関わっている．この章では，生物が代謝を通して地球表層の物質循環を駆動している様子を学んでいこう．

5.1 生物の代謝

無機物または消化・吸収した有機物から新たに有機物を合成する反応を**同化**(anabolism)という．これに対し，有機物を分解してエネルギーを取り出す過程を**異化**(catabolism)という．同化によって生合成された有機物は，生体の構成や成長・増殖に用いられるほか，異化反応の基質に使われる．一方，異化によって有機物から得られたエネルギーで，生命活動が維持される．同化と異化をまとめて**代謝**(metabolism)と呼んでいる．つまり，生物個体は代謝によって有機物を合成したり分解したりしながら，生命活動を維持しているといえる[*1]．

＊1　生物と非生物を区分する定義はいくつもあるが，現在の生物学では，細胞を構成単位として増殖・成長および代謝を行うものを生物とする考え方が一般的である．

生物は環境中からエネルギーを獲得するために，いくつもの代謝経路を進化させてきた．なかでも，外界からのエネルギーの獲得には**光合成**(photosynthesis)や**化学合成**(chemosynthesis)による有機物の合成(同化)が重要である．一方，エネルギーを有機物から取り出す異化代謝の手段としては**呼吸**(respiration)が重要である．

5.2 光合成と化学合成

光合成は，光合成独立栄養生物が光エネルギーを利用して CO_2 を還元し，有機物を合成する反応である．このとき，光エネルギーは化学エネルギーに変換されて有機物中に蓄えられる(図 5.1)．緑色植物や藻類，シアノバクテ

図 5.1 光合成の反応式

光エネルギーはクロロフィルやバクテリオクロロフィルなどの光合成色素で吸収されて H_2A(電子供与体)を分解し，A が生成する．このときに産生された NADPH と ATP を使って光合成生物は CO_2 を還元し，有機物を合成する．

一般式	$CO_2 + 2\,H_2A \xrightarrow{光} (CH_2O) + 2\,A + H_2O$
酸素発生型 A＝O	$CO_2 + 2\,H_2O \xrightarrow{光} (CH_2O) + O_2 + H_2O$
酸素非発生型 A＝S	$CO_2 + 2\,H_2S \xrightarrow{光} (CH_2O) + 2\,S + H_2O$

表 5.1 おもな化学合成細菌のエネルギー獲得反応と電子供与体 1 mol あたりのエネルギー収量($\Delta G°$)

化学合成細菌	電子供与体	反 応	$\Delta G°$ (kJ/mol)
アンモニア酸化細菌	アンモニウム	$NH_4^+ + 3/2\,O_2 \longrightarrow NO_2^- + 2\,H^+ + H_2O$	− 275
亜硝酸酸化細菌	亜硝酸塩	$NO_2^- + 1/2\,O_2 \longrightarrow NO_3^-$	− 74
水素酸化細菌	水素	$H_2 + 1/2\,O_2 \longrightarrow H_2O$	− 237
鉄酸化細菌	二価鉄	$Fe^{2+} + H^+ + 1/4\,O_2 \longrightarrow Fe^{3+} + 1/2\,H_2O$	− 33
硫黄酸化細菌	硫黄	$S^0 + 3/2\,O_2 + H_2O \longrightarrow SO_4^{2-} + 2\,H^+$	− 587
硫黄酸化細菌	硫化物	$H_2S + 2\,O_2 \longrightarrow SO_4^{2-} + 2\,H^+$	− 796

化学合成独立栄養生物は，得られたエネルギーを元にして CO_2 を還元し有機物を合成している．$\Delta G°$ は，1 atm，1 M 濃度，pH 7 における反応物と生成物の間のギブズ自由エネルギーの変化．ただし鉄酸化細菌による反応では，pH 2 における自由エネルギー変化を示している．

リアは電子供与体に水(H_2O)を用いる光合成を行う．この反応では二酸化炭素と水から有機物と酸素と水が生成するため，**酸素発生型光合成**といわれる．これに対し，水の代わりに硫化水素(H_2S)や水素(H_2)などを電子供与体として光合成を行う光合成細菌[*2]もいる．光合成細菌による光合成では酸素は発生しないため，**酸素非発生型光合成**と呼ばれる．光合成は，地球上の生物が行う最も重要な反応の一つである．とくに酸素発生型光合成は，地球上のほとんどの生態系の有機物生産を担っており，食物連鎖を通して従属栄養生物にもエネルギーを供給している(4 章参照)[*3]．

化学合成は光合成とは異なり，無機物を酸化する際に得られる化学エネルギーを使って，二酸化炭素から有機物を合成する反応である．この代謝を行う化学合成独立栄養生物のほとんどは真正細菌であることから，**化学合成細菌**とも呼ばれる．化学合成細菌には，水素酸化細菌，硫黄酸化細菌，アンモニア酸化細菌，亜硝酸酸化細菌，鉄酸化細菌などが知られている(**表 5.1**)．化学合成の有機物生産速度は一般に遅い．しかし，光を必要としないことから，深海や湖の深層などでは化学合成細菌が生態系を支える主要な生産者になることがある．また，地球表層の物質循環への寄与も小さくない．たとえば，アンモニア酸化細菌と亜硝酸酸化細菌による硝化反応(アンモニアや亜硝酸の酸化)は，窒素循環を駆動する重要な反応である．

＊2 光合成細菌には，緑色硫黄細菌，緑色非硫黄細菌，紅色硫黄細菌，紅色非硫黄細菌などが知られている．これらは淡水域や汽水域の酸素が少ない環境でよく見られ，バクテリオクロロフィルと呼ばれる光合成色素で光エネルギーを吸収している．

＊3 生物の代謝による大気組成の変化は，生命誕生以降の地球環境の変化や生物進化に深く関わってきたと考えられている．とくに酸素発生型光合成による大気中の酸素分圧の増加は，真核生物の出現や多細胞生物の進化，生物の陸上への進出の引き金になったといわれている．

5.3 呼 吸

異化反応のうち，有機物を分解する際に分子状酸素(O_2)を最終的な電子

Column

海底の化学合成細菌がつくる生物群集

真正細菌や古細菌は，真核生物と比較して，驚くほど多様な代謝経路を進化させている．これら微生物の代謝により，光合成による有機物生産を起点とした食物網とは異なる生物群集が形成されることがある．1970年代に，ガラパゴスリフトと呼ばれる海嶺において，海底から噴出する熱水の近くに無脊椎動物群集が密集して分布する様子がアメリカの潜水艇により発見された．2000 m以深の暗黒の深海底にハオリムシ(チューブワーム)や二枚貝(シロウリガイやシンカイヒバリガイ)が高密度に生息していたのである．その後の調査により，熱水噴出孔周辺には，大量に噴き出す H_2S を酸化して有機物生産を行う硫黄酸化細菌などの化学合成細菌が存在していることが明らかになった．さらにハオリムシや二枚貝は，これら化学合成細菌と共生もしていた．熱水孔近くの動物群集は，周囲や体内の化学合成細菌がつくり出す有機物を利用して生活していたのである．

海底生物の調査では，さらに新たな発見がなされた．メタンを高濃度に含む水が湧出する海底に，シンカイヒバリガイなどの二枚貝や海綿動物が多く分布していたのである．この二枚貝の鰓(えら)にはメタン酸化細菌や硫黄酸化細菌が共生している．メタン酸化細菌は，メタンを酸化して生成するホルムアルデヒドを細胞物質に同化する．この代謝経路はメタン栄養(methanotroph)と呼ばれる．メタンが豊富な海底の二枚貝は，共生するメタン酸化細菌が生産した炭素化合物を利用しているようである．このようなメタン栄養を起点とした食物網は，一部の深海底だけでなく，湖沼や河川からも相次いで見つかっている．化学合成独立栄養やメタン栄養によって支えられた生物群集は，従来の考えを覆すほどに，自然界にごく普通に存在しているようである．

受容体(酸化剤)として用いるのが**好気呼吸**(aerobic respiration)であり，O_2 以外の電子受容体を用いるのが**嫌気呼吸**(anaerobic respiration)である．また嫌気呼吸のうち，最終電子受容体に有機物を用いるのが**発酵**(fermentation)である[*4]．いずれの反応でもエネルギー化合物であるATP(アデノシン三リン酸)が合成され，生物はATPを分解して得たエネルギーを生命活動に利用する．

好気呼吸は真核生物や多くの微生物が行う異化代謝で，その一般式は次の通りである．

$$C_6H_{12}O_6 + 6\,O_2 + 6\,H_2O \longrightarrow 6\,CO_2 + 12\,H_2O + 38\,ATP \qquad (5.1)$$

これは，酸素発生型光合成とちょうど逆の反応であることがわかる．この有機物分解過程は解糖系，クエン酸回路，電子伝達系の三つの反応経路からなっており，多くのATPが生成されるのが特徴である．これに対し，嫌気呼吸は硫酸還元細菌や硝酸還元細菌(脱窒菌)，メタン生成菌などの嫌気性微生物が行う異化代謝であり，酸素が少ない環境で電子受容体としてそれぞれ硫酸塩(SO_4^{2-})や硝酸塩(NO_3^-)，二酸化炭素(CO_2)などを用いる．嫌気呼吸では有機物から得られるエネルギー量は小さいものの，電子受容体に用いられる

＊4　発酵にはアルコール発酵や乳酸発酵などが知られており，微生物が有機物を無酸素的に分解する過程である．呼吸は有機物を完全に無機化するのに対し，発酵は代謝産物も有機物(アルコールや乳酸)であるという特徴をもつ．

硫黄や窒素，炭素の生物地球化学的循環に関わる点において，生態学的な役割はきわめて重要である．たとえば，硝酸還元細菌による硝酸塩呼吸（**脱窒**，denitrification）では，NO_3^- が N_2O や N_2 に還元されて大気に放出されることから，富栄養化した水域や水処理施設での窒素除去プロセスとして重要である．また，メタン生成菌によるメタン生成（methanogenesis）[*5] は温室効果ガスであるメタンのおもな発生源であり，地球環境変化に関わる微生物代謝として注目されている．

＊5　メタン（CH_4）は，おもに嫌気性微生物であるメタン生成菌の代謝により生成する．その生成経路には，CO_2 を H_2 で還元して CH_4 を生成する経路（$CO_2 + 4H_2 \longrightarrow CH_4 + 2H_2O$）や，メタノールなどのメチル化化合物を H_2 などで還元して生成する経路（$CH_3OH + H_2 \longrightarrow CH_4 + H_2O$），および酢酸塩を基質として CH_4 を生成する経路（$CH_3COO^- + H_2O \longrightarrow CH_4 + HCO_3^-$）がある．このうち，自然界では CO_2 および酢酸塩を基質として生成するメタンの割合が多い．多くの生物は呼吸基質（電子供与体）に有機物を用いるが，CO_2 からメタンを生成するメタン菌は水素を電子供与体に用いる点に注意が必要である．

5.4　生態系の代謝

同化や異化は生体内で起こる代謝反応であるが，生物群集全体で見ると微小な生体反応の総和として生態系の物質循環に深く関わっている．大気による輸送や拡散，水への溶解，化学風化に伴う地圏からの溶出，火山の噴火などを除くと，地球表層の物質循環は生物の代謝によるところが大きい．光合成や呼吸の結果として物質が生態系内を移動し，あるいは系内外へ流出入している．このような生物代謝による生態系レベルでの物質移動を**生態系代謝**（ecosystem metabolism）と呼ぶ．

生態系代謝の根幹は，生物群集による有機物の生産と消費にある．生態系内で独立栄養生物が一定時間中に生産する有機物量を**総一次生産**（gross primary production，GPP）と呼ぶ（図 5.2）．単位は，gC m^{-2} 日$^{-1}$ や t ha^{-1} 年$^{-1}$ など炭素重量や乾燥重量で表す．総生産には光合成と化学合成の双方が含まれるが，通常は光合成（とくに酸素発生型光合成）による生産がほとんどを占める．総生産から独立栄養生物の呼吸で消費される有機物量（R_A）を差し引いたものが**純一次生産**（net primary production，NPP）である．これ

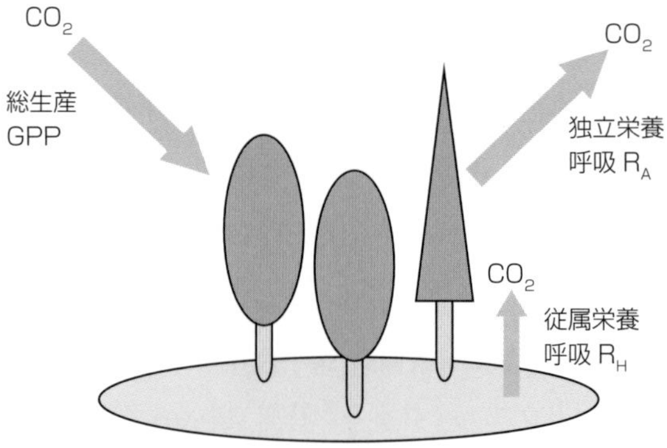

図 5.2　生態系の生産と呼吸
独立栄養生物の呼吸 R_A と従属栄養生物の呼吸 R_H の和が群集呼吸である（$CR = R_A + R_H$）．総一次生産 GPP と群集呼吸 CR の差が純生態系生産 NEP になる（$NEP = GPP - R_A - R_H$）．植物の純一次生産 NPP は総一次生産と R_A の差であることから（$NPP = GPP - R_A$），$NEP = NPP - R_H$ が成り立つ．

は，独立栄養生物が吸収した正味の炭素量に相当する(4 章参照)．一方，全生物の呼吸の合計を**群集呼吸**(community respiration，CR)と呼び，総生産から群集呼吸を差し引いたものが**純生態系生産**(net ecosystem production，NEP = GPP − CR)である．これは，一定時間中に生態系内に吸収・貯蔵された正味の炭素量に相当する．生態系の炭素収支や地球規模の炭素循環を理解するためには，純生態系生産を推定することがきわめて重要である[*6]．

*6 NEP > 0 であれば，生産が呼吸を上回り，生態系は二酸化炭素の吸収源として機能する．反対に NEP < 0 であれば，二酸化炭素を放出していることになる．生態系の生産や呼吸速度の測定には，刈り取りにより生長量を直接測定する方法のほか，O_2 や CO_2 の濃度変化や同位体標識(^{13}C や ^{14}C)した無機炭素の取込み速度から推定する方法，さらにはリモートセンシングで得られた衛星データから推定する方法などがある．

5.5 さまざまな生態系の代謝速度

森林や海洋の生態系代謝は，地球全体の炭素バランスに影響を及ぼしている．陸上で単位面積あたりの純一次生産が大きいのは熱帯雨林であり，他の森林や沼沢地・湿地も高い純一次生産を示す(表 4.1 参照)．多くは緑色植物による生産である．すべての森林の純一次生産を合計すると，陸地全体の生産の約 70%，地球全体の生産の 40 ～ 50% を占めることになる．一方，外洋域は生産者のバイオマスが森林の 1/10,000 程度ときわめて小さく，純一次生産も森林の約 1/10 しかない．しかし面積が広大であるため，外洋域の純一次生産は海洋全体の純一次生産の約 75% に達し，地球全体でも約 25% を占めている．沿岸域に分布する藻場と珊瑚礁は，面積は小さいものの純一次生産が著しく高い．他の沿岸域生態系も合わせると，その生産量は海洋全体の約 25% にも達している．海洋のおもな生産者は植物プランクトンであるが，沿岸域の生産には大型の海藻類や海草(水生の種子植物)も重要である．

純生態系生産を推定するには，森林・海洋ともに群集呼吸を見積もる必要がある．生物群集全体の呼吸速度に関するデータは十分には集まっていない．しかしながら，撹乱を受けていない森林生態系や外洋域の純生態系生産は一般に正の値をとり，CO_2 の吸収源になっていることが報告されている．一方，湖沼，河川，湿地などの陸水域では群集呼吸が総生産を上回り，純生態系生産が負の値を示すことが多いと指摘されている．

5.6 生態系代謝に影響を及ぼす要因

生物個体の代謝を律速する要因が，生態系代謝にも影響を及ぼすことが多い．総生産や純一次生産に対しては，植物の光合成活性に影響を及ぼす光，水，温度，栄養塩がおもな制限要因になる．陸域ではとくに温度と水分，日射量が強く影響し，熱帯雨林のように温暖かつ湿潤で日射量の多い生態系ほど生産が高い(図 5.3)．その結果，高緯度から低緯度にかけて一次生産速度が上昇する緯度勾配が認められる(図 5.4)．栄養塩も重要であり，草原，森林，ツンドラ，湿地のいずれにおいても可給態の窒素やリン量が植物の生産を律速することが知られている．これらの要因以外にも，植食者の存在や生物群集の構造といった生物的要因も生産に影響する．たとえば多年生植物を対象

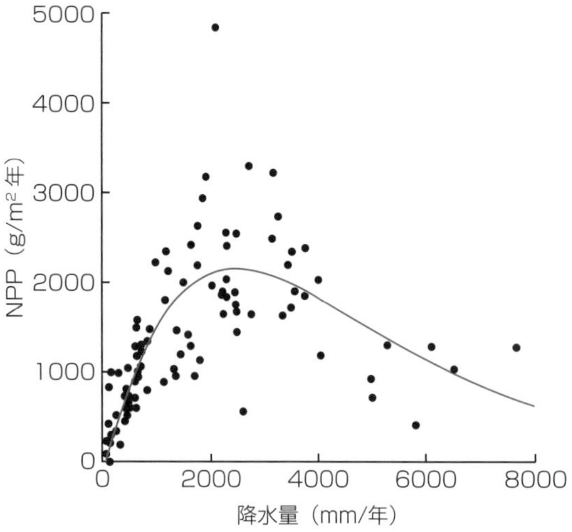

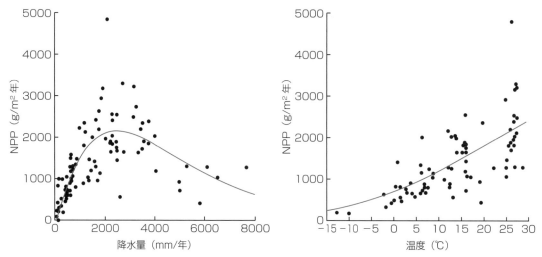

図 5.3　降水量および温度と陸上の純一次生産 NPP との関係

湿潤で温度の高い環境ほど NPP は大きい．しかし，降水量があまりに多い環境（> 3000 mm/年）では NPP は低下している．F. S. Chapin Ⅲ et al.,"Principles of Terrestrial Ecosystem Ecology,"Springer (2002) より．

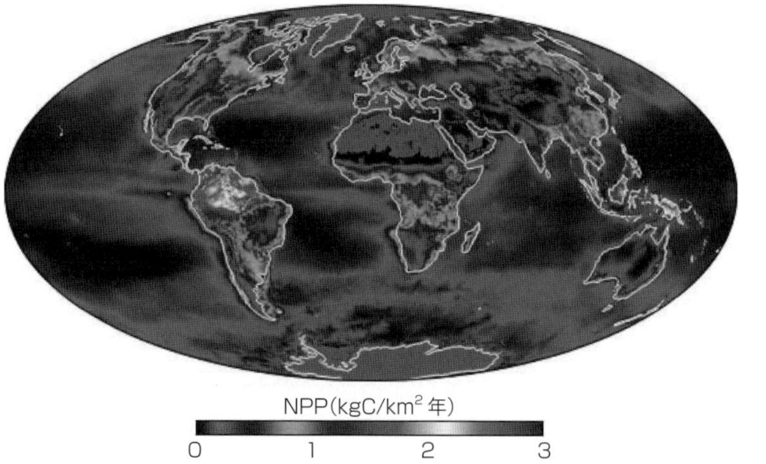

図 5.4　MODIS（中分解能撮像分光放射計）による観測衛星データから計算された地球スケールにおける純一次生産の分布（カラー図はカバー後ろ袖を参照）

2001 ～ 02 年に観測されたデータを元にしている．陸域ではアマゾンや中米，東南アジアの熱帯雨林で NPP が高く，寒冷地域や乾燥した砂漠では低くなっている．海洋の生産は概して低いが，大陸棚や強い湧昇流が発生する地域（高緯度海域やペルー沖，カリフォルニア沿岸など）で高くなっている．NASA Earth Observatory (2003) より．

とした圃場実験によると，種多様性や機能群の多様性が高い生態系ほど生産性も増加することが示されている（**図 5.5**）．

これに対し，海洋や淡水域の生産速度を制限する要因はおもに光と栄養塩であり，とくに窒素，リン，鉄などの無機栄養塩の量が重要である[*7]．その

＊7　一般に，河川や湖沼の一次生産はリンで制限され，海洋の一次生産は窒素によって制限されると考えられている．しかし外洋域には，無機態窒素が高濃度に存在しているものの，恒常的に生産の低い海域がある．このような海域では微量元素である鉄が植物プランクトンの生産を制限しているといわれており，鉄イオンの海水への大規模散布実験により仮説の正しさが実証されている．

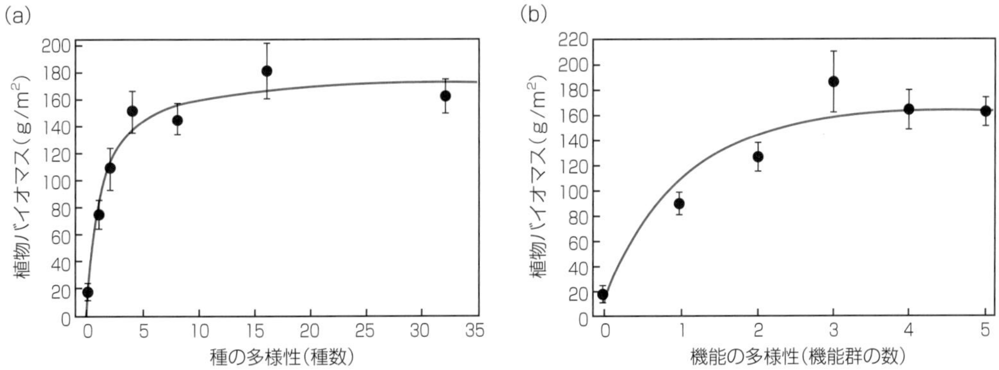

図 5.5 植物の種および機能群の多様性が生態系の生産に及ぼす影響
実験圃場に設けた 289 区画(13 × 13 m)に多年生植物を播種し，プロット間で地上部バイオマスを比較している．区画は，種数と同時に機能群(マメ科植物，C3 植物，C4 植物，広葉草本および木本)の多様性も変化させている．異なる機能群で構成された群集ほど，資源利用が効率的となって生産性が増加すると考えられている．D. Tilman et al., *Science*, 277, 1330 (1997) より．

ため，都市や農地から窒素・リンが流入する湖沼や河川，陸域から河川を通じて栄養塩が大量に運ばれる沿岸域，深層から栄養に富む水が湧き上がる湧昇海域などで藻類やラン藻類による有機物生産が活発になる(図 5.4 参照)．また，栄養塩が生産速度のおもな律速要因になることから，海洋では生産速度の明瞭な緯度勾配が見られない．たとえば熱帯海域の多くでは，太陽放射は大きいものの，生産は低い．これは表層の栄養塩濃度が低いことが原因と考えられている(ただし，赤道湧昇域では生産は高い)．むしろ，海水の鉛直混合により季節的に栄養塩が深層から有光層へと供給される高緯度海域で，生産速度が高くなることがある．

生物個体の呼吸速度は，おもに体サイズと温度の影響を強く受ける．しかし生態系レベルでは，群集呼吸と生物群集の体サイズ構造との間には強い関係は見られない[*8]．一方，温度は群集呼吸にも強く影響し，陸域と水域の生態系ともに暖かい環境ほど群集呼吸速度が大きくなる傾向がある(図 5.6)．呼吸基質となる有機物の量や質(有機物中の窒素やリン含量など)のほか，酸素の有無なども重要である．また，植物の生産性が高い生態系ほど群集呼吸も高くなる傾向があるため，光合成活性を律速する要因(栄養塩など)が呼吸速度にも強く影響することが知られている．

5.7 炭素の循環

炭素は有機物の骨格を構成する元素であり，生物体の乾燥重量の 40 ～ 50% を占めている．また，生物が獲得したエネルギーは有機物中に結合エネルギーとして蓄えられているため，炭素の循環は生態系内のエネルギーの流れとしても重要である[*9]．地球表層の炭素のおもな貯蔵場所(リザーバー)

＊8 一般に体重 M の 0.75 乗に比例して個体の呼吸速度 B は増加することが知られている($B \propto M^{3/4}$)．一方，体重 M に比例して個体数密度 D は減少する傾向があるため(哺乳類の例：$D \propto M^{-3/4}$)，群集呼吸 CR は生物群集の体サイズ構造とは強い相関関係は示さないといわれている($CR = B \times D \propto M^0$)．

＊9 光合成や呼吸の一般式にある通り，炭素と酸素は連動しながら生体内を出入りしている．そのため，生態系の炭素循環は酸素循環とも密接に結びついている．たとえば，水域の堆積物や底層で発達する嫌気環境は，微生物による有機物(炭素化合物)の分解によって酸素が消費されて形成されることが多い．

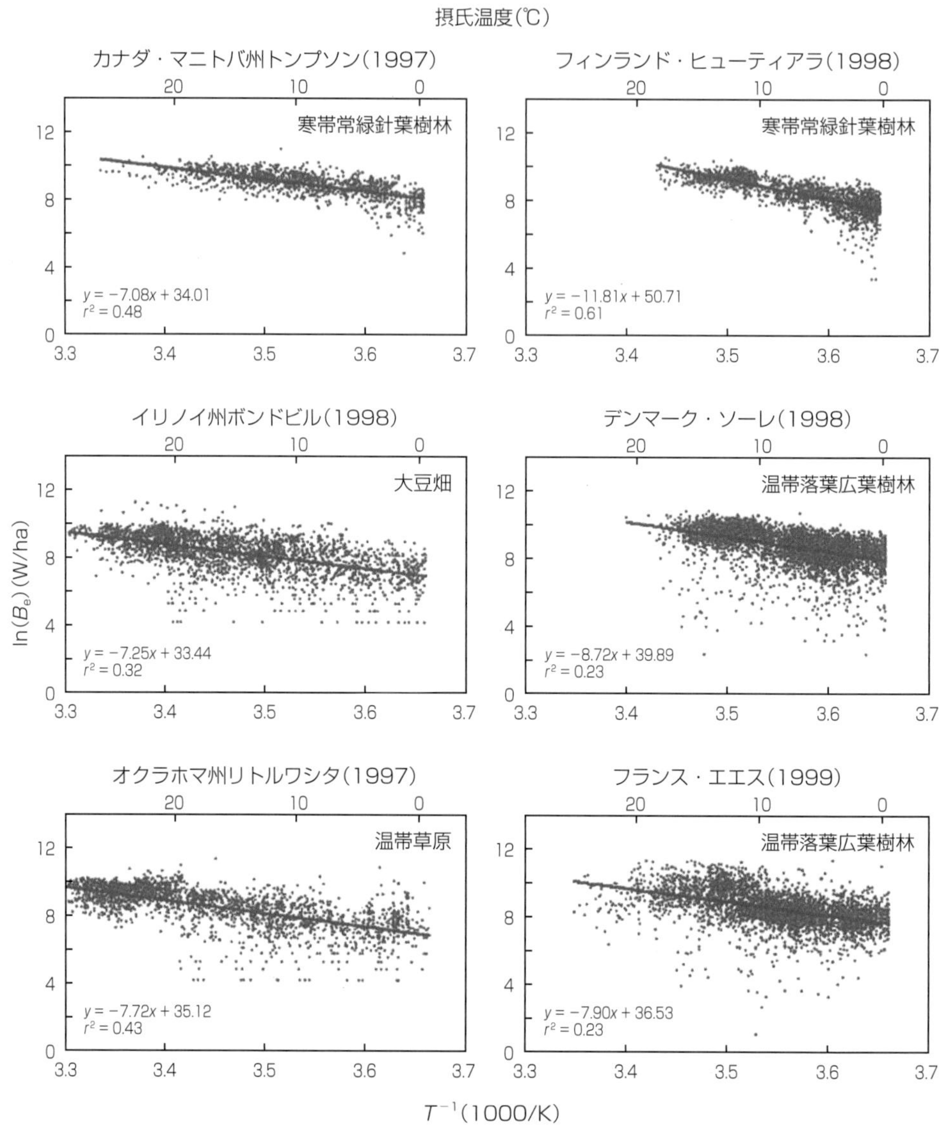

図 5.6　陸上生態系の呼吸速度 B_e と温度の関係

フラックスタワーによる CO_2 観測データから推定した夜間の呼吸速度(自然対数値)を示している．温度は絶対温度の逆数 T^{-1}(下軸)と摂氏温度(上軸)の双方を示している．呼吸速度は，CO_2 放出量(μmol $m^{-2}s^{-1}$)を代謝エネルギー(W ha^{-1})に換算して表示している．どの生態系も温度が高いほど呼吸速度が高くなっている．B. J. Enquist et al., *Nature*, 423, 639 (2003) より．

は，大気，陸上，海洋および岩石である(図 5.7)．岩石中には地球上の炭素の 99% 以上が炭素塩鉱物として貯蔵されていると考えられるが，その生成や風化に伴う溶解は地球化学的な時間スケールでゆっくりと生じている．次に大きな貯蔵庫は海洋であり，海洋中の炭素存在量(約 39,000 PgC，PgC は炭素換算で 10^{15} g = 10^{9} t)は大気の 47 倍もある．海水中では，炭素はおも

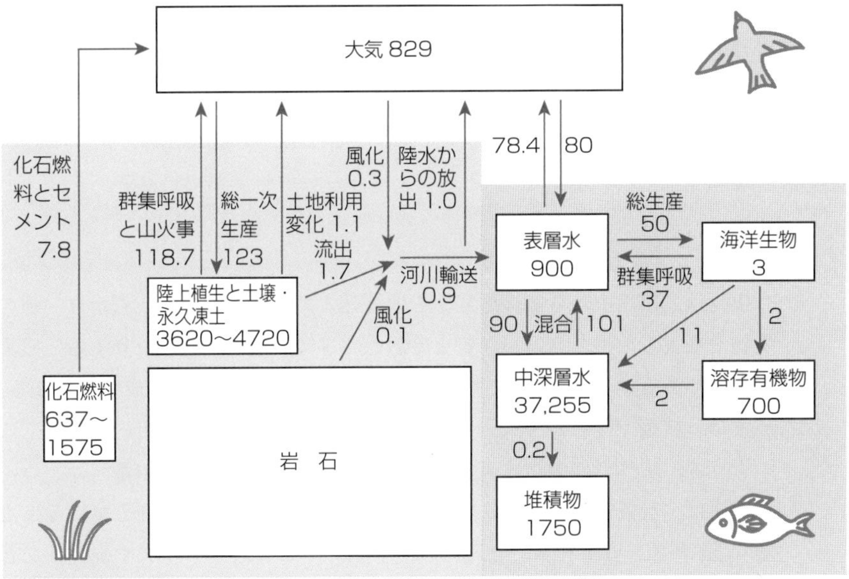

図 5.7 グローバルな炭素循環
主要なリザーバー（大気，陸上，海洋および岩石）における炭素存在量（PgC）とリザーバー間の炭素移動量（PgC/年）を示している．データは 2000 ～ 09 年の値．IPCC（気候変動に関する政府間パネル）第五次評価報告書の第一作業部会報告書を元に作成．

に炭酸水素イオン（HCO_3^-）として存在している．一方，大気中では炭素はおもに二酸化炭素や一酸化炭素，メタンなどの気体として存在している．陸上も大きな炭素の貯蔵庫であるが，大気や海洋とは異なり，おもに植物体や土壌のデトリタス中に有機態炭素のかたちで存在している．陸上植物は，体を支持するために細胞壁や頑丈な木質組織を発達させており，莫大な量の有機態炭素をそのなかに貯蔵している．

これらリザーバー間の年間炭素移動量（フラックス）を見ると，大気中から 123 Pg の炭素が総一次生産によって陸上植物に吸収され，CO_2 から有機態炭素へと変換されている．一方で，119 Pg の炭素が植物や土壌中の従属栄養生物の呼吸および山火事によって大気に戻されている[*10]．さらに，陸域の土壌から水系に流出した有機態炭素の大半が，河川や湖とその近傍の湿地などで微生物によって分解され，年間 1 Pg の炭素が CO_2 として大気に脱ガスしている．土地利用の変化なども含めると，陸域全体では年間 2.4 Pg の炭素を吸収していると見られる．次に海洋表層と大気のガス交換を見ると，1 年間に 1.6 Pg の炭素が CO_2 として海洋に吸収されており，この吸収にも生態系代謝が深く関わっている．海洋表層で生産された有機物は，その約 80％ が植物プランクトン自身の呼吸や微生物によってすぐに分解される．ただし，一部の有機物はデトリタス（遺骸や動物プランクトンの糞粒など）として粒状のまま沈降し，海底に堆積していく．こうして表層から除去された分の炭素を補うように，大気から CO_2 が溶け込むのである．この働きは**生物ポンプ**（biological pump）と呼ばれ，海洋が大気中の CO_2 を吸収する主要なメカニズムの一つである．ところが，人間による化石燃料の消費やセメン

＊10　生物群集の呼吸ではおもに CO_2 が大気中に放出されるが，酸素のない嫌気環境で有機物が分解される際にはメタンが生成することが多い．生成したメタンの多くはメタン酸化細菌に消費されるが，残りのメタンは大気中に放出される．

ト生産により年間 7.8 PgC の CO_2 が大気中に放出されており，全体の収支を見ると約 4 PgC の CO_2 が年々大気に付加されていると見積もられる．実際，大気の CO_2 濃度は上昇し続けており，産業革命以前には 280 ppm（体積濃度，ppm は 100 万分の 1）程度であったが，現在では 410 ppm（2020 年，気象庁）を上回っている[*11]．

＊11　化石燃料の燃焼は，地球に存在する炭素の総量は変化させないものの，大気リザーバーへの炭素存在量を増やすことにつながっている．これは，堆積物中に貯蔵されて長期的に循環していた炭素を短期的炭素サイクルへ移動させていると見ることもできる．

5.8　窒素の循環

生物は，環境中から無機態窒素を取り込んでアミノ酸を合成したり，他の生物を捕食して得たタンパク質を分解してアミノ酸を摂取したりする．窒素化合物であるアミノ酸は，生物に必要不可欠なタンパク質の構成要素になる．窒素は，核酸やエネルギー通貨である ATP の材料としても用いられる．このように，すべての生物は炭素だけでなく窒素も必要としている．

窒素は，空気中ではおもに分子状窒素（N_2）として豊富に存在している．ただし N_2 ガスを直接利用できるのは，一部のシアノバクテリアや根粒菌などの窒素固定生物だけである．窒素固定生物は，ニトロゲナーゼによって N_2 を還元してアミノ酸の合成に必要なアンモニアをつくり出すことができる[*12]．大気からは，雨水中の硝酸イオン（NO_3^-）の沈着や落雷による窒素酸化物の生成と沈着などによっても窒素が陸域に供給される．植物や微生物はアンモニウムイオン（NH_4^+）や硝酸イオン（NO_3^-）を体内に吸収して，アミノ酸の合成に利用している．このようにして環境中から取り込まれた窒素は，有機態窒素として食物連鎖を介して他の生物へと移動し，いずれは遺骸や排

＊12　窒素固定細菌は，大豆やクローバーなどのマメ科植物に根粒を形成し，その中でバクテロイド（細胞内共生体）となる（図 3.2 参照）．マメ科植物は窒素固定細菌に有機物を供給する一方で，バクテロイドから輸送されたアンモニアでアミノ酸を合成している．マメ科植物は窒素の少ない土壌でもよく生育でき，毎年およそ 0.14 Pg（Pg ＝ 10^{15} g）の大気 N_2 をアンモニアに固定していることから，その窒素固定能は農業において非常に重要である．

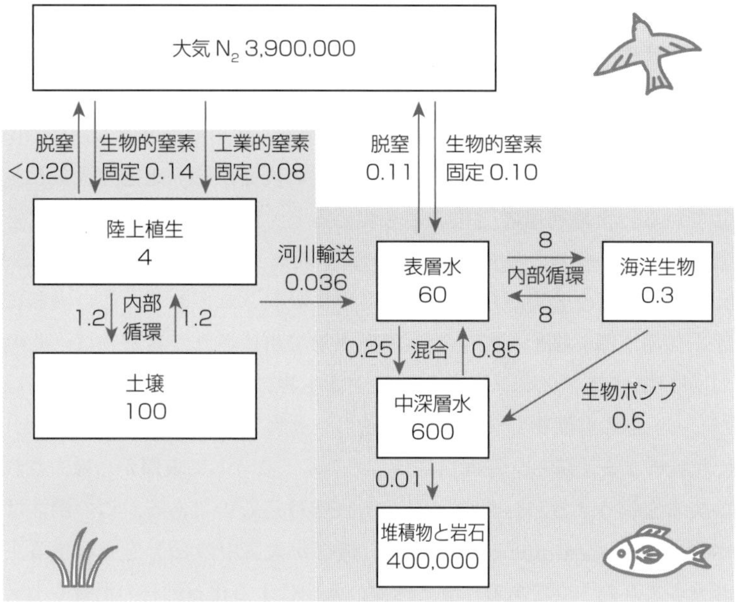

図 5.8　グローバルな窒素循環
主要なリザーバーにおける窒素存在量（PgN）とリザーバー間の窒素移動量（PgN/年）を示している．大気-陸上間や大気-海洋間の N 交換は微生物代謝（窒素固定と脱窒）がおもに担っている．また，内部循環の寄与が大きい点が特徴である．ただしこの図には，雷放電による窒素酸化物の生成や大気からの窒素沈着，家畜・畑地からのアンモニア揮散，森林火災や化石燃料の燃焼に伴う NOx の生成などは含まれていない．工業的窒素固定とは，ハーバー-ボッシュ法により大気 N_2 から工業的にアンモニアを生産する過程である．F. S. Chapin Ⅲ et al.,"Principles of Terrestrial Ecology,"Springer (2002) を元に作成．

泄物となって生物群集から排出される．排出された有機態窒素(尿素やアミノ酸など)は，微生物によって無機化されて NH_4^+ となり，再び植物や微生物に利用される．また一部の NH_4^+ は，**硝化作用**(nitrification)により NO_3^- へ酸化され[*13]，これも植物や微生物に利用されていく．このように，分解者によって無機化された窒素が生態系内で再利用される過程を**内部循環**(internal cycling)と呼んでいる．残った NO_3^- は，酸素の少ない環境で脱窒菌による硝酸塩呼吸によって N_2O や N_2 に還元(脱窒)され，大気中へと戻る．あるいは，土壌から河川へと NO_3^- が流出し，下流域の生物群集に利用されていく．窒素の移動の大部分は生物活動によるが，とくに微生物による代謝(窒素固定，硝化，脱窒)が窒素循環の重要な要素と見ることができる．

窒素は陸域や海洋の一次生産速度をしばしば律速することから，これらの生態系では内部循環による窒素リサイクルが効率的に動いている．たとえば陸上植物と土壌の間，あるいは海洋の植物プランクトンと分解者の間を内部循環する窒素量は，大気-陸上間または大気-海洋間の窒素の移動量をはるかに上回っている(図 5.8)．一方で，人間活動による過剰な窒素負荷により，生態系の窒素サイクルは大きく変化している．ハーバー-ボッシュ法による工業的窒素固定により地球の窒素循環量は急増しており，農地からの窒素肥料の流出により河川の硝酸イオン濃度が各地で上昇し，河川を通じて大量の窒素が運ばれる沿岸域では，富栄養化の被害が深刻化している[*14]．また，化石燃料やバイオマスの燃焼などで生成する窒素酸化物(NO や NO_2)は，人間に健康被害をもたらす大気汚染物質であるばかりか，雨水に溶けて硝酸となり，酸性雨として降り注ぐことから，その抑制対策が急がれている．さらに都市周辺の森林域では，人間活動に由来する窒素化合物が大気から多く沈着することで森林が窒素過剰になり，河川に高濃度の硝酸イオンが流出する窒素飽和と呼ばれる現象も生じている．

*13 硝化作用は，好気環境において NH_4^+ がアンモニア酸化細菌に酸化されて NO_2^- となり，引き続いて亜硝酸酸化細菌によって NO_3^- へ酸化される反応である．これに対し，嫌気環境において NO_2^- を電子受容体として NH_4^+ を酸化して N_2 ガスに変換する窒素代謝(嫌気性アンモニア酸化またはアナモックス反応)が見つかっている．この反応では NH_4^+ と NO_2^- が N_2 にまで変換されるため，脱窒作用を経ずに窒素が除去できるプロセスとして水処理分野で注目を集めている．

*14 河川に流出した窒素は，海域に到達してから影響が顕在化することが多い．沿岸域に無機態窒素が大量に流入すると，植物プランクトンが大増殖し，海底に沈んだ遺骸が分解されることで酸素濃度が極度に低下する．溶存酸素が枯渇した海域は，底生生物が死に至るか移動して姿を消すかすることから，「死のゾーン」とも呼ばれている．陸域の人間活動による窒素負荷の増大で，世界各地の沿岸域で「死のゾーン」が広がっている．

5.9 リンの循環

リンは DNA や RNA などの核酸やエネルギー化合物である ATP，細胞膜を構成するリン脂質などに含まれており，炭素や窒素と同様，すべての生物にとって不可欠な必須元素である．ところが，リンは気体としてはほとんど存在しないため，大気から陸域への沈着量は非常に小さい．また，風化によってリン酸塩鉱物(アパタイトなど)から溶解する量も少なく，生態系間のリンの移動は概して小さい(図 5.9)．さらに，無機態リンの多くが土壌粒子に吸着したり，金属と結合し難溶性のリン酸塩として土壌や堆積物中に存在する．そのためリンは生物にとって不足しやすい元素であり，生態系内に存在するリンを効率よく利用することが重要となる．このことから，微生物による有機態リンの無機化と植物や微生物による無機態リンの吸収という内部

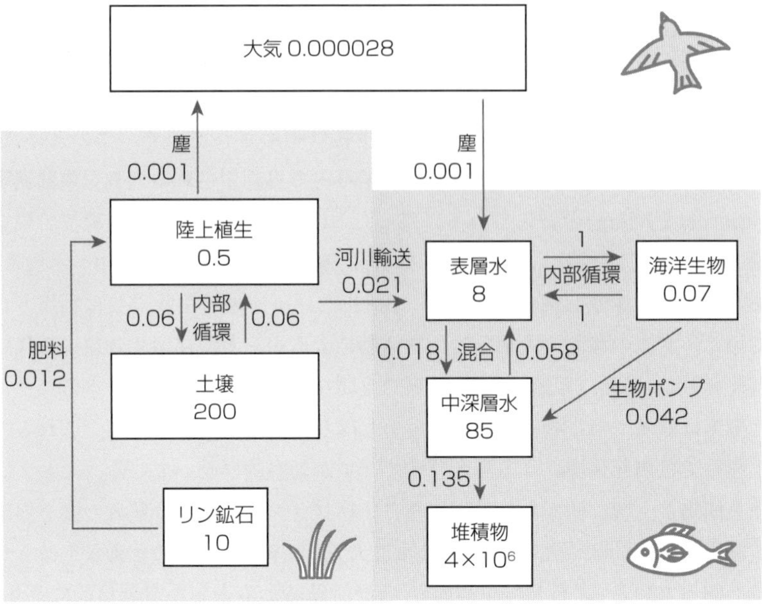

図 5.9　グローバルなリン循環
主要なリザーバーにおけるリン存在量(PgP)とリザーバー間のリン移動量(PgP/年)を示している．リンは気体としてほとんど存在しないため，内部循環が生物のリン利用に果たす役割が大きい．また，出水時に土壌粒子に吸着したリンが河川に流出するフラックスも相対的に大きい．F. S. Chapin Ⅲ et al.,"Principles of Terrestrial Ecology,"Springer (2002)を元に作成．

循環が，窒素と同様によく発達している．さらに，無機態リン(PO_4^{3-}など)が欠乏した環境への適応として，微生物は細胞内に蓄積したポリリン酸を利用したり，細胞外に酵素を分泌して有機態リン(リン酸エステル化合物)を分解してリン酸を獲得したりすることもある．

環境中から植物や微生物に取り込まれ同化されたリンは，消費者に捕食されることで食物連鎖を伝播する．生体内で有機物として保持されたリンは，いずれ遺骸や排泄物になって排出され，微生物によって無機化されてリサイクルされる．このように，リンの循環にも生物の代謝が大きく関わっているが，非生物的なリンの循環プロセスも重要である．たとえば，土壌や堆積物中の不溶性のリン酸塩化合物に含まれるリンは，有機物分解により酸素が不足すると金属の還元に伴ってリン酸になり，環境中に再び放出される．湖沼や河川では，嫌気的な底泥からリン酸が溶出することが知られており，これを**内部負荷**と呼んでいる．内部負荷が大きい場合には，集水域からのリン流入(外部負荷)を減少させる対策を施しても，富栄養化による植物プランクトンの増殖を抑えることが困難である．

淡水域や汽水域の一次生産がリンによって律速されていることは，よく知られている．これは，生活排水によるリンの流入により湖沼が富栄養化することからも明らかである[*15]．この理由として，リン酸は土壌粒子に吸着したり不溶性のリン酸塩化合物になったりしやすく生物が利用可能な量が少ないことや，淡水域ではシアノバクテリアによる活発な窒素固定により窒素欠乏が起こりにくいかわりに，リン不足に陥りやすくなることなどが指摘され

＊15　湖沼の富栄養化を引き起こす原因がリンであることを突き止めたのは，カナダのシンドラー(D. W. Schindler)である．彼は天然の実験湖沼を二つの湖盆に分割し，一方には硝酸塩とスクロースを添加し，もう一方には硝酸塩とスクロースに加え，リン酸塩も添加した．その結果，リン酸塩を加えた湖盆のみで藻類が大増殖したのである．

ている．このため，人間活動による淡水域へのリン負荷の影響は深刻である．リン肥料の施与や生活・工業排水に伴うリン流出は，しばしば湖沼や河川の富栄養化を引き起こし，底層での溶存酸素の枯渇をもたらしている．

5.10 生態化学量論

これまで，有機物中に多く含まれる炭素，窒素，リンの循環について個別に概観してきた．しかし，これらの元素は個々に独立して循環しているわけ

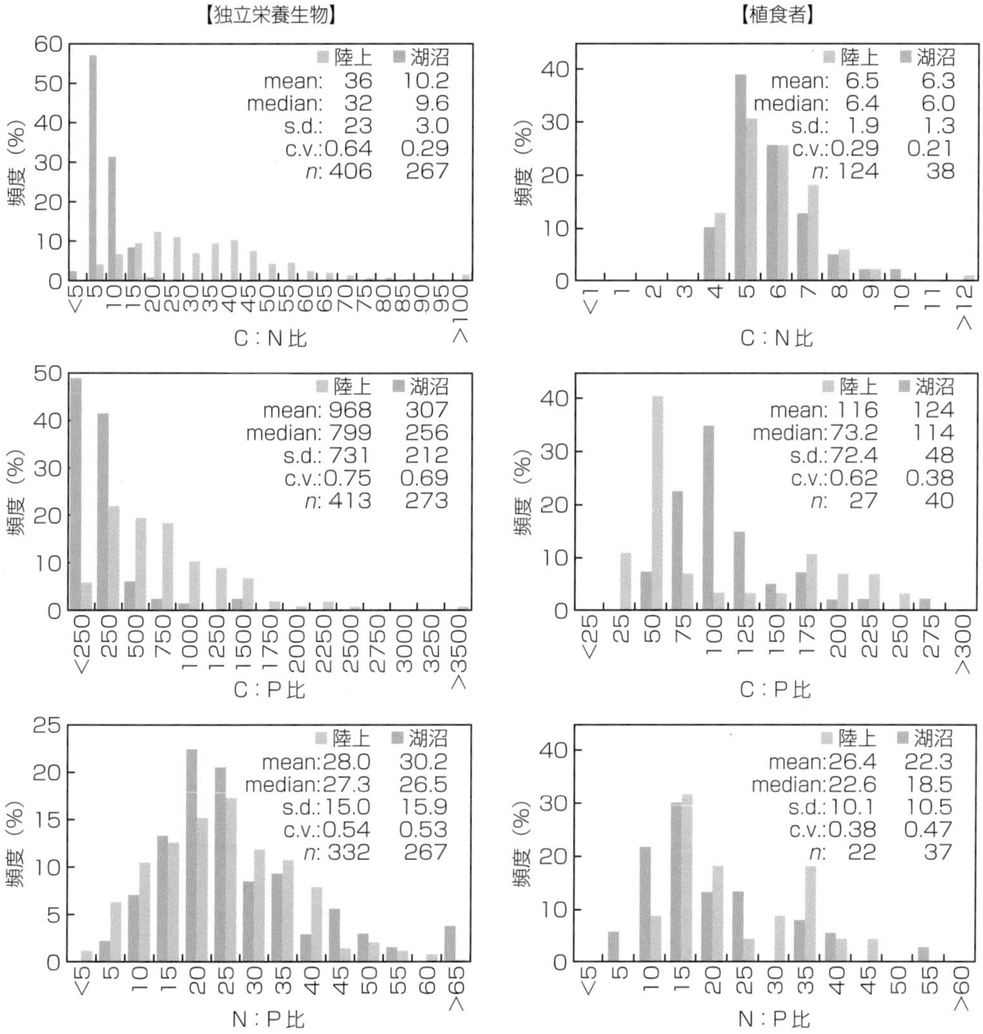

図 5.10 陸上生態系と湖沼生態系における独立栄養生物（植物または植物プランクトン）および植食性無脊椎動物の化学量比（原子比）

mean は平均値，median は中央値，s.d. は標準偏差，c.v. は変動係数，*n* はサンプル数を示す。．独立栄養生物と植食者では化学量比が異なっており，独立栄養生物ではとくに陸上植物の C:N 比と C:P 比が際立って高い．一方，植食者（植食性昆虫や動物プランクトン）の化学量比は陸上と湖沼の間で大きな違いは見られない．J. J. Elser et al., *Nature*, 408, 578 (2000) より．

ではない．たとえば，海洋の植物プランクトンを構成する有機物中の炭素，窒素，リンの化学組成は次の比率に近く，種間であまり大きな違いが見られないことが知られている．

$$106\,CO_2 + 122\,H_2O + 16\,HNO_3 + H_3PO_4 = (CH_2O)_{106}(NH_3)_{16}H_3PO_4 + 138\,O_2 \quad (5.3)$$

ここで左辺は植物プランクトンの成長に必要なおもな栄養であり，右辺の $(CH_2O)_{106}(NH_3)_{16}H_3PO_4$ は植物プランクトンが生産した有機物である．この関係は，植物プランクトンが 106：16：1 の原子比で炭素，窒素，リンを海水から取り込んで有機物を合成する一方で，その有機物が分解する際には同じ原子比で水中に栄養塩が回帰することを意味している[*16]．このように生態系内では，生物の代謝によって複数の生元素(生物体を構成する元素)が同時に移動している．

生元素の比率は生物ごとに特有であり，この量的関係を手がかりに物質循環や生物群集の動態を探る研究手法を**生態化学量論**(ecological stoichiometry)と呼んでいる．たとえば，植物と動物の化学組成を比較すると，タンパク質に富む動物のほうが相対的に窒素含量が多い．炭素：窒素比(C：N 比)で見た場合，植物や藻類では 10 ～ 50 程度であるが，動物では 4 ～ 8 程度の値を示す(図 5.10)．このため，動物が自身の元素比を維持しながら成長するためには，過剰の植物を摂取しながら余分な炭素を排出し，不足する窒素を獲得していく必要がある．C：N 比や C：P 比の違いは動物種間では大きくはないが，植物と植食者の間では顕著な違いがある．さらに，その違いは水域より陸域で大きい[*17]．この植物–植食者間の C：N：P 比の大きなずれが，生態転換効率が水域生態系で高く，森林生態系で低いことの原因にもなっている(4 章参照)．このように生物体を構成する元素の量的関係は，物質循環だけでなく，食物網の構造や栄養動態にも深く関わっている．

＊16　この比率は，発見者であるアメリカ・ウッズホール海洋研究所のレッドフィールド博士(A. C. Redfield)にちなんで，レッドフィールド比(Redfield ratio)と呼ばれている．この比率は常に成り立つわけではなく，植物プランクトンの栄養状態や環境中の溶存 CO_2 濃度によって変化することが知られている．

＊17　陸域で植物と動物の化学量比が大きく異なるのは，陸上植物の構造が原因である．陸上植物は頑丈な木質構造や細胞壁により，大きな体を支えるように進化してきた．木質部や細胞壁は，おもにリグニンやセルロースなどの窒素やリンを含まない有機物で構成されていることから，陸上植物には相対的に炭素が多く含まれている．

練習問題

1 生態系の物質循環において重要な役割を果たしている同化反応と異化反応をそれぞれ複数挙げ，物質循環との関わりに焦点を当てながら特徴を説明しなさい．

2 海洋と森林の純一次生産の特徴を述べなさい．また，地球規模の炭素循環において，なぜ海洋と森林が重要視されるのか考察しなさい．

3 生物の代謝が地球規模の炭素と窒素，リンの循環とどのように関わっているか述べなさい．

4 生物体に含まれる炭素，窒素，リンの構成比が，陸上と水域の生産者で大きく異なる理由を述べなさい．また，この構成比の違いは，食物連鎖を通して生態系の物質循環にどのような波及効果をもたらすか考察しなさい．

6章 植物群落

6.1　植物群落の分類

植物群落は1種類から構成される場合もあるが，多くは多数の種から構成され，独自の景観や構造をなしている．植物群落の把握や研究には，これらを具体的または抽象的な単位として認識する必要がある．そのためには，ある基準に基づいて群落を分類する必要がある．

6.1.1　相観による分類

相観(physiognomy)による分類とは，群落をその**生活形**(life form)[*1]や**生育型**(growth form)[*2]などの外観および類似の立地条件によって分類する方法である．19世紀の初め頃，ドイツの植物地理学者であったフンボルト(A. v. Humbolt)は世界を旅行し，相観による植生区分を行った．単位としては**群系**(formation)が使われる．たとえば，熱帯多雨林，夏緑林，サバンナ，ステップ，高層湿原などである．地球規模など広域的に概観するときに有効で，種名がわからなくても区分することができる．

6.1.2　種類組成による分類

相観的な分類は広域的に比較するときには有効であるが，同じ相観や限られた地域内での植生の分類や比較には適さない．植物群落の成立要因や立地との対応関係を詳しく見るためには，群落を構成する具体的な種によって分類することが必要である．

(1) 優占種による分類

優占している種に注目して群落を分類する．たとえば，アカマツが優占していればアカマツ群落，コナラが優占していればコナラ群落に区分する．

(2) 優占種と常在種による分類

この分類は**ウプサラ学派**(北欧学派)と呼ばれる学派が提唱したもので，北

＊1　1907年，ラウンケル(C. C. Raunkiær)は，植物が生育に不適な時期をやり過ごす抵抗芽をどの高さにつけるかで分類した．地上0.3 m以上に抵抗芽をつけるものを地上植物，地表面から0.3 mまでのものを地表植物，地表面すれすれのものを半地中植物，地中にあるものを地中植物とした．また，池や沼などの水中や泥のなかにあるものを沼地・水生植物とし，種で冬を越すものを一年生植物とした．

＊2　植物の生育する形によってタイプ分けされたもので，1954年に沼田真が提唱した生育型がよく知られている．次のタイプに分けられる．
直立型：茎がはっきりと直立するもの．
分枝型：茎は直立しているが，下部で多く枝分かれをするもの．
そう生型：株になるもの．
ロゼット型：直立する茎がなく，根から出た根生葉が地表に広がるもの．
部分ロゼット型：ロゼット葉と直立する茎の両方をもつもの．
ほふく型：茎が地表をはい，節から根を出すもの．
つる型：つる性の植物．

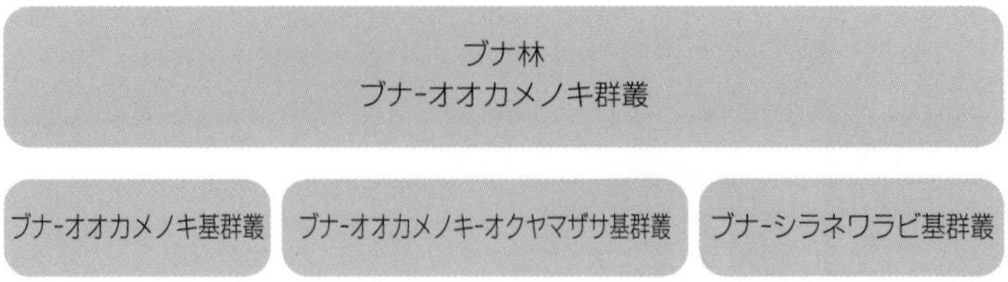

図 6.1　ウプサラ学派の群落体系の例

欧で発達した分類法である．20 世紀前半，スウェーデンの生態学者であるドュリェ（G. E. Du Rietz）は，各階層の優占種と常在種[*3]を中心にして植物群落を分類した．植物群落は優占種が同じでも，立地時条件などの違いによって下層に生育する植物が異なることがある．そのようなときに，この分類方法は有効である．基本単位として**基群叢**（sociation）が使われ，その上級単位として**群叢**（association）がある．たとえば館脇操は，1958 年，北海道のブナ林についてブナ-オオカメノキ基群叢，ブナ-オオカメノキ-オクヤマザサ基群叢，ブナ-シラネワラビ基群叢を認めており，その上級単位としてブナ-オオカメノキ群叢を設定している（図 6.1）．

＊3　群落内で優占するわけではないが，よく出現する種．

（3）標徴種および識別種による分類

この分類は**チューリッヒ-モンペリエ学派**（中欧学派または ZM 学派）が提唱したもので，植物社会学的分類法ともいわれる．ウプサラ学派の方法では，詳細な立地や環境に対応できない場合が多く見られた．そこで，この新たな方法を考案したのがドイツの生態学者であるブロン-ブロンケ（J. Braun-Blanquet）を中心としたグループで，1964 年，標徴種や識別種という概念を導入した．これは種の組合せによる分類といえる．次に標徴種や識別種などの概念を示す．

標徴種（characteristic species）：特定の群集や植生単位に結びついている種（以下の適合度 3 ～ 5 の種）．

識別種（differential species）：標徴種ほど強い結びつきはないが，群落の一部に出現し，他の部分と区別されるときに使われる種（特定の生物的，土壌的，微気候的，地理的な差を示す種群）．

随伴種，伴生種（companions）：上記以外の種で，特定の群落に結びつかないもの．

適合度（fidelity）：特定の植物群落への結びつきの度合いを示す．

5：その植物群落へ完全に，あるいはほとんど完全に結びつく．

4：その群落へ明白に結びつくが，他の群落にもまれに，または低下した活力度（以下に説明）で存在する．

3：多くの群落にやや多く存在するが，その群落へ優先的に結びつく．

2：その群落へ特別な結びつきをもたない．

1：他の植物群落から入り込み，まれに偶然に生育する．

活力度(vitality)：群落内における種の活力または繁栄の程度を示す.

1：よく繁茂し，生活環を正常に完結できる.

2：あまりよく繁茂しないが，繁殖はできる，またはよく繁茂するが，生活環を正常には完結できない.

3：正常に生活環を完結できず，生育も旺盛ではないが，繁殖はできる.

4：偶然に発芽したが，繁殖できない.

6.1.3　植物群落の植物社会学的調査法および区分方法

植物群落を分類または区分するためには，調査を行い，その種類組成を知る必要がある．この項では植物社会学的方法について紹介する．この方法は環境アセスメントや国や自治体の自然環境調査で広く用いられている.

(1) 調査地の選定

この方法では，一つの調査区だけで判断するのではなく，少なくとも数カ所以上の調査区の調査資料を比較し，群落単位としての共通性を見出す必要がある．そのためには調査地の選定も重要になる．調査地は通常，群落の典型的な場所を選び設定するが，その目安として優占種などの相観が均質であること，地形や地質などの環境条件が均質であることなどが挙げられる．他の群落にまたがっている場所や群落内に道が通っている場所などは，調査地として不適である(図 6.2)．調査地の形や面積は任意であるが，調査面積は最小面積以上とする(図 6.3)．群落の状態によって調査面積は異なるが，シバ群落などの背の低い群落では 1 ～ 4 m^2，やや背の高いススキ群落などでは 4 ～ 25 m^2，森林群落では 100 ～ 400 m^2 を目安にするとよい．ただし，群落内または群落間の種多様性などを比較・検討する場合は，面積を一定にする必要がある.

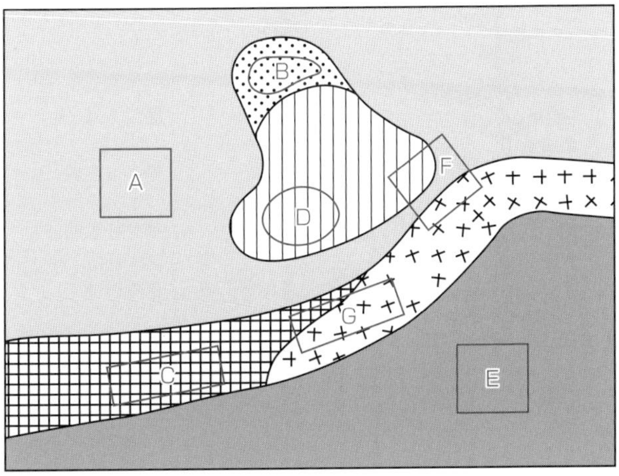

図 6.2　調査地の選定
F, G は不均質な部分を含んでいるので，調査地としては不適.

＊4　樹木では，ある高さで葉がまとまってつく．その葉がまとまってついている部分を葉群という．

(2) 階層の区分

植物群落において葉群[*4]は垂直に配列しており，この状態を**階層構造**と呼んでいる．とくに森林で顕著となり，高木層(略号 B_1：Baumschicht 1 または T_1：Tree layer 1)，亜高木層(B_2：Baumschicht 2 または T_2：Tree layer 2)，第1低木層(S_1:Strauchschicht 1, Shrub layer 1)，第2低木層(S_2: Strauchschicht 2, Shrub layer 2)，草本層(K：Krautschicht または H：Herb layer)の5層に区分されることが多い(図6.4)．ただし，群落の状態によっては必ずしも5層になるとは限らない．背の高い草本群落においては第1草本層(K1)，第2草本層(K2)に細分することもある．さらに林床にコケ類がある場合はコケ層(M：Moss)として区分されることがある．そのう

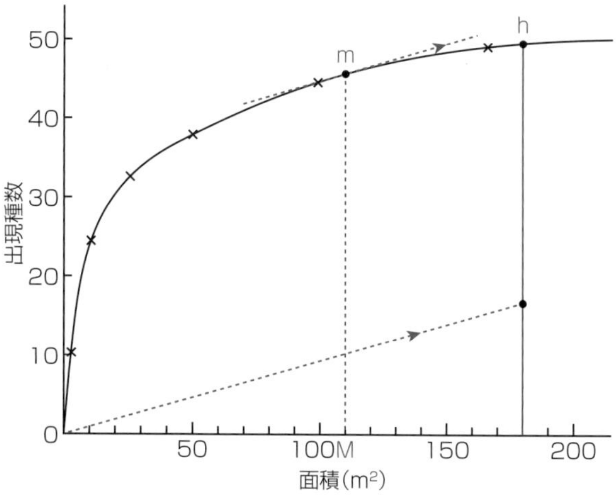

図6.3　最小面積の決定
面積を増やしていくと出現種数が頭打ちとなる地点(h)に達する。そこから垂線を下ろし，その1/3の高さの点と原点を直線で結ぶ。それを平行移動させて曲線と接した点(m)から垂線を下ろした点(M)が最小面積となる。

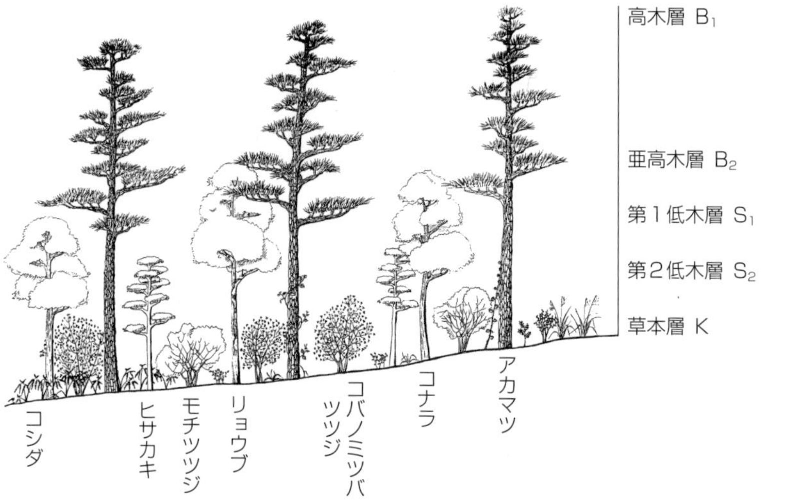

図6.4　植物群落の階層図

えで，区分された階層の高さをそれぞれ記録したり，それぞれの階層の植物が調査区を覆っている割合(全植被率)を記録したりする．

(3) 出現種のリストの作成

調査区内をくまなく歩き，区分された階層ごとに出現種のリストを作成する．同じ種が異なる階層に出てきた場合も，それぞれの階層で記録する．たとえば，高木層にコナラが出現し，第1低木層にも見られた場合は，両方の階層に記録する．現地で同定できない種類があれば，ラベルをつけて標本としてもち帰り，同定する．

(4) 被度と群度の判定

作成した植物種のリストに，それぞれの量を表す尺度(被度)および広がり具合を表す尺度(群度)を判定し記入する．被度と群度の判定基準をそれぞれ図6.5，図6.6に示す．

(5) 調査地概要の記録

そのほか，調査地に関する情報(調査地の方位，傾斜角度，地質・土壌などの環境条件)を記録し，調査地の名前，調査年月日，調査者名も記載する．さらに，後で調査地がわかるように地形図にプロットしておく．最近では携帯できる小型のGPSが普及しているので，それで緯度経度を測定し記入しておくと，地形図にプロットしなくても調査地の位置を追跡できる．植生調査の一例を図6.7に示す．

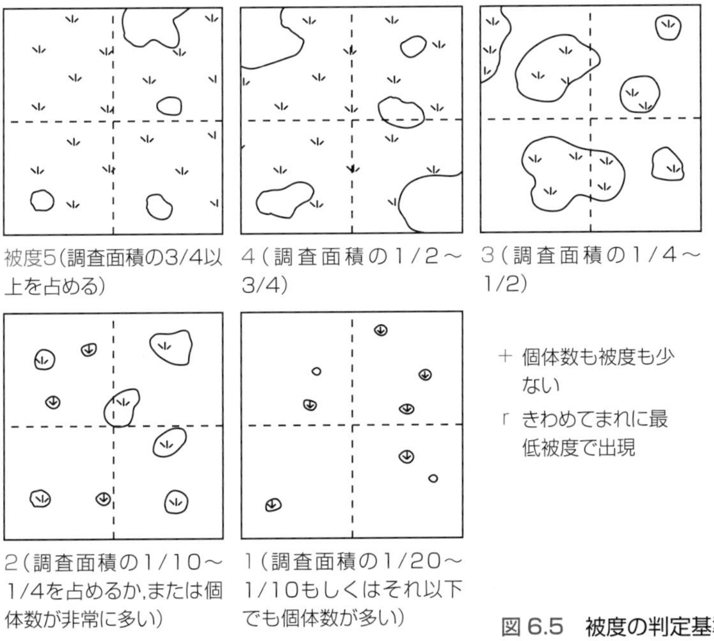
被度5(調査面積の3/4以上を占める)
4(調査面積の1/2～3/4)
3(調査面積の1/4～1/2)
2(調査面積の1/10～1/4を占めるか,または個体数が非常に多い)
1(調査面積の1/20～1/10もしくはそれ以下でも個体数が多い)
+ 個体数も被度も少ない
r きわめてまれに最低被度で出現

図6.5　被度の判定基準

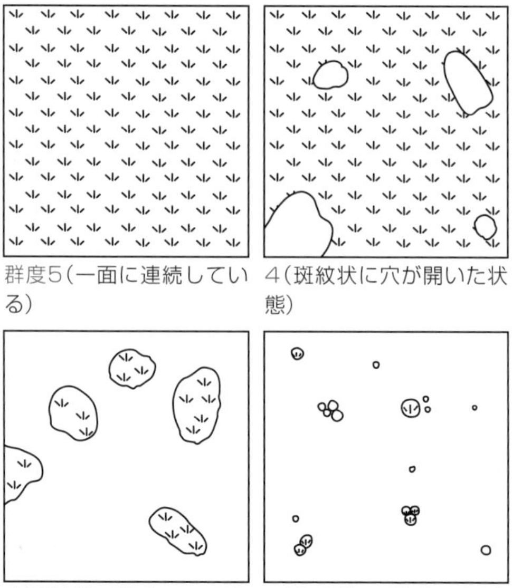

群度5（一面に連続している）　4（斑紋状に穴が開いた状態）

3（斑紋状に群がっている）　2（小群状）　1（単独で生育）

図6.6　群度の判定基準

6.1.4　群落の区分

調査資料を元に次の手順で群落の区分を行う．

(1) 素表の作成

まず，調査地と出現種の一覧表を作成する必要がある．この一覧表を**素表**という．**表6.1**のように，第1列目の第1行目から調査区番号，標高，斜面方位，傾斜角度など，調査区の属性の項目を記入し，続く行に群落の高さ，階層の全植被率，調査面積，出現種数などの群落属性の項目を書き入れる．続いて，各調査区に出現した種を記入していく．第2列目から横に各調査地点を配列し，それぞれの項目に対する値を書き，調査区ごとに種の被度・群度を記入していく．たとえば，表6.1の2列目は調査区1で，そこに出現するスズメノヤリの被度は5，群度は4であり，5･4と記入する．被度が＋で，群度が1の場合(＋・1)，群度を略して＋のみを表示することができる．以下同様に，出現した種について記入していく．種の行の最後には出現頻度，つまり全調査区に対してその種が出現した回数を書き入れる．

(2) 常在度表の作成

素表が完成したら，行を移動させて種の出現頻度順に並べ替える．それが**表6.2**の**常在度表**である．次に，出現頻度が全体の20～80%の種を目安にして，同じ出現パターンを示している種を見つけだし，印(表6.2では下線)をつける．たとえば，ヘラオオバコ，スズメノヤリ，ヌカボの組合せは調査区1，4，8，15，18で見られる．また，イタドリ，スギナの組合せは調査区2，5，9，12，16で見られ，この組合せは他の調査区では見られない．この

| (No. T41) | 植 生 調 査 票 | 神戸大学発達科学部植生学研究室 |

(調査地) 兵庫県神戸市北区帝釈山

図幅 1/5万 神戸　上左　上右(○)　下左　下右

(地形) 山頂:尾根:斜面(上)・中・下・凸・凹:谷:平地

海抜 450 m

1988年5月27日 (調査者 武田, 嶋 若部)

(備考)

方位	S76°E
傾斜	26
面積	15 × 15 ㎡
緯度	N 34°47′20″
経度	E 135°7′55″

B_1 to 13 m 80%　B_2 to 8 m 30%　S_1 to 5 m 50%　S_2 to 2 m 50%　K to 0.5 m 3%　M %

B_1	4.4	アカマツ	S_1	3.3	コバノミツバツツジ	K	1.1 コウヤボウキ
	2.2	コナラ		+	マルバアオダモ		+ オオベシトンボソウ
				+	ウラジロノキ		+ サルトリイバラ
				+	ネジキ		+ クマワラビ
				1.1	ソヨゴ		+ ヤマツルシ
				1.1	リョウブ		+ ソヨゴ
				+	カマツカ		+ イヌツゲ
				+	コバノガマズミ		+ シハイスミレ
				+	タムシバ		+ タンナサワフタギ
							+ コバノガマズミ
B_2	2.2	リョウブ					+ コツクバネウツギ
	1.1	ソヨゴ					+ ツクバネウツギ
							+ シュンラン
							+ ケゴユリ
							+ ツルリンドウ
			S_2	3.3	ヒサカキ		
				+	ネズ		
				+	ネジキ		
				1.2	スノキ		
				+	クロモジ		
				+	アセビ		
				+	コバノミツバツツジ		
				+	ツクバネウツギ		
				+	リョウブ		
				+	アカガシ		
				+	コバノガマズミ		
				+	コガクウツギ		
				+	ナツハゼ		
				+	ヤマウルシ		
				+	カマツカ		
				+	ハネミイヌエンジュ		
				+	シャシャンボ		
				+	サルトリイバラ		
				+	モチツツジ		

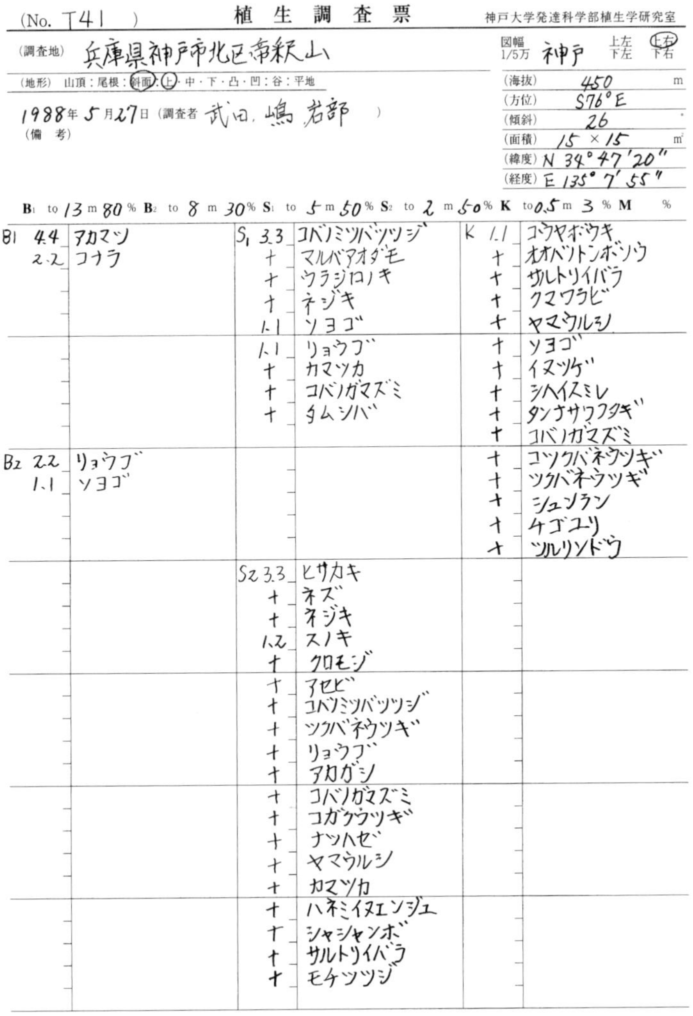

図 6.7　植生調査票の例

B_1：高木層(Baumschicht 1)，B_2：亜高木層 (Baumschicht 2)，S_1：第1低木層(Strauchschicht 1)，S_2：第2低木層(Strauchschicht 2)，K：草本層(Krautschicht)，M：コケ層(Moss). B_1 to 13 m 80% は高木層の高さ13 mと全植被率80%を表し，後に続く階層についても同様. アカマツの左隣の4・4は被度4・群度4を表す. ＋は＋・1の略で，群度が省かれている.

ように他の調査区についても検討する.

(3) 組成表の作成

　常在度表で同じ印をつけた種をそれぞれ行，列を移動させて1カ所に集める. さらに，同じような出現パターンを示す種があるか，もう一度探す. なければ，表6.3のように群落単位を確定する. このように，似たような組成をもつものを一つの群落単位として扱う. このとき，群落単位を区分するのに使用される同じ出現パターンをもつ種を**区分種**または**識別種**という. 表6.3の四角で囲まれた部分が区分種または識別種のおもな出現範囲で，調査区 1，4，8，15，18 がスズメノヤリ–ヘラオオバコ群落になる. 同様に，調査区 2，5，9，12，16 はイタドリ–スギナ群落，調査区 3，6，10，19，13 はギョウギシバ–スズメノカタビラ群落，調査区 7，11，14，17，20 はヨシ–ヤ

表 6.1　淀川堤防および河川敷群落の素表

調査区番号	1	2	3	4	5	6	7	8	9	10	11	12	13	14	15	16	17	18	19	20	出現頻度
標高(m)	5	5	5	5	5	5	5	5	5	5	5	5	5	5	5	5	5	5	5	5	
斜面方位	N30W	N30W	N30W	N30W	N30W	—	—	—	—	—	—	—	—	—	—	—	—	—	—	—	
傾斜角度(°)	30	30	30	30	30	0	0	0	0	0	0	0	0	0	0	0	0	0	0	0	
草本層の高さ(m)	0.25	0.7	0.08	0.3	0.4	0.1	1	0.25	0.1	0.15	1.1	0.5	0.1	0.9	0.3	0.7	0.9	0.2	0.1	1.2	
全植被率(%)	95	90	92	95	95	90	90	95	95	80	70	95	95	65	95	100	65	85	90	50	
調査面積(m^2)	1	1	1	1	1	1	1	1	1	1	1	1	1	1	1	1	1	1	1	1	
出現種数	14	8	9	13	9	9	7	12	10	11	7	12	14	8	14	9	8	14	11	6	
スズメノヤリ	5·4	·	·	4·4	·	·	·	5·4	·	·	·	·	·	·	5·4	·	·	4·4	·	·	5
ヘラオオバコ	2·2	·	·	3·2	·	·	·	1·2	·	·	·	·	·	·	3·3	+	·	3·3	·	·	6
メリケンカルカヤ	1·2	·	·	·	·	·	·	+	·	·	·	·	·	·	·	·	·	3·3	·	·	3
チガヤ	1·2	·	·	1·2	3·3	·	·	·	·	·	·	·	·	·	·	·	·	·	·	·	3
ネズミムギ	+	3·3	·	1·2	3·3	+·2	·	+	3·3	·	·	2·3	·	·	1·2	3·3	·	+	1·2	·	12
ヨモギ	+	+	·	1·1	+	·	·	1·2	1·2	·	·	2·3	·	·	1·2	4·4	·	+	·	·	10
オオアレチノギク	+	·	+	·	·	+	·	·	·	+	·	2·3	1·2	·	·	·	·	+	+	·	8
カラスノエンドウ	+	·	·	1·1	·	·	·	+	·	·	·	+	·	·	2·2	·	+	+	·	·	7
コメツブツメクサ	+	·	+	+	·	·	·	·	·	·	·	·	2·3	·	+·2	·	·	1·2	+	·	7
ナギナタガヤ	+	·	·	+	·	+	·	3·3	·	·	·	·	·	·	1·2	·	·	1·2	1·2	·	7
アオスゲ	+	·	·	+	·	·	·	+	·	·	·	·	·	·	·	·	·	+·2	·	·	4
カタバミ	+	+	·	·	·	·	·	·	+	·	·	+	·	·	·	·	·	·	·	·	4
ヌカボ	+·2	·	·	·	·	·	·	+	·	·	·	·	·	·	+·2	·	·	+·2	·	·	4
モジズリ	+	·	·	·	·	·	·	+	·	·	·	·	·	·	·	·	·	·	·	·	2
セイタカアワダチソウ	·	3·3	·	+	·	·	·	·	+	·	·	·	·	·	·	3·4	·	·	·	·	4
スギナ	·	3·3	·	·	5·4	·	·	·	5·4	·	·	4·4	·	·	·	5·5	·	·	·	·	5
イタドリ	·	4·3	·	·	5·4	·	·	·	5·4	·	·	5·4	·	·	·	5·4	·	·	·	·	5
オランダミミナグサ	·	+	·	·	+	+	·	·	+	·	·	+	2·3	·	·	+	·	·	+	·	8
ノビル	·	+	·	·	·	·	·	·	·	·	·	·	·	·	·	·	·	·	·	·	1
スズメノカタビラ	·	·	3·3	·	·	3·3	·	·	·	4·4	·	·	+	+	·	·	+	·	3·4	·	7
タチイヌノフグリ	·	·	1·1	+	+	+	·	+	+	2·3	·	+	+	·	+	+	·	+	2·1	·	13
ギョウギシバ	·	·	4·4	·	·	5·4	·	·	·	3·3	·	·	4·4	·	·	·	·	·	4·3	·	5
マメグンバイナズナ	·	·	+	·	·	+	·	·	·	+	·	·	·	·	·	·	·	·	·	·	3
ヒメムカシヨモギ	·	·	+	·	·	·	·	·	·	+	·	·	+	·	·	·	·	·	·	·	3
シロツメクサ	·	·	+	·	·	+	·	·	·	1·1	·	·	·	·	·	·	·	·	·	·	3
クサイ	·	·	+·2	·	·	·	·	·	·	·	·	·	·	·	·	·	·	·	·	·	1
ヨシ	·	·	·	·	·	·	5·4	·	·	·	5·4	·	·	4·4	·	·	4·5	·	·	3·3	5
タネツケバナ	·	·	·	·	·	·	+	·	·	·	1·2	·	·	1·2	·	·	2·2	·	·	1·1	5
ブタクサ	·	·	·	·	·	·	+	·	·	·	·	·	+	·	·	·	·	·	·	+	3
スズメノテッポウ	·	·	·	·	·	·	·	·	·	·	·	·	·	+	·	·	+	·	·	·	2
ナガバギシギシ	·	·	·	·	·	·	+	·	·	·	+	·	·	·	·	·	·	·	·	·	2
シバ	·	·	·	+	·	·	·	·	·	+	·	·	·	·	2·2	·	·	+	+·2	·	5
ミゾイチゴツナギ	·	·	·	+	+	·	·	·	+	·	·	·	·	·	·	·	·	·	·	·	3
ワラビ	·	·	·	·	+	·	·	·	·	·	·	1·1	·	·	·	1·1	·	·	·	·	3
イ	·	·	·	·	·	·	2·3	·	·	·	1·2	·	·	·	·	·	·	·	·	+	3
ムシクサ	·	·	·	·	·	·	+	·	·	·	+	·	·	1·2	·	·	+·2	·	·	+	5
ヤナギタデ	·	·	·	·	·	·	1·1	·	·	·	2·2	·	·	+	·	·	+·2	·	·	+	5
ヘクソカズラ	·	·	·	·	·	·	·	+	1·2	·	·	·	·	·	·	·	·	·	·	·	2
イヌムギ	·	·	·	·	·	·	·	·	·	+	·	·	+	·	·	·	·	·	+	·	3
タチチチコグサ	·	·	·	·	·	·	·	·	·	+	·	·	+	·	·	·	·	·	·	·	2
ツボミオオバコ	·	·	·	·	·	·	·	·	·	+	·	·	·	·	·	·	·	·	·	·	1
オオキンケイギク	·	·	·	·	·	·	·	·	·	·	+	·	·	+	·	·	·	·	·	·	2
ヒメコバンソウ	·	·	·	·	·	·	·	·	·	·	·	·	+	·	+·2	·	·	·	·	·	2
ハナヌカススキ	·	·	·	·	·	·	·	·	·	·	·	·	·	·	+	·	·	·	·	·	1
イヌタデ	·	·	·	·	·	·	·	·	·	·	·	+	·	·	·	·	·	·	·	·	1
ナワシロイチゴ	·	·	·	·	·	·	·	·	·	·	·	+	·	·	·	·	·	·	·	·	1
シナダレスズメガヤ	·	·	·	·	·	·	·	·	·	·	·	·	3·3	·	·	·	·	·	+	·	2
ニワゼキショウ	·	·	·	·	·	·	·	·	·	·	·	·	+	·	·	·	·	·	·	·	1
チチコグサモドキ	·	·	·	·	·	·	·	·	·	·	·	·	+	·	·	·	·	·	·	·	1
トキワハゼ	·	·	·	·	·	·	·	·	·	·	·	·	·	+	·	·	·	·	·	·	1
ヒメスイバ	·	·	·	·	·	·	·	·	·	·	·	·	·	·	2·3	·	·	+	·	·	2
ヒゲナガスズメノチャヒキ	·	·	·	·	·	·	·	·	·	·	·	·	·	·	+	·	·	·	·	·	1
ウキヤガラ	·	·	·	·	·	·	·	·	·	·	·	·	·	·	·	·	1·1	·	·	·	1

+は+·1の略で，群度が省かれている．

表 6.2 淀川堤防および河川敷群落の常在度表

調査区番号	1	2	3	4	5	6	7	8	9	10	11	12	13	14	15	16	17	18	19	20	出現頻度
標高(m)	5	5	5	5	5	5	5	5	5	5	5	5	5	5	5	5	5	5	5	5	
斜面方位	N30W	N30W	N30W	N30W	N30W	—	—	—	—	—	—	—	—	—	—	—	—	—	—	—	
傾斜角度(°)	30	30	30	30	30	0	0	0	0	0	0	0	0	0	0	0	0	0	0	0	
草本層の高さ(m)	0.25	0.7	0.08	0.3	0.4	0.1	1	0.25	0.1	0.15	1.1	0.5	0.1	0.9	0.3	0.7	0.9	0.2	0.1	1.2	
全植被率(%)	95	90	92	95	95	90	90	95	95	80	70	95	95	65	95	100	65	85	90	50	
調査面積(m^2)	1	1	1	1	1	1	1	1	1	1	1	1	1	1	1	1	1	1	1	1	
出現種数	14	8	9	13	9	9	7	12	10	11	7	12	14	8	14	9	8	14	11	6	
タチイヌノフグリ	·	·	1·1	+	+	+	·	+	+	2·3	·	+	+	·	+	+	·	+	2·1	·	13
ネズミムギ	+	3·3	·	1·2	3·3	+·2	·	+	3·3	·	·	2·3	·	·	1·2	3·3	·	+	1·2	·	12
ヨモギ	+	+	·	1·1	+	·	·	1·2	1·2	·	·	2·3	·	·	1·2	4·4	·	+	·	·	10
オランダミミナグサ	·	+	·	·	+	+	·	·	+	·	·	+	2·3	·	·	+	·	·	+	·	8
オオアレチノギク	+	·	+	·	·	+	·	·	·	+	·	2·3	1·2	·	·	·	·	+	+	·	8
カラスノエンドウ	+	+	·	1·1	·	·	·	+	·	·	·	+	·	·	2·2	·	+	+	·	·	7
スズメノカタビラ	·	·	3·3	·	·	3·3	·	·	·	4·4	·	·	+	+	·	·	+	·	3·4	·	7
ナギナタガヤ	+	·	·	+	·	+	·	3·3	·	·	·	·	·	·	1·2	·	·	1·2	1·2	·	7
コメツブツメクサ	+	·	+	+	·	·	·	·	·	·	·	·	2·3	·	+·2	·	·	1·2	+	·	7
ヘラオオバコ	2·2	·	·	3·2	·	·	·	1·2	·	·	·	·	·	·	3·3	+	·	3·3	·	·	6
スズメノヤリ	5·4	·	·	4·4	·	·	·	5·4	·	·	·	·	·	·	5·4	·	·	4·4	·	·	5
シバ	·	·	·	+	·	·	·	·	·	+	·	·	·	·	2·2	·	·	+	+·2	·	5
ムシクサ	·	·	·	·	·	·	+	·	·	·	+	·	·	1·2	·	·	+·2	·	·	+	5
ヨシ	·	·	·	·	·	·	5·4	·	·	·	5·4	·	·	4·4	·	·	4·4	·	·	3·3	5
ヤナギタデ	·	·	·	·	·	·	1·1	·	·	·	2·2	·	·	+	·	·	+·2	·	·	+	5
イタドリ	·	4·3	·	·	5·4	·	·	·	5·4	·	·	5·4	·	·	·	5·4	·	·	·	·	5
スギナ	·	3·3	·	·	5·4	·	·	·	5·4	·	·	4·4	·	·	·	5·5	·	·	·	·	5
タネツケバナ	·	·	·	·	·	·	+	·	·	·	1·2	·	·	1·2	·	·	2·2	·	·	1·1	5
ギョウギシバ	·	·	4·4	·	·	5·4	·	·	·	3·3	·	·	4·4	·	·	·	·	·	4·3	·	5
セイタカアワダチソウ	·	3·3	·	+	·	·	·	·	+	·	·	·	·	·	·	3·4	·	·	·	·	4
アオスゲ	+	·	·	+	·	·	·	+	·	·	·	·	·	·	·	·	·	+·2	·	·	4
ヌカボ	+·2	·	·	·	·	·	·	+	·	·	·	·	·	·	+·2	·	·	+·2	·	·	4
カタバミ	+	+	·	·	·	·	·	·	+	·	·	+	·	·	·	·	·	·	·	·	4
メリケンカルカヤ	1·2	·	·	·	·	·	·	+	·	·	·	·	·	·	·	·	·	3·3	·	·	3
ヒメムカシヨモギ	·	·	+	·	·	·	·	·	·	+	·	·	+	·	·	·	·	·	·	·	3
シロツメクサ	·	·	+	·	·	+	·	·	·	1·1	·	·	·	·	·	·	·	·	·	·	3
チガヤ	1·2	·	·	1·2	3·3	·	·	·	·	·	·	·	·	·	·	·	·	·	·	·	3
イヌムギ	·	·	·	·	·	·	·	·	·	+	·	·	+	·	·	·	·	·	+	·	3
マメグンバイナズナ	·	·	+	·	·	+	·	·	·	+	·	·	·	·	·	·	·	·	·	·	3
ミゾイチゴツナギ	·	·	·	+	+	·	·	·	+	·	·	·	·	·	·	·	·	·	·	·	3
ワラビ	·	·	·	·	+	·	·	·	·	·	·	1·1	·	·	·	1·1	·	·	·	·	3
ブタクサ	·	·	·	·	·	·	+	·	·	·	·	·	+	·	·	·	·	·	·	+	3
イ	·	·	·	·	·	·	2·3	·	·	·	1·2	·	·	·	·	·	·	·	·	+	3
ナガバギシギシ	·	·	·	·	·	·	+	·	·	·	+	·	·	·	·	·	·	·	·	·	2
ヒメコバンソウ	·	·	·	·	·	·	·	·	·	·	·	·	+	·	+·2	·	·	·	·	·	2
スズメノテッポウ	·	·	·	·	·	·	·	·	·	·	·	·	·	+	·	·	+	·	·	·	2
タチチチコグサ	·	·	·	·	·	·	·	·	·	+	·	·	+	·	·	·	·	·	·	·	2
ヘクソカズラ	·	·	·	·	·	·	·	+	1·2	·	·	·	·	·	·	·	·	·	·	·	2
ヒメスイバ	·	·	·	·	·	·	·	·	·	·	·	·	·	·	2·3	·	·	+	·	·	2
シナダレスズメガヤ	·	·	·	·	·	·	·	·	·	·	·	·	3·3	·	·	·	·	·	+	·	2
モジズリ	+	·	·	·	·	·	·	+	·	·	·	·	·	·	·	·	·	·	·	·	2
オオキンケイギク	·	·	·	·	·	·	·	·	·	·	+	·	·	+	·	·	·	·	·	·	2
イヌタデ	·	·	·	·	·	·	·	·	·	·	·	+	·	·	·	·	·	·	·	·	1
ツボミオオバコ	·	·	·	·	·	·	·	·	·	+	·	·	·	·	·	·	·	·	·	·	1
クサイ	·	·	+·2	·	·	·	·	·	·	·	·	·	·	·	·	·	·	·	·	·	1
ハナヌカススキ	·	·	·	·	·	·	·	·	·	·	·	·	·	·	+	·	·	·	·	·	1
ノビル	·	+	·	·	·	·	·	·	·	·	·	·	·	·	·	·	·	·	·	·	1
ナワシロイチゴ	·	·	·	·	·	·	·	·	·	·	·	+	·	·	·	·	·	·	·	·	1
ニワゼキショウ	·	·	·	·	·	·	·	·	·	·	·	·	+	·	·	·	·	·	·	·	1
ヒゲナガスズメノチャヒキ	·	·	·	·	·	·	·	·	·	·	·	·	·	·	+	·	·	·	·	·	1
チチコグサモドキ	·	·	·	·	·	·	·	·	·	·	·	·	+	·	·	·	·	·	·	·	1
トキワハゼ	·	·	·	·	·	·	·	·	·	·	·	·	·	+	·	·	·	·	·	·	1
ウキヤガラ	·	·	·	·	·	·	·	·	·	·	·	·	·	·	·	·	1·1	·	·	·	1

下線の違いは出現パターンの種類を示す.

表6.3　淀川堤防および河川敷群落の組成表

調査区番号	1	4	8	15	18	2	5	9	12	16	3	6	10	19	13	7	11	14	17	20	出現頻度
斜面方位	N30W	N30W	N30W	N30W	N30W	—	—	—	—	—	—	—	—	—	—	—	—	—	—	—	
傾斜角度(°)	30	30	30	30	30	0	0	0	0	0	0	0	0	0	0	0	0	0	0	0	
草本層の高さ(m)	0.25	0.3	0.25	0.3	0.2	0.7	0.4	0.1	0.5	0.7	0.08	0.1	0.15	0.1	0.1	1	1.1	0.9	0.9	1.2	
全植被率(%)	95	95	95	95	85	90	95	95	95	100	92	90	80	90	95	90	70	65	65	50	
調査面積(m^2)	1	1	1	1	1	1	1	1	1	1	1	1	1	1	1	1	1	1	1	1	
出現種数	14	13	12	14	14	8	9	14	12	9	9	9	11	11	14	7	7	8	8	6	
スズメノヤリ-ヘラオオバコ群落識別種																					
スズメノヤリ	5·4	4·4	5·4	5·4	4·4	·	·	·	·	·	·	·	·	·	·	·	·	·	·	·	5
ヘラオオバコ	2·2	3·2	1·2	3·3	3·3	·	·	·	·	+	·	·	·	·	·	·	·	·	·	·	6
アオスゲ	+	+	+	·	+·2	·	·	·	·	·	·	·	·	·	·	·	·	·	·	·	4
ヌカボ	+·2	·	+	+·2	+·2	·	·	·	·	·	·	·	·	·	·	·	·	·	·	·	4
メリケンカルカヤ	1·2	·	+	·	3·3	·	·	·	·	·	·	·	·	·	·	·	·	·	·	·	3
イタドリ-スギナ群落識別種																					
イタドリ	·	·	·	·	·	4·3	5·4	5·4	5·4	5·4	·	·	·	·	·	·	·	·	·	·	5
スギナ	·	·	·	·	·	3·3	5·4	5·4	4·4	5·5	·	·	·	·	·	·	·	·	·	·	5
ワラビ	·	·	·	·	·	·	+	·	1·1	1·1	·	·	·	·	·	·	·	·	·	·	3
ギョウギシバ-スズメノカタビラ群落識別種																					
ギョウギシバ	·	·	·	·	·	·	·	·	·	·	4·4	5·4	3·3	4·3	4·4	·	·	·	·	·	5
スズメノカタビラ	·	·	·	·	·	·	·	·	·	·	3·3	3·3	4·4	3·4	+	·	·	+	+	·	7
シロツメクサ	·	·	·	·	·	·	·	·	·	·	+	+	1·1	·	·	·	·	·	·	·	3
イヌムギ	·	·	·	·	·	·	·	·	·	·	·	·	+	+	+	·	·	·	·	·	3
マメグンバイナズナ	·	·	·	·	·	·	·	·	·	·	+	+	+	·	·	·	·	·	·	·	3
ヨシ-ヤナギタデ群落識別種																					
ヨシ	·	·	·	·	·	·	·	·	·	·	·	·	·	·	·	5·4	5·4	4·4	4·5	3·3	5
ヤナギタデ	·	·	·	·	·	·	·	·	·	·	·	·	·	·	·	1·1	2·2	+	+·2	+	5
ムシクサ	·	·	·	·	·	·	·	·	·	·	·	·	·	·	·	+	+	1·2	+·2	+	5
タネツケバナ	·	·	·	·	·	·	·	·	·	·	·	·	·	·	·	+	1·2	1·2	2·2	1·1	5
イ	·	·	·	·	·	·	·	·	·	·	·	·	·	·	·	2·3	1·2	·	·	+	3
その他の種																					
ネズミムギ	+	1·2	+	1·2	+	3·3	3·3	3·3	2·3	3·3	·	+·2	·	1·2	·	·	·	·	·	·	12
タチイヌノフグリ	·	+	+	+	+	·	+	+	+	+	1·1	+	2·3	2·1	+	·	·	·	·	·	13
ヨモギ	+	1·1	1·2	1·2	+	+	+	1·2	2·3	4·4	·	·	·	·	·	·	·	·	·	·	10
オランダミミナグサ	·	·	·	·	·	+	+	+	+	+	·	+	·	+	2·3	·	·	·	·	·	8
オオアレチノギク	+	·	·	·	+	·	·	·	2·3	·	+	+	+	+	1·2	·	·	·	·	·	8
セイタカアワダチソウ	·	+	·	·	·	3·3	·	+	·	3·4	·	·	·	·	·	·	·	·	·	·	4
カラスノエンドウ	+	1·1	+	2·2	+	+	·	·	+	·	·	·	·	·	·	·	·	·	+	·	7
ナギナタガヤ	+	+	3·3	1·2	1·2	·	·	·	·	·	·	+	·	1·2	·	·	·	·	·	·	7
コメツブツメクサ	+	+	·	+·2	1·2	·	·	·	·	·	+	·	·	+	2·3	·	·	·	·	·	7
シバ	·	+	·	2·2	+	·	·	·	·	·	·	·	+	+·2	·	·	·	·	·	·	5
カタバミ	+	+	·	·	·	·	·	+	+	·	·	·	·	·	·	·	·	·	·	·	4
ヒメムカシヨモギ	·	·	·	·	·	·	·	·	·	·	+	·	+	·	+	·	·	·	·	·	3
チガヤ	1·2	1·2	·	·	·	·	3·3	·	·	·	·	·	·	·	·	·	·	·	·	·	3
ミゾイチゴツナギ	·	+	·	·	·	·	+	+	·	·	·	·	·	·	·	·	·	·	·	·	3
ブタクサ	·	·	·	·	·	·	·	·	·	·	·	·	·	·	+	+	·	·	·	+	3
ナガバギシギシ	·	·	·	·	·	·	·	·	·	·	·	·	·	·	·	+	+	·	·	·	2
ヒメコバンソウ	·	·	·	+·2	·	·	·	·	·	·	·	·	·	·	+	·	·	·	·	·	2
スズメノテッポウ	·	·	·	·	·	·	·	·	·	·	·	·	·	·	·	·	·	+	+	·	2
タチチチコグサ	·	·	·	·	·	·	·	·	·	·	·	·	+	·	+	·	·	·	·	·	2
ヘクソカズラ	·	·	+	·	·	·	·	1·2	·	·	·	·	·	·	·	·	·	·	·	·	2
ヒメスイバ	·	·	·	2·3	+	·	·	·	·	·	·	·	·	·	·	·	·	·	·	·	2
シナダレスズメガヤ	·	·	·	·	·	·	·	·	·	·	·	·	·	+	3·3	·	·	·	·	·	2
モジズリ	+	·	+	·	·	·	·	·	·	·	·	·	·	·	·	·	·	·	·	·	2
オオキンケイギク	·	·	·	·	·	·	·	·	·	·	·	·	·	·	·	·	+	+	·	·	2
イヌタデ	·	·	·	·	·	·	·	·	+	·	·	·	·	·	·	·	·	·	·	·	1
ツボミオオバコ	·	·	·	·	·	·	·	·	·	·	·	·	+	·	·	·	·	·	·	·	1
クサイ	·	·	·	·	·	·	·	·	·	·	+·2	·	·	·	·	·	·	·	·	·	1
ハナヌカススキ	·	·	·	+	·	·	·	·	·	·	·	·	·	·	·	·	·	·	·	·	1
ノビル	·	·	·	·	·	+	·	·	·	·	·	·	·	·	·	·	·	·	·	·	1
ナワシロイチゴ	·	·	·	·	·	·	·	·	+	·	·	·	·	·	·	·	·	·	·	·	1
ヌカボ	·	·	+	·	·	·	·	·	·	·	·	·	·	·	·	·	·	·	·	·	1
ヒゲナガスズメノチャヒキ	·	·	·	+	·	·	·	·	·	·	·	·	·	·	·	·	·	·	·	·	1
チチコグサモドキ	·	·	·	·	·	·	·	·	·	·	·	·	·	·	+	·	·	·	·	·	1
トキワハゼ	·	·	·	·	·	·	·	·	·	·	·	·	·	·	·	·	·	+	·	·	1
ウキヤガラ	·	·	·	·	·	·	·	·	·	·	·	·	·	·	·	·	·	·	1·1	·	1

ナギタデ群落になる．

このようにして区分された群落の組成を示す表を**組成表**という．

6.1.5　植物社会学的単位への位置づけ

植物社会学的な分類方法では群集を基本単位として，群団，群目（オーダー），群綱（クラス）へと上級の単位に統合し，体系化することができる．また逆に，亜群集，変群集，亜変群集，ファシースへと細区分も可能である．その体系を示す．

群綱・クラス（class）
　群目・オーダー（order）
　　群団（alliance）
　　　群集（association）
　　　　亜群集（subassociation）
　　　　　変群集（variation）
　　　　　　亜変群集（subvariation）
　　　　　　　ファシース（facies）

これらを具体例で表すと図 6.8 のようになる．

植生単位の名前は，命名規約*5（2021 年）により，基本的には優占種と標徴種の組合せで命名されることが多い．和名では学名と順番が入れ替わることもある．たとえば Ardisio-Castanopsietalia sieboldii は，学名の順ではヤブコウジ-スダジイオーダーであるが，優占種を前にもってくるとスダジイ-

＊5　国際植生学会によって定められた植物社会学における群落の命名規約．1976 年に制定され，その後，改訂が重ねられ，4 版が 2021 年 1 月に発効している．この規約によって，類似した種類組成をもつ植物群落は同じ群落名で扱われる．

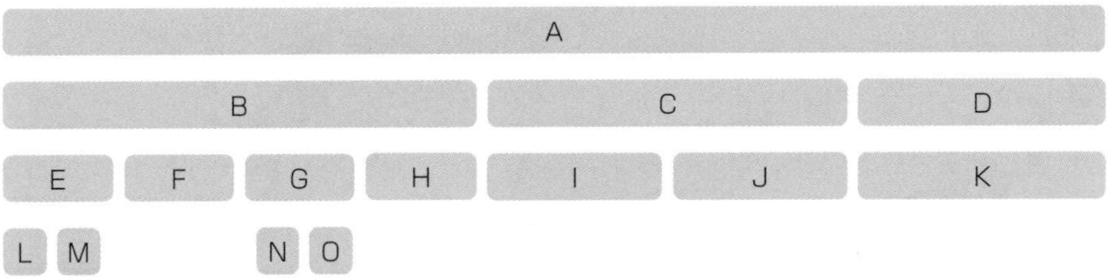

A：ヤブツバキクラス
B：スダジイ-ヤブコウジオーダー
E：スダジイ群団
L：スダジイ-ミミズバイ群集
M：コジイ-カナメモチ群集
F：タブノキ群団
G：ウラジロガシ-サカキ群団
N：ウラジロガシ-サカキ群集
O：ウラジロガシ-ヒメアオキ群集
H：トベラ群団
C：オキナワジイ-ボチョウジオーダー
I：オキナワジイ-ボチョウジ群団
J：リュウキュウガキ-ナガミボチョウジ群団
D：テリハコブガシ-オオバシロテツオーダー
K：テリハコブガシ-オオバシロテツ群団

図 6.8　日本の照葉樹林の植物社会学的体系の例

ヤブコウジオーダーになる．ここでは，優占種を前にもってきたほうがわかりやすいので，後者の命名を採用する．

次に，区分された群落に独立性や普遍性があるかを検討する必要がある．そこで類似の群落との比較を行う．その際，個々の調査資料を元に6.1.4項の素表の作成から始めると，資料の数が多くなり検討が困難になるので，群落単位ごとに種の出現頻度を常在度階級に置き換える．具体的には，調査された調査区数に対して出現した割合を20％ごとに区切り，ローマ数字で表されるⅠ～Ⅴの5階級に分けて表を作成し，検討する．その基準は次の通りである．

常在度階級	出現頻度(F)
Ⅴ	$100 \geqq F > 80\%$
Ⅳ	$80 \geqq F > 60\%$
Ⅲ	$60 \geqq F > 40\%$
Ⅱ	$40 \geqq F > 20\%$
Ⅰ	$20 \geqq F > 0\%$

この方法で作成された表を**総合常在度表**と呼ぶ．**表6.4**に例を示す．

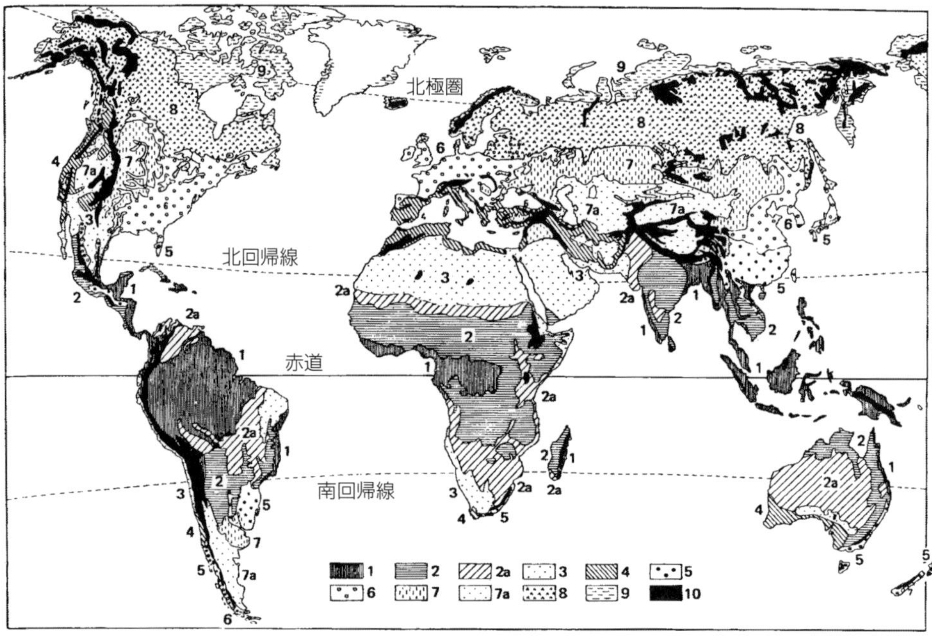

図6.9　世界の植生

1：熱帯多雨林，2：熱帯季節林，2a：サバンナ・有棘林・熱帯広葉疎林，3：熱帯の半砂漠・砂漠，4：広葉樹林，5：照葉樹林，6：冷温帯夏緑樹林，7：温帯草原(ステップ)，7a：寒帯半砂漠・砂漠，8：タイガ，9：ツンドラ，10：高山植生．H. Walter, “Vegetation of the Earth,” Springer-Verlag(1968)より．

表 6.4 ブナクラス，ブナ-ササオーダーの総合常在度表

番号	1	2	3	4	5	6	7	8	9	10	11	12	13	14	15	16	17	18	19	20	21	22	23
調査地の番号	6	7	11	12	4	9	10	1	2	28	31	32	34	35	24	89	90	91	60	61	62	57	58
調査区数	68	13	48	27	83	6	11	13	56	10	28	23	22	14	14	68	52	13	21	20	46	32	9
ミズナラ-サワシバ群団標徴種および識別種																							
エゾヤマザクラ	Ⅲ	Ⅴ	Ⅲ	Ⅲ	Ⅰ	Ⅲ	Ⅰ	r	Ⅰ	·	Ⅰ	·	·	Ⅰ	·	·	·	·	·	·	·	·	·
フタリシズカ	Ⅱ	Ⅳ	Ⅱ	Ⅰ	·	Ⅲ	Ⅲ	r	r	Ⅰ	·	·	·	·	·	·	·	·	·	·	·	·	·
アサダ	Ⅲ	Ⅳ	Ⅱ	Ⅰ	·	Ⅰ	Ⅲ	·	·	·	·	·	·	·	·	·	r	·	·	·	·	·	·
チョウセンゴミシ	Ⅱ	Ⅲ	r	Ⅲ	Ⅰ	Ⅱ	Ⅱ	·	r	·	·	·	·	·	·	·	·	·	·	·	·	·	·
サッポロスゲ	Ⅱ	Ⅲ	Ⅰ	Ⅳ	r	·	Ⅰ	·	·	·	·	·	·	·	·	·	·	·	·	·	·	·	·
キタコブシ	Ⅲ	Ⅳ	Ⅲ	Ⅳ	Ⅰ	Ⅱ	Ⅳ	r	r	·	·	·	·	·	·	·	·	·	·	·	·	·	·
オオバボダイジュ	Ⅱ	Ⅲ	Ⅲ	Ⅲ	Ⅱ	Ⅳ	Ⅱ	·	r	·	·	·	r	·	·	·	·	·	·	·	·	·	·
ヨブスマソウ	Ⅳ	Ⅳ	Ⅲ	Ⅴ	Ⅱ	Ⅱ	Ⅲ	Ⅰ	Ⅰ	·	·	·	r	·	·	·	·	·	·	·	·	·	·
コンロンソウ	Ⅱ	Ⅳ	Ⅰ	Ⅳ	Ⅲ	Ⅳ	Ⅱ	·	·	·	·	·	·	·	·	·	·	·	·	·	·	·	·
トドマツ	Ⅲ	·	Ⅲ	Ⅴ	Ⅴ	Ⅰ	Ⅰ	·	Ⅱ	·	·	·	·	·	·	·	·	·	·	·	·	·	·
フッキソウ	Ⅳ	Ⅰ	Ⅳ	Ⅲ	r	Ⅴ	Ⅴ	Ⅰ	r	·	·	·	·	·	·	·	·	·	·	·	·	·	·
チシマアザミ	Ⅱ	Ⅱ	Ⅰ	Ⅲ	Ⅱ	Ⅰ	Ⅱ	·	·	·	·	·	·	·	·	·	·	·	·	·	·	·	·
ハシドイ	Ⅱ	Ⅲ	Ⅰ	Ⅲ	r	Ⅱ	Ⅱ	·	·	·	·	·	·	·	·	·	·	·	·	·	·	·	·
シウリザクラ	Ⅱ	Ⅱ	Ⅱ	Ⅳ	Ⅱ	Ⅰ	Ⅱ	r	r	·	·	·	·	·	·	·	·	·	·	·	·	·	·
ハルニレ	Ⅱ	Ⅲ	Ⅱ	·	Ⅰ	·	Ⅰ	·	r	·	·	·	·	·	·	·	·	·	·	·	·	·	·
ブナ-チシマザサ群団標徴種および識別種																							
チシマザサ	Ⅰ	·	Ⅰ	·	Ⅲ	·	·	Ⅳ	Ⅳ	Ⅲ	Ⅴ	Ⅳ	Ⅴ	Ⅴ	Ⅳ	·	·	·	·	·	·	·	·
ヒメモチ	·	·	·	·	·	·	·	Ⅳ	Ⅳ	·	Ⅲ	Ⅱ	Ⅳ	Ⅲ	Ⅳ	·	·	Ⅰ	·	·	·	·	·
エゾユズリハ	·	·	Ⅲ	·	Ⅱ	·	·	Ⅴ	Ⅳ	Ⅲ	Ⅲ	Ⅲ	Ⅰ	·	Ⅱ	·	·	·	·	·	·	·	·
ハイイヌガヤ	r	·	Ⅲ	·	Ⅱ	·	·	Ⅴ	Ⅲ	Ⅳ	Ⅰ	Ⅰ	Ⅲ	Ⅲ	Ⅰ	·	r	·	·	·	·	·	·
ツルアリドオシ	·	·	·	·	·	·	·	Ⅰ	Ⅰ	Ⅲ	Ⅲ	Ⅱ	Ⅱ	Ⅰ	Ⅳ	r	·	Ⅰ	·	·	·	·	·
マルバマンサク	·	·	·	·	·	·	·	·	·	Ⅱ	Ⅳ	Ⅲ	·	Ⅴ	Ⅳ	·	·	·	·	·	·	·	·
ハイイヌツゲ	r	·	Ⅱ	r	Ⅲ	·	·	Ⅳ	Ⅲ	Ⅱ	Ⅱ	Ⅱ	r	Ⅱ	Ⅳ	r	·	·	·	·	·	·	·
ヒメアオキ	·	·	Ⅰ	·	·	·	·	Ⅲ	·	Ⅴ	Ⅱ	Ⅰ	Ⅴ	Ⅱ	Ⅰ	·	·	·	·	·	·	·	·
オオバクロモジ	·	·	r	·	r	·	·	Ⅴ	Ⅳ	Ⅴ	Ⅳ	Ⅳ	Ⅴ	Ⅴ	Ⅳ	·	·	·	·	·	·	·	·
ヤマソテツ	·	·	·	·	r	·	·	Ⅲ	Ⅳ	·	Ⅴ	Ⅱ	Ⅲ	Ⅱ	Ⅴ	r	Ⅱ	Ⅲ	Ⅰ	Ⅰ	·	·	·
ムラサキヤシオ	r	·	·	·	Ⅰ	·	·	Ⅰ	Ⅱ	·	Ⅳ	Ⅱ	r	Ⅳ	Ⅳ	·	·	·	·	·	·	·	·
ブナ-スズタケ群団標徴種および識別種																							
スズタケ	r	·	·	·	·	·	Ⅰ	·	·	·	·	·	·	·	·	Ⅳ	Ⅳ	Ⅱ	·	Ⅳ	Ⅳ	Ⅴ	·
ヒメシャラ	·	·	·	·	·	·	·	·	·	·	·	·	·	·	·	Ⅳ	Ⅲ	·	Ⅴ	Ⅴ	Ⅲ	Ⅲ	·
クロモジ	·	·	·	·	·	·	·	·	·	·	·	·	·	·	·	Ⅴ	Ⅱ	Ⅴ	·	·	r	r	·
ツクバネウツギ	·	·	·	·	·	·	·	·	·	Ⅰ	·	·	·	·	·	Ⅱ	r	Ⅲ	Ⅱ	Ⅱ	Ⅰ	·	·
タンナサワフタギ	·	·	·	·	·	·	·	·	·	·	r	·	·	·	·	Ⅴ	Ⅴ	Ⅴ	Ⅲ	Ⅲ	Ⅳ	Ⅲ	Ⅲ
オオイタヤメイゲツ	·	·	·	·	·	·	·	·	·	·	·	·	·	·	·	Ⅰ	Ⅴ	Ⅱ	Ⅲ	r	Ⅰ	·	·
ミヤコザサ	Ⅰ	Ⅰ	r	·	·	·	·	·	·	·	·	·	·	·	·	Ⅱ	Ⅰ	Ⅱ	·	r	·	·	Ⅴ
ウラジロモミ	·	·	·	·	·	·	·	·	·	·	·	·	·	·	·	r	Ⅴ	·	Ⅴ	Ⅳ	Ⅴ	·	·
クマシデ	·	·	·	·	·	·	·	·	·	·	Ⅰ	Ⅰ	·	·	·	Ⅱ	Ⅱ	Ⅳ	Ⅱ	Ⅱ	Ⅰ	Ⅰ	Ⅰ
ブナクラスおよびブナ-ササオーダー標徴種および識別種																							
ブナ	·	·	·	·	·	·	·	Ⅴ	Ⅴ	Ⅴ	Ⅴ	Ⅴ	Ⅴ	Ⅴ	Ⅴ	Ⅴ	Ⅴ	Ⅴ	Ⅴ	Ⅴ	Ⅴ	Ⅴ	Ⅴ
ミズナラ	Ⅴ	Ⅴ	Ⅴ	Ⅴ	Ⅴ	Ⅴ	Ⅴ	Ⅱ	Ⅱ	Ⅳ	Ⅲ	Ⅲ	Ⅰ	Ⅴ	·	Ⅳ	Ⅳ	Ⅳ	Ⅲ	Ⅳ	Ⅳ	Ⅳ	Ⅲ
ハウチワカエデ	Ⅲ	Ⅱ	Ⅴ	Ⅲ	Ⅳ	Ⅰ	Ⅲ	Ⅴ	Ⅴ	Ⅳ	Ⅳ	Ⅴ	Ⅴ	Ⅴ	Ⅲ	r	Ⅰ	Ⅰ	·	·	·	·	·
ツタウルシ	Ⅳ	Ⅴ	Ⅴ	Ⅲ	Ⅴ	Ⅲ	Ⅴ	Ⅴ	Ⅴ	Ⅱ	Ⅲ	Ⅲ	·	Ⅳ	·	Ⅲ	Ⅴ	Ⅲ	Ⅴ	Ⅴ	Ⅴ	Ⅲ	·
ゴトウヅル	Ⅲ	Ⅲ	Ⅱ	Ⅴ	Ⅴ	Ⅰ	Ⅳ	·	Ⅰ	Ⅰ	Ⅱ	Ⅰ	Ⅴ	Ⅳ	Ⅱ	Ⅳ	Ⅴ	Ⅱ	Ⅴ	Ⅱ	Ⅲ	Ⅰ	·
ノリウツギ	Ⅳ	Ⅲ	Ⅲ	Ⅱ	Ⅲ	·	Ⅲ	Ⅳ	Ⅳ	·	Ⅲ	Ⅰ	·	Ⅱ	Ⅱ	Ⅱ	Ⅰ	Ⅱ	Ⅲ	Ⅰ	Ⅱ	Ⅰ	·
シナノキ	Ⅴ	Ⅲ	Ⅴ	Ⅴ	Ⅴ	Ⅲ	Ⅲ	Ⅳ	Ⅲ	·	Ⅱ	Ⅰ	Ⅰ	Ⅱ	·	r	Ⅱ	Ⅱ	Ⅰ	Ⅲ	Ⅰ	Ⅰ	·
オオカメノキ	Ⅱ	Ⅰ	Ⅲ	Ⅰ	Ⅴ	·	·	Ⅴ	Ⅴ	Ⅳ	Ⅴ	Ⅴ	Ⅴ	Ⅴ	Ⅴ	Ⅲ	Ⅴ	Ⅲ	Ⅴ	·	Ⅲ	Ⅱ	Ⅱ
イワガラミ	Ⅳ	Ⅱ	Ⅴ	Ⅲ	Ⅴ	Ⅰ	Ⅲ	Ⅴ	Ⅴ	Ⅴ	Ⅲ	Ⅰ	Ⅰ	Ⅱ	Ⅰ	Ⅳ	Ⅳ	Ⅴ	Ⅱ	Ⅴ	Ⅳ	Ⅲ	Ⅲ
ツクバネソウ	Ⅰ	·	Ⅱ	Ⅰ	Ⅱ	·	·	Ⅳ	Ⅲ	Ⅰ	Ⅲ	Ⅱ	Ⅲ	Ⅲ	Ⅳ	Ⅰ	Ⅰ	Ⅰ	Ⅲ	Ⅱ	Ⅰ	Ⅰ	·
マイヅルソウ	Ⅳ	Ⅲ	Ⅲ	Ⅴ	Ⅲ	Ⅰ	Ⅲ	Ⅲ	Ⅲ	Ⅰ	Ⅱ	Ⅱ	Ⅲ	Ⅲ	Ⅳ	·	r	·	Ⅰ	·	·	r	·
ヤマイヌワラビ	Ⅰ	Ⅰ	Ⅰ	Ⅰ	Ⅰ	Ⅰ	Ⅱ	Ⅱ	Ⅱ	Ⅰ	Ⅰ	·	Ⅰ	Ⅰ	·	Ⅰ	Ⅲ	·	Ⅱ	Ⅰ	Ⅱ	·	·
ヒメノガリヤス	Ⅱ	Ⅱ	Ⅰ	r	·	·	Ⅱ	r	·	·	Ⅰ	·	·	Ⅰ	·	·	r	·	Ⅲ	·	·	r	·
アカイタヤ	Ⅰ	·	Ⅰ	Ⅳ	Ⅳ	Ⅰ	Ⅲ	r	·	Ⅰ	Ⅰ	·	Ⅴ	Ⅳ	·	·	·	·	·	·	·	·	·
サラシナショウマ	Ⅱ	Ⅱ	Ⅲ	Ⅴ	Ⅳ	Ⅰ	Ⅰ	Ⅰ	Ⅰ	Ⅰ	r	Ⅰ	r	·	·	·	Ⅰ	·	·	·	r	·	·
上級単位の種																							
ミズキ	Ⅲ	Ⅲ	Ⅲ	Ⅳ	Ⅱ	Ⅰ	Ⅲ	Ⅰ	r	Ⅱ	Ⅱ	Ⅰ	Ⅱ	Ⅱ	Ⅰ	Ⅰ	Ⅰ	Ⅰ	Ⅳ	Ⅴ	Ⅱ	Ⅰ	·
ナナカマド	Ⅱ	Ⅰ	Ⅲ	Ⅳ	Ⅳ	·	·	Ⅳ	Ⅴ	Ⅱ	Ⅳ	Ⅲ	Ⅱ	Ⅲ	Ⅱ	r	Ⅱ	·	Ⅲ	r	Ⅱ	Ⅰ	·
コバノトネリコ	Ⅴ	Ⅲ	Ⅲ	Ⅲ	r	Ⅲ	Ⅴ	Ⅳ	Ⅰ	Ⅰ	Ⅳ	Ⅲ	Ⅱ	Ⅱ	Ⅰ	Ⅲ	Ⅴ	Ⅳ	Ⅴ	Ⅳ	Ⅴ	Ⅰ	·
イタヤカエデ	Ⅴ	Ⅴ	Ⅴ	Ⅳ	Ⅲ	Ⅴ	Ⅴ	Ⅴ	Ⅴ	Ⅲ	Ⅰ	Ⅲ	·	·	·	Ⅰ	r	·	Ⅲ	Ⅳ	Ⅰ	Ⅰ	·
ヘビノネゴザ	Ⅱ	Ⅲ	·	·	·	·	Ⅰ	r	r	·	r	Ⅰ	r	Ⅰ	·	Ⅰ	Ⅱ	·	·	·	·	·	·
サワシバ	Ⅴ	Ⅴ	Ⅲ	Ⅲ	Ⅰ	Ⅴ	Ⅴ	·	·	Ⅰ	·	·	·	·	·	r	·	Ⅰ	·	·	·	·	·
ハリギリ	Ⅳ	Ⅴ	Ⅳ	Ⅴ	Ⅳ	Ⅲ	Ⅴ	Ⅳ	Ⅲ	Ⅰ	r	Ⅲ	Ⅰ	Ⅲ	·	Ⅱ	Ⅰ	Ⅰ	Ⅲ	Ⅳ	Ⅲ	Ⅱ	·
ツリバナ	Ⅱ	Ⅲ	Ⅰ	Ⅰ	Ⅱ	Ⅱ	Ⅲ	Ⅲ	Ⅰ	Ⅰ	Ⅰ	Ⅱ	Ⅲ	Ⅰ	·	Ⅲ	Ⅱ	Ⅰ	Ⅱ	Ⅳ	Ⅳ	Ⅲ	Ⅱ

1 ～ 7：武田ほか(1983)，8,9：武田ほか(1984)，10,11：大野(1977)，12：鈴木(1970)，13,14：宮脇ほか(1978)，15：宮脇ほか(1968)，16 ～ 18：金岡ほか(1985)，19 ～ 21：織田ほか(1983)，22,23：宮脇編(1981)

6.2 世界の植生

相観的に区分された世界の植生は大気候の分布とよく対応しており（図6.9），大まかに見ると年降水量と年平均気温で植生タイプが分かれる（図1.2参照）．世界の植生の区分は研究者によって多少異なるが，ここではホイッタカー（R. Whittaker）の区分に従って解説する．

6.2.1 熱帯多雨林

熱帯多雨林（tropical rain forest）は熱帯雨林ともいわれ，南アメリカ，アフリカ，東南アジア，オーストラリア東北部などの熱帯地域の多雨地帯に分布する．熱帯多雨林の発達する地域は気温が高く，年較差が少なく，年間を通じて降水量が多い．この地域の植物は大型の常緑硬葉樹が多く，70 m以上にもなる超高木も存在する．また，板根*6をもったり，幹に直接花をつける幹生花をもったりするものが多い．さらに，つる植物，絞め殺し植物*7，木生シダ，ヤシ科の植物が多いのも特徴である．熱帯多雨林地域は多様性が非常に高く，地球上の生物種の半数以上が集中しているといわれる．

代表的な植物は，東南アジアではフタバガキ科（Dipterocarpaceae），アフリカではカンラン科（Burseraceae），トウダイグサ科（Euphorbiaceae），マメ科（Leguminosae），オーストラリアではヤマモガシ科（Proteaceae），ミカン科（Rutaceae），南アメリカではマメ科（Leguminosae）である．

*6　高木で，木が倒れないように，板状になった根．

*7　ガジュマルやアコウなどのように，高木の枝先で種子が発芽して，そこから根を伸ばし，地上に達すると木を取り囲み，やがてはとりついた木を枯らしてしまう．

6.2.2 熱帯季節林

熱帯季節林（tropical seasonal forest）は雨緑林とも呼ばれ，南アメリカ，アフリカ，インド，東南アジア，西インド諸島，オーストラリア東北部などの熱帯多雨林の周辺地域の，雨季と乾季が明瞭な地域に分布する．落葉樹や半落葉樹が多いが，降水量が少なくなるにつれて落葉樹の割合が増える．さらに乾燥が進むと，より落葉樹が増え，**熱帯広葉疎林**（tropical broadleaf woodland）といわれるまばらな林に変わる．

代表的な植物は，東南アジアではフタバガキ科（Dipterocarpaceae），シクンシ科（Combretaceae），アフリカではセンダン科（Meliaceae），オーストラリアではフトモモ科ユーカリ属（Myraceae, Eucalyptus），南アメリカではオトギリソウ科（Guttiferae）である．

6.2.3 冷温帯多雨林

冷温帯多雨林（cool temperate rain forest）は，北アメリカの太平洋沿岸の比較的降水量が多い冷温帯の冬雨型気候地域に見られ，樹高60～90 mになるセコイア（スギ科，Cupressaceae）の巨木林が発達している．この地域は海洋性で比較的涼しく，夏季は曇天で霧が多い．多様性はそれほど高くな

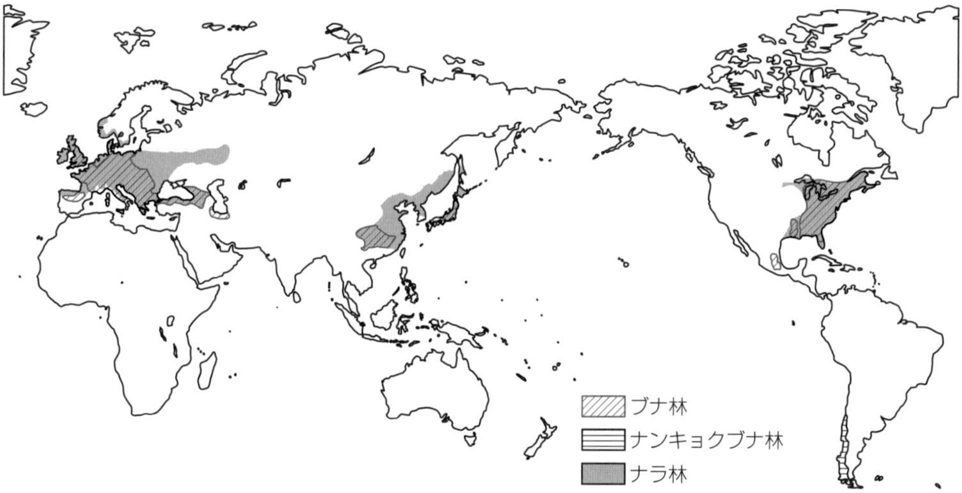

図 6.10　世界の冷温帯夏緑樹林の分布

い．

6.2.4　冷温帯夏緑樹林

冷温帯夏緑樹林(cool temperate summer-green forest)は夏緑広葉樹林，落葉広葉樹林とも呼ばれ，アジア，ヨーロッパ，北アメリカ大西洋側，チリ南部の冷温帯に発達する夏緑樹林である．大きくブナ型(*Fagus* sp.)，ナラ型(*Quercus* sp.)，ナンキョクブナ型(*Notofagus* sp.)に分けられる．ブナ型は海洋性のやや降水量の多い地域に発達し，ナラ型は内陸の大陸気候下に成立している(図 6.10)．

6.2.5　暖温帯常緑樹林

暖温帯常緑樹林(warm temperate evergreen forest)は二つのタイプに区分できる．

(1)　照葉樹林

照葉樹林(lucidophyllous forest, laurel forest)は日本，中国中南部，韓国南部，カナリア諸島(スペイン領)に分布する常緑樹林で，小型でやや厚い葉をもつのが特徴である．気候は温暖であり，夏雨型で雨量は比較的多い．ブナ科シイ属，コナラ属(Fagaceae, *Castanopsis*, *Quercus*)シイ，カシ，クスノキ科タブノキ属(Lauraceae, *Percea*)タブなどが優占する．

(2)　硬葉樹林

硬葉樹林(sclerophyllous forest)は地中海沿岸，オーストラリア南西部，アフリカ南部，南アメリカ南部などに分布する常緑樹林で，小型で硬い葉をもつのが特徴である．気候は温暖であるが，冬雨型で雨量はやや少ない．

代表的な植物は，地中海ではブナ科コナラ属（Fagaceae *Quercus*）セイヨウヒイラギガシ，オーストラリアではフトモモ科ユーカリ属，アメリカ南部ではブナ科コナラ属（Fagaceae *Quercus*），南アメリカではブナ科ナンキョクブナ属（Fagaceae *Nothofagus*）ロープルミナミブナ，南アフリカではヤマモガシ科 *Protea* 属，*Leucandendron* 属などである．

6.2.6　タ イ ガ

タイガ（tiga）は北方針葉樹林とも呼ばれ，ユーラシア大陸および北アメリカ北部の亜寒帯から寒帯にかけて分布する．気温が低く雨の多い地域では常緑針葉樹のモミ属（*Abies*），トウヒ属（*Pices*）が優占し，雨が少なくなるにつれて落葉針葉樹のカラマツ属（*Larix*）が多くなる．

6.2.7　有 棘 林

有棘林（thornwoods）は南アメリカ，西インド諸島，中央アメリカ，東アジア，アフリカなどに分布し，熱帯地域の乾燥地帯に成立している．マメ科やキョウチクトウ科，サボテン類など棘（とげ）の多い低木が優勢である．

代表的な植物は，メキシコではマメ科（*Prosopis veltina, Acacia cymbispina, Caesalpinia criana*），南アメリカではマメ科（Mimosa hostilis, Caesalpinia pyramydalis），ウルシ科（Schinopsis quebracho-coloredo），キョウチクトウ科（Aspidosperma quebrachoblanco），マメ科（Prosopis alba, Caesaipinia paraguariensis），サボテン類である．

6.2.8　サバンナ

サバンナ（savanna）はアフリカ，オーストラリア，南アメリカ，アジア南西部などの熱帯の乾燥地帯に成立する．イネ科の草本が優占し，マメ科の低木類が混じる熱帯の草原である．

代表的な植物は，アフリカではイネ科（*Hyparrhenia, Andropogon, Panicum*），オーストラリアではイネ科（*Bambusa, Panicum, Themeda, Digitaria*），南アメリカではマメ科（*Copaifera langsdorfii, Machaerium acctifolium, Myroxylon balsanum*）である．

6.2.9　温帯草原

温帯草原（temperate grassland）は，北アメリカ，ユーラシア，アフリカ，南アメリカ，オーストラリアの温帯地域の降雨水量の少ない地域に成立しているイネ科が優占する温帯草原である．大陸によって名称が異なり，ユーラシアではステップ（steppe），北アメリカではプレーリー（prairie），南アメリカではパンパ（pampas），アフリカではベルト（veldt）と呼ばれている．また，ステップが総称として使われることも多い．

代表的な植物は，北アメリカではイネ科（*Festuca scarella, Avena hookeri, Agropyron albicans, Andropogon gerardii, Panicum cirgatum, Stipa cernua*），ユーラシアではイネ科（*Aneurolepidium chinense, Stipa grandis*），キク科（*Artemisia commutate*），南アメリカではイネ科（*Stipa brachychaete, Stipa neesiane, Stipa latissimifolia, Stipa tenuissima*），オーストラリアではイネ科（*Aristida, Danthonia, Stipa, Agraostis, Agropyron, Festuca*）である．

6.2.10　高山草原

高山草原（alpine grassland）は，ヒマラヤ山脈，アルプス山脈，ロッキー山脈，アンデス山脈などの各大陸の高山で，高木限界より上部に発達する草原である．温帯地域では夏と冬の気温差が激しいが，熱帯地域では変化はそれほど大きくない．特徴的な植物は大陸によって異なり，たとえばヒマラヤ山脈では，スゲ類やシャクナゲの低木類，地面にクッション上に広がるクッション植物がある．またアフリカでは，イネ科の植物のほかに，キキョウ科やキク科の低木類が生育している．

6.2.11　ツンドラ

ツンドラ（tundra）はユーラシア大陸北部，北アメリカ大陸北部の北極周辺地域に発達する．気温が低く，永久凍土が発達し，生育期間が短い．スゲ類，矮性（わいせい）のヤナギ類が多い．

6.2.12　半 砂 漠

半砂漠（semidesert）は熱帯，暖温帯の乾燥地帯に広がり，真の砂漠の周辺部に見られる．植物はまばらで，熱帯地域ではハマビシ科，マメ科，サボテン類などが生育し，温帯地域ではイネ科草本やヨモギ類が生育している．

6.2.13　砂　漠

砂漠（desert）は植物がほとんどない地域で，年間降水量は 20 ～ 50 mm である．ユーラシア大陸ではタクラマカン砂漠，ゴビ砂漠など，アラビア半島ではネブド砂漠，ルブアルハーリー砂漠，アフリカではサハラ砂漠，リビア砂漠，カラハリ砂漠など，オーストラリアではグレートビクトリア砂漠，グレートサンディー砂漠など，北アメリカではモハーベ砂漠，ヒラ砂漠など，南アメリカではアタカマ砂漠などが代表的である．

6.2.14　土地的植生

土地的植生（edaphic vegetation）とは，湿地，池沼，海岸，塩沼地など特殊な立地環境に成立している植生のことである．おもなものとしてマングローブ林，塩沼地植生，池沼植生，海岸植生，湿原植生などがある．

6.3　日本の植生

6.3.1　水平分布と垂直分布

(1) 水平分布

緯度が上がるにつれて気温は変化し，それに伴って植生も変化する．北半球の気候帯は南から**熱帯**，**暖温帯**，**冷温帯**，**亜寒帯**，**寒帯**へと移り変わっていくが，日本では水平的には暖温帯から冷温帯までの範囲である(図 6.11)．植生帯としては，暖温帯に相当するのが**照葉樹林帯**，冷温帯に相当するのが**夏緑樹林帯**である．植物社会学的な植生単位としては，照葉樹林帯に相当するのがヤブツバキクラス域，冷温帯に相当するのがブナクラス域である．

(2) 垂直分布

低地から高地へと標高が上がるにつれて，気温が低下し，植生も変化する．日本の垂直的な土地分布は，下部から低地帯，山地帯，亜高山帯，高山帯に区分されるが，それは植生に基づいている．低地帯ではシイ林，カシ林などの照葉樹林が，山地帯ではイヌブナ林，ブナ林などの夏緑樹林が発達する．また，亜高山帯ではシラビソ-オオシラビソ林，ハイマツ群落，ミヤマナラ

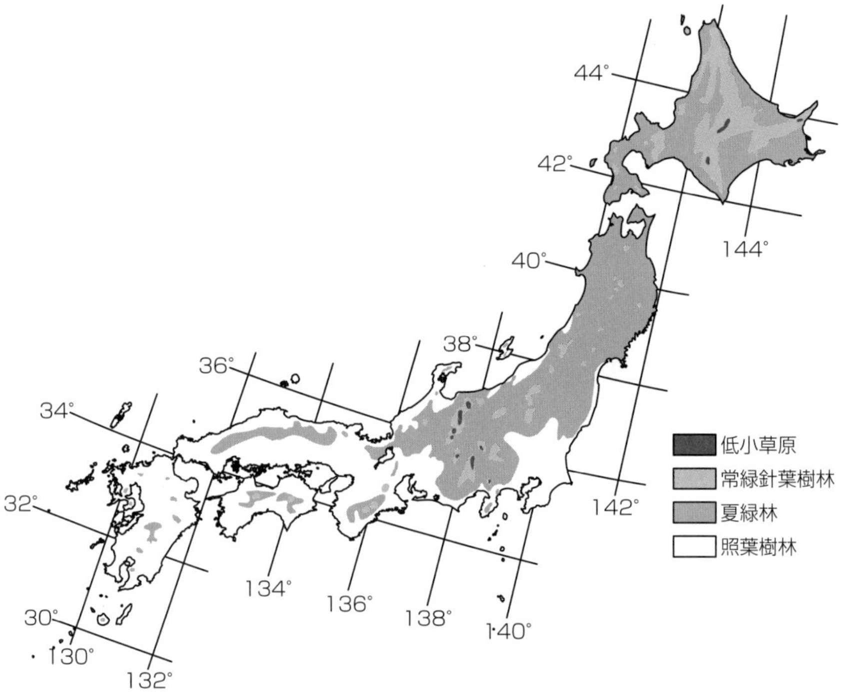

図 6.11　日本の植生の水平分布

中西哲ほか，『日本の植生図鑑 I 森林』，保育社(1983)より．

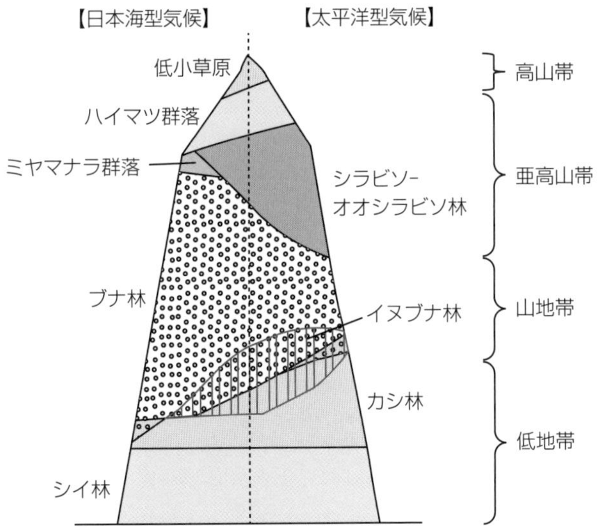

図 6.12　日本の植生の垂直分布
中西哲ほか，『日本の植生図鑑 I 森林』，保育社(1983)より(一部改変).

群落が，高山帯では低層草原が発達する(図 6.12).

中部地方の垂直分布を例にとると，低地帯は標高約 700 m まで，山地帯は約 700 ～ 1500 m，それ以上は亜高山帯である．また，2500 m 付近で大きな樹木が育たない**森林限界**(樹木限界ともいう)になり，これより上部はハイマツの低木群落や高山植生の発達する領域である．中部地方では約 2700 m 以上が高山帯であるが，ハイマツ群落が地形によって上部まで出現するため，亜高山帯と高山帯の境界は明確ではない.

日本海側と太平洋側では垂直分布の様式が少し異なる．日本海側では，ブナ林が太平洋側に比べて上下に広がる．逆にカシ林の上限は，太平洋側で上昇し，日本海側で下降する．また，シラビソ-オオシラビソ林は太平洋側では幅広く，日本海側では狭くなる．日本海側のブナ林の上部にはミヤマナラの低木群落が出現する．この現象は，日本海側が多雪であるためと考えられる.

垂直植生帯と水平植生帯の植生はよく似ているが，垂直植生帯の植生は，その地域の植物相によって組成に影響を受ける．たとえば同じ亜高山帯でも，本州ではシラビソやオオシラビソの林になるが，北海道ではシラビソやオオシラビソは分布しておらず，その代わりエゾマツやトドマツの林になる.

水平分布と垂直分布の区分の名称の対応を表 6.5 に示す.

6.3.2　日本の植生

(1) 自然植生

自然植生(natural vegetation)とは，ほとんど人間の影響を受けずに，気

表 6.5　垂直植生帯と水平植生帯の対応

垂直植生帯	植物社会学的な単位	相観による区分	水平植生帯
低地帯	ヤブツバキクラス	照葉樹林帯	暖温帯
山地帯	ブナクラス	夏緑樹林帯	冷温帯
亜高山帯	トウヒ-コケモモクラス	常緑針葉樹林帯	亜寒帯
高山帯	クロマメノキ-コケモモクラスなど	低小草原帯	寒帯

表 6.6　日本の植物社会学的体系

A. 自然植生

1. ヤブツバキクラス　Camellietea japonicae Miyawaki et Ohba 1963

標徴種：ヤブツバキ，ヒサカキ，ネズミモチ，ヤブニッケイ，シロダモ，ヤブラン，キヅタ，イタビカズラ

a)オキナワジイ-ボチョウジオーダー　Psychotrio-Castanopsietalia lutchensis Hattori et Nakanishi 1983

標徴種・識別種：アカテツ，アカミズキ，アカメイヌビワ，アマミアラカシ，アワダン，オオシイバモチ，クロツグ，ナガミボチョウジ，ハマイヌビワ，ヒイラギズイナ，ヒメサザンカ，ヒメツバキ，ヒョウタンカズラ，ホソバムクイヌビワなど

分布：南西諸島

1)オキナワジイ-ボチョウジ群団　Psychotrio-Castanopsion lutchensis Miyawaki et al. 1971

標徴種・識別種：オキナワジイ，オキナワウラジロガシなど

分布：南西諸島の砂岩，頁岩，粘板岩などの非石灰岩地

2)リュウキュウガキ-ナガミボチョウジ群団　Psychotriomanilensis-Diospyrion maritimae Niiro et al. 1974

標徴種・識別種：リュウキュウガキなど

分布：南西諸島の石灰岩地

b)テリハコブガシ-オオバシロテツオーダー　Boninio-Perseetalia boninensis Ohba et Sugawara 1977

標徴種：テリハハマボウ，ムニンネズミモチ，ムニンナキリスゲ，ヒメフトモモ，シマギョクシンカ，ムニンイヌグス，シマホルトノキ，オガサワラボチョウジ

分布：小笠原

1)テリハコブガシ-オオバシロテツ群団　Boninio-Perseion boninensis Ohba et Sugawara 1977

c)スダジイ-ヤブコウジオーダー　Ardisio-Castanopsietalia sieboldii (Miyawaki et al. 1971) Hattori and Nakanishi 1983

標徴種・識別種：ヤブコウジ，アラカシ，ベニシダ，アオキ，シュンラン，テイカカズラ，オオイタチシダ，ナガバジャノヒゲ，ジャノヒゲ，ヤマイタチシダ，マメヅタ

分布：屋久島以北，本土

1)スダジイ群団　Castanopsion sieboldii Suzuki 1952

標徴種・識別種：スダジイ，コジイ，モチノキ，ムベ，ヤツデ，モッコク，クロガネモチ，カクレミノ，ヒメユズリハ，ヤマモモ，クチナシ，イズセンリョウ，アリドオシ，ジュズネノキなど

(1)スダジイ-ヤクシマアジサイ群集　Hydrangeo-Castanopsietum sieboldii Ohono et al. 1963

標徴種・識別種：ヤクシマアジサイ，オキナワテイカカズラ，サクラツツジ，ホコザキベニシダ，ヤクカナワラビ，ヤクシマシュスランなど

分布：屋久島，種子島

(2)スダジイ-タイミンタチバナ群集　Myrsino-Castanopsietum sieboldii Suzuki 1951

標徴種・識別種：ハナガガシ，アデク，カカツガユ，シロヤマゼンマイなど

分布：九州中南部の低地帯，四国西南部

(3)スダジイ-クロキ群集　Symploco lucidae-Castanopsietum sieboldii Nakanishi et al. 1979

標徴種・識別種：クロキ，サザンカ，マテバシイ，シイモチ，シリブカガシ，ナンゴクアオキなど

分布：九州中北部，山口県，島根県，鳥取県西部，広島県，岡山県西部

(4)スダジイ-ミミズバイ群集　Symploco glaucae-Castanopsietum sieboldii Miyawaki et al. 1971

標徴種・識別種：ミミズバイ，ヤマビワ，コバンモチ，ツゲモチ，トキワガキ，カンザブロウノキ，ヤマモガシ，ルリミノキ，ミサオノキなど

分布：高知県，徳島県，淡路島南部，大阪府南部，紀伊半島沿岸部，静岡県御前崎
(5)コジイ-カナメモチ群集　Photinio-Castanopsietum cuspidatae Nakanishi et al. 1977
標徴種・識別種：カナメモチ，ナナメノキ，タラヨウ，ソヨゴ，クロバイ，リンボクなど
分布：四国，岡山県以東の瀬戸内地域，東海地方
(6)スダジイ-ホソバカナワラビ群集　Arachniodo-Castanopsietum seiboldii Miyawaki et al. 1971
標徴種・識別種：タイミンタチバナ，ホルトノキ，ツルコウジ，ハナミョウガ，ホソバカナワラビ，コバノカナワラビ，フウトウカズラなど
分布：伊豆半島，房総半島南部
(7)スダジイ-オオシマカンスゲ群集　Carici-Castanopsietum sieboldii Ohba 1971
標徴種・識別種：オオシマカンスゲ，ハチジョウシュスラン，シマテンナンショウ，オオキリシマエビネ，シマササバラン，ハチジョウウラボシ，ハチジョウベニシダなど
(8)スダジイ-ヤブコウジ群集　Ardisio-Castanopsietum sieboldii T. Suzuki et Hachiya 1951
標徴種・識別種：スダジイ群団の典型部分で特別な標徴種・識別種はない
(9)スダジイ-トキワイカリソウ群集　Epimedio-Castanopsietum sieboldii Hattori et al. 1979
標徴種・識別種：ヒメアオキ，トキワイカリソウ，チマキザサ，チャボガヤ，アツミカンアオイ，ハイイヌガヤ，ムラサキマユミなど
分布：鳥取県東部以北から新潟県南部までの日本海側
2)ウラジロガシ-サカキ群団　Cyeyero-Quercion salicinae(Suganuma 1965)Miyawaki et al. 1978
標徴種：ウラジロガシ，アカガシ，ミヤマシキミ，ヒイラギ，イヌガヤ，カヤ，アセビ，ユズリハ
(1)イスノキ-シキミ群集　Illicio-Distylietum racemosum Suzuki 1951
標徴種・識別種：イスノキ，ハイノキ，サザンカなど
分布：屋久島の山地，九州照葉樹林帯上部
(2)ウラジロガシ-サカキ群集　Cleyero-Quercetum saline Suzuki et Wada 1949
標徴種・識別種：ヒイラギなど
分布：四国・本州太平洋側の照葉樹林帯上部
(3)ウラジロガシ-ヒメアオキ群集　Aucubo-Quercetum salichinae Sasaki 1958
標徴種・識別種：ヒメアオキ，チャボガヤ，ハイイヌガヤ，ムラサキマユミなど
分布：本州日本海側の照葉樹林帯上部
3)タブノキ群団　Machiklion thunberugii(Suzuki 1966)Hattori et al. 2012
標徴種・識別種：タブノキ，ホルトノキ，カゴノキ，ヤブニッケイなど
潮風の影響を受ける立地に成立する土地的極相
(1)タブノキ-ムサシアブミ群集　Arisaemato ringentis-Perseetum thunbergii Miyawaki et al. 1971
標徴種・識別種：モクタチバナ，ショウベンノキ，シラタマカズラ，アオノクマタケラン，オオイワヒトデ，ギョクシンカなど
分布：九州中部以南・四国南部・紀伊半島の沿岸部
(2)タブノキ-イノデ群集　Polustico-Perseetum thunbergii Suzuki et Wada 1949
標徴種・識別種：イノデなど
分布：九州北部・四国北部・紀伊半島以北・本州日本海側の沿岸部
4)トベラ群団　Pittosporion tobira Nakanishi et Suzuki 1973
標徴種：トベラ，マサキ，シャリンバイ
海岸の崖地に発達し，太平洋側ではウバメガシが優占し，日本海側ではこれを欠く
分布：海岸の崖地など土地的極相

---

2. ブナクラス　Fagetea crenatae Miyawaki, Ohba et Murase 1964
標徴種・識別種：ブナ，ミズナラ，ハウチワカエデ，ツタウルシ，ゴトウヅル，ノリウツギ，シナノキ，オオカメノキ，イワガラミ，ツクバネソウなど
a)ブナ-ササオーダー　Saso-Fagetalia crenatae Suz.-Tok. 1966
標徴種・識別種：ブナクラスに同じ

1) ミズナラ-サワシバ群団　Carpino-Quercion grosseserrate Takeda et al. 1983
標徴種・識別種：エゾヤマザクラ，フタリシズカ，アサダ，チョウセンゴミシ，サッポロスゲ，キタコブシ，オオバボダイジュ，ヨブスマソウ，コンロンソウ，トドマツなど
分布：北海道渡島半島黒松内地域以北
(1) ミズナラ-サワシバ群集　Carpino-Quercetum grosseserratae Toyama et Mochida 1978
標徴種および識別種：オオクマザサ，モミジガサ，カノツメソウ，イワオモダカ，タガネソウ，ヘビノネゴザ，オオサクラソウ，ヌスビトハギ，ガマズミ，サンショウ，キンミズヒキ，エゾノクロクモソウ，ミヤコザサ
分布域：胆振地方室蘭市付近から日高地方襟裳岬に至る太平洋側地域，石狩地方南部千歳市付近および空知地方南部夕張市付近
(2) ミズナラ-フッキソウ群集　Pachysandro-Quercetum grosseserratae Takeda et al. 1983
ミズナラ-ツルシキミ群集に対する識別種：フッキソウ，コバノトネリコ，ヤマモミジ，エゾヤマザクラ，アサダ，ミヤマザクラ，ヒメノガリヤス，フタリシズカ，イヌツルウメモドキ，ハシドイ，ミミコウモリ，イヌエンジュ
ミズナラ-サワシバ群集に対する識別種：オオクマザサ，モミジガサ，タカノツメ，イワオモダカ，タガネソウ，ヘビノネゴザおよびミズナラ-サワシバ群集の標徴種および識別種の欠落
分布域：石狩川下流域一帯から空知地方南部，日高山脈南西側中腹域を経て襟裳岬にかけて，知床半島を除く網走地方，胆振地方南西部豊浦町礼文華付近
(3) ミズナラ-ツルシキミ群集　Skimmio-Quercetosum grosseserratae Takeda et al. 1983
ミズナラ-サワシバ群集に対する識別種:ツルシキミ，チシマザサ，ハイイヌツゲ，ハイイヌガヤ，オオバスノキ，ギョウジャニンニク，エゾユヅリハ，シシガシラ，リョウメンシダ，サンカヨウ，エゾノヨツバムグラ
ミズナラ-フッキソウ群集に対する識別種:フッキソウ，コバノトネリコ，ヤマモミジ，アサダおよびミズナラ-フッキソウ
群集の識別種群の欠落
2) ブナ-チシマザサ群団　Saso kurilensis-Fagion crenatae Miyawaki, Ohba et Murase 1966
標徴種・識別種：チシマザサ，ヒメモチ，エゾユズリハ，ハイイヌガヤ，ツルアリドオシ，マルバマンサク，ハイイヌツゲ，ヒメアオキ，オオバクロモジ，ヤマソテツなど
分布：北海道渡島半島，青森県，秋田県以南の本州日本海側
(1) ブナ-チシマザサ群集　Saso-kurilensis-Fagetum crenatae Suz.-Tok. 1949
標徴種および識別種：オオバクロモジ，チシマザサ，ヤマウルシ，ミネカエデ，オクヤマザサ，マイヅルソウ，ハナヒリノキ，オオバスノキ，コヨウラクツツジ，サンカヨウ，ツルツゲ，クロウスゴ，カワウチザサ，ヤマドリゼンマイ，ムラサキヤシオ
分布域：渡島半島，北陸地方，中部地方北部，東北地方
(2) ブナ-ムラサキマユミ群集　Euonymo lanceolatus-Fagetum crenate Nishimoto et Nakanishi 1984
標徴種および識別種：ムラサキマユミ，ミヤマシグレ，フウリンウメモドキ，ヤマジノホトトギス，クロモジ，タンナサワフタギ，オオイタヤメイゲツ，ヤマボウシ，ミヤマイボタ
分布域：中国山地東部から両白山地南西部
3) ブナ-スズタケ群団　Sasamorpho-Fagion crenatae Miyawaki, Ohba et Murase 1964
標徴種・識別種：スズタケ，ヒメシャラ，クロモジ，ツクバネウツギ，タンナサワフタギ，オオイタヤメイゲツ，ミヤコザサ，ウラジロモミ，クマシデ
(1) イヌブナ-モミ群集　Abieti firmatis-Fagetum japonicae Yoshioka 1952
標徴種および識別種：カヤ，アオキ，オオバジャノヒゲ，アズマネザサ，ヤブムラサキ，シロダモ，イヌツゲ，ヒメシャガ，アカガシ，モミ，キッコウハグマ，フジ，シュンラン，オトコヨウゾメ，ミツバアケビ，チヂミザサ，エゴノキ，ナガバコウヤボウキ，コカンスゲ，ヤブコウジ，タカノツメ
分布域：宮城県石巻市，松島町，柴田郡村田町桜内，福島県阿武隈高地
(2) ブナ-イヌブナ群集　Fagetum japonicae Sasaki 1970
識別種：コゴメウツギ，アズマスゲ，シラキ，イヌシデ，クマシデ，テイカカズラ，オヤリハグマ，マツブサ，サルトリイバラ，マルバアオダモ，バイカツツジ，アワブキ，サンショウ，クリ，タガネソウ，イヌブナ
分布域：岩手県下閉伊郡山田町，宮古市十二神山，東磐井郡室根山，宮城県蔵王山低山部

(3)ブナ-ツクバナンブスズ群集　Saso tsukubensis-Fagetum crenatae Takeda et Ikuta 1986
標徴種および識別種：ツクバナンブスズ，オオイトスゲ，ズダヤクシュ，ヒメゴヨウイチゴ，ホソイノデ，マルバダケブキ，ダケカンバ，コウモリソウ，ミヤマザクラ，コキンバイ，エゾタツナミソウ，イブキヌカボ
分布域：岩手県下閉伊郡岩泉町黒森山，安家森，峠ノ神，亀ヶ森
(4)ブナ-ヤマボウシ群集　Corno-Fagetum crenatae, Miyawaki Ohba et Murase 1964
標徴種および識別種：ヤマボウシ，マメザクラ，イトスゲ，ミヤマイボタ，モミジイチゴ，サラサドウダン，イヌツゲ，マユミ
分布域：中部地方南部，東海地方
(5)ブナ-シラキ群集　Sapio-Fagetum crenatae Sasaki 1970
標徴種および識別種：ウスゲクロモジ，ケクロモジ，ミヤマノキシノブ，ヤマシグレ，コバノガマズミ，ベニドウダン，シロモジ，ナガバモミジイチゴ，コガクウツギ，コバノミツバツツジ
分布域：紀伊半島，四国，九州
(6)ブナ-クロモジ群集　Lindero umbellatae-Fagetum crenatae Horikawa et Sasaki 1959
標徴種および識別種：チマキザサ，アオハダ，ナツツバキ，マツブサ，ダイセンミツバツツジ，オオバクロモジ，チシマザサ，ヒメアオキ，マルバマンサクを欠くこと
分布域：中国山地
(7)イヌブナ-チャボガヤ群集　Torreyo-Fagetum japonicae Nakanishi, Homma et Tasumi 1970
標徴種および識別種：チャボガヤ，ハイイヌガヤ，ヒメアオキ，ヒメモチ，ミヤマシグレ，ヤマソテツ，ミヤマカタバミ
分布域：中国地方
b)ハルニレ-シオジオーダー　Fraxino-Ulmetalia Suz.-Tok. 1967
山地渓畔林
1)サワグルミ群団　Pterocaryon rhoifoliae Miyawaki, Ohba et Murase 1964
2)ハルニレ群団　Ulmion dacidianae Suz.-Tok. 1954

---

3. トウヒ-コケモモクラス　Vaccinio-Piceetea Br.-Bl. 1939
標徴種：コミヤマカタバミ，ツマトリソウ，ミヤマワラビ，シラネワラビ，コケモモ
a)トウヒ-シラビソオーダー　Abieti-Piceetalia, Miyawaki et al. 1968
標徴種：ミツバオウレン，ミヤマフタバラン，ゴゼンタチバナ，ヒメタケシマラン
1)トウヒ-シラビソ群団　Abieti-Piceion Miyawaki et al. 1968
オオシラビソ-シラビソ群集，シラビソ群集
2)クロベ-シャクナゲ群団　Rhododendro-Thujion standishii Miyawaki et al. 1968
クロベ-アカミノイヌツゲ群集，ヒノキ-シノブカグマ群集，スギ-ヤマソテツ群集
b)ハイマツ-コケモモオーダー　Vaccinio-Pinetalia pumilae Suz.-Tok. 1964
1)ハイマツ-コケモモ群団　Vaccinio-Pinion pumilae Suz.-Tok. 1964
コケモモ-ハイマツ群集
4. ダケカンバ-ミヤマキンポウゲクラス　Betulo ermanii-Ranunculetea acris japonici Ohba 1968
標徴種および識別種：ダケカンバ，オオバスノキ，エゾノヨツバムグラ，オガラバナ，ヒメノガリヤス，クロツリバナ，ミヤマメシダ，ミネザクラ，タカネノガリヤスほか(亜高山広葉樹林および広葉草原)
5. ミネズオウ-エイランタイクラス　Cetrario-Loiseleurietea Suz.-Tok. et Umezu 1964
高山風衝矮生低木群落
6. アオチャセンシダクラス　Asplenietea rupestris Br.-Bl. 1934
高山および亜高山岩隙植物群落
7. ヒゲハリスゲ-カラフトイワスゲクラス　Carici rupestris-Kobresietea bellardii Ohba 1974
高山風衝草原
8. イワツメクサ-コマクサクラス　Dicentro-Stellarietea nipponicae Ohba 1969
高山荒原植物群落
9. ジムカデアー-オノツガザクラクラス　Phyllodoco-Harrimanelletea Knapp 1954

雪田群落
10. ハンノキクラス　Alnetea japonicae Miyawaki, K. Fujiwara et Mochizuki 1977
低地の湿地に成立する夏緑林，沼沢林
11. オノエヤナギクラス　Salicetea sachalinenseis Ohba 1973
河辺に発達する夏緑林
12. ミズゴケ-ツルコケモモクラス　Oxycocco-Sphagnetea Br.-Bl. et Tx. 1943
高層湿原凸地
13. ホロムイソウクラス　Scheuchzerietea palustris Den Held, Barkman et Westhoff 1969, em Tx., H. Suzuki et K. Fujiwara 1970
高層湿原凹地
14. ヌマガヤオーダー　Mokoniopsietalia japonicae Miyawaki et K. Fujiwara 1970
中間湿原
15. ヨシクラス　Phragmitetea Tx. et Prsg. 1942
低層湿原
16. オカヒジキクラス　Salsoletea komrocii Ohba, Miyawaki et Tx. 1973
海岸汀線植物群落
17. ハマニンニク-ハマハコベクラス　Honckenyo-Elymetea Tx. 1966
海岸礫地草原
18. ハマボウフウクラス　Glehnietea littoralis Ohba, Miyawaki et Tx. 1973
海岸砂丘群落
19. ハマゴウクラス　Vitecetea rtundifoiae Ohba, Miyawaki et Tx. 1973
海岸砂丘低木群落
20. ウラギククラス　Asteretea tripolium Westehoff et Beeftink 1962
塩生地群落
21. ヒルムシロクラス　Potamogetonetea Tx. et Preg. 1942
浮葉・沈水植物群落

B. 代償植生
22. ブナクラス，コナラ-イヌシデオーダー
a）コナラ-イヌシデオーダー　Carpino-Queecetalia serratae Takeda 2004
標徴種・識別種：コナラ，クリ，イヌシデ，ヤマザクラ，フジ，ムラサキシキブ，カスミザクラ，コウヤボウキ，イボタノキ，マルバアオダモ，ウラジロノキ，アカマツ，ナツハゼ，ヒカゲスゲ，ミヤマナルコユリ，イチヤクソウ，ウリカエデ，シュンラン，テイカカズラ，ヘクソカズラ，ヤブムラサキ，ヤマウグイスカグラなど
1）コナラ-イヌシデ群団　Carpinio-Quercion serrate Miyawaki et al. 1971
2）アカマツ群団　Pinion densiflorae Suz.-Tok. 1966
23. ススキクラス　Miscathetea sinensis Miyawaki et Ohba 1970
刈取り草原・放牧地
24. ヨモギクラス　Artemisietaea princeps Miyawaki et Okuda 1972
路傍植物群落
25. オオバコクラス　Plantaginetea maioris Tx. et Prsg. 1950
踏みつけ群落
26. タウコギクラス　Bidentetea tripartiti Tx., Lohm et Prsg. 1950
流水辺一年生植物群落
27. イネクラス　Oryetea sativae Miyawaki 1960
水田耕作地雑草群落
28. シロザクラス　Chenopodietea Br.-Bl. 1951
畑耕作地雑草群落

候や地形などの自然環境によって成立している植生である．日本のおもな植物社会学的体系を表 6.6 に示す．ここで群集は多岐にわたるので，群団以上を説明している．ただし，ヤブツバキクラスおよびブナクラスについては群集も記載している．

① 暖温帯，低地帯の植生

日本の暖温帯および低地帯では照葉樹林が発達し，植物社会学的体系ではヤブツバキクラスに位置づけられる．このヤブツバキクラスは，さらにオキナワジイ-ボチョウジオーダー，テリハコブガシ-オオバシロテツオーダー，スダジイ-ヤブコウジオーダーの三つに区分される．

オキナワジイ-ボチョウジオーダーは，オキナワジイ，オキナワウラジロガシが優占する群落で，南西諸島に分布する．また，テリハコブガシ-オオバシロテツオーダーはシマホルトノキ，テリハコブガシなどが優占する群落で，小笠原諸島に分布する．一方，スダジイ-ヤブコウジオーダーはスダジイ，コジイ，ウラジロガシ，アカガシなどが優占する群落で，屋久島以北の日本列島に分布する．

スダジイ-ヤブコウジオーダーは，さらにスダジイ群団，ウラジロガシ-サカキ群団，タブノキ群団，トベラ群団に区分される．スダジイ群団は低地のスダジイ，コジイなどが優占する群落で，低地に発達する．図 6.13 にスダ

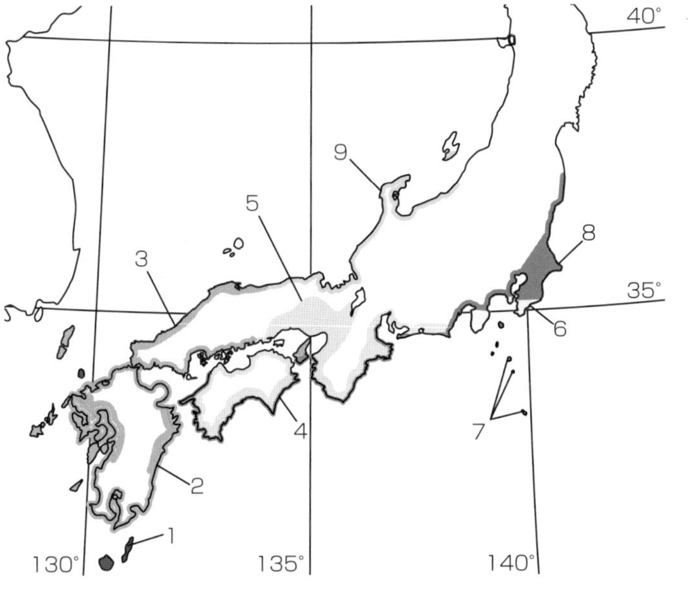

図 6.13　スダジイ-ヤブコウジ群に属する群集の分布

1：スダジイ-ヤクシマアジサイ群集，2：スダジイ-タイミンタチバナ群集，3：スダジイ-クロキ群集，4：スダジイ-ミミズバイ群集，5：コジイ-カナメモチ群集，6：スダジイ-ホソバカナワラビ群集，7：スダジイ-オオシマカンスゲ群集，8：スダジイ-ヤブコウジ群集，9：スダジイ-トキワイカリソウ群集．服部保，『照葉樹林』，神戸群落生態研究会(2014)より．

図 6.14　ウラジロガシ-サカキ群に属する群集の分布

1：ウラジロガシ-イスノキ群集，2：ウラジロガシ-サカキ群集，3：ウラジロガシ-ヒメアオキ群集．服部保，『照葉樹林』，神戸群落生態研究会(2014)より．

ジイ群団とそれに属する群集の分布を示す．ウラジロガシ-サカキ群団はスダジイ群団よりも高地に発達する．**図 6.14** にウラジロガシ-サカキ群団とそれに属する群集の分布を示す．これら2群団が気候的極相林であるのに対して，タブノキ群団ではタブノキが優占し，海岸沿いの潮風の影響がある立地に成立する土地的極相である．また，トベラ群団も海岸の崖地に成立する土地的極相林である．

② 冷温帯，山地帯の植生

冷温帯および山地帯では夏緑樹林が発達する．これらは植物社会学的にはブナクラスに位置づけられる．このクラスはさらにブナ-ササオーダー，ハルニレ-シオジオーダーの二つに区分される．

ブナ-ササオーダーはブナまたはミズナラが優占する気候的極相林で，ハルニレ-シオジオーダーは，ハルニレ，シオジ，サワグルミなどが優占する山地渓谷に発達する土地的極相である．山地畦畔(けいはん)は洪水など不定期な攪乱を受ける．

ブナ-ササオーダーは，さらにミズナラ-サワシバ群団，ブナ-チシマザサ群団，ブナ-スズタケ群団に区分される．ミズナラ-サワシバ群団はミズナラが優占し，ブナを欠く森林群落で，北海道渡島半島以北に分布する．またブナ-チシマザサ群団は，ブナが優占し，北海道渡島半島以南，本州東北地方から近畿地方までの日本海側の多雪地帯に分布する．そしてブナ-スズタケ

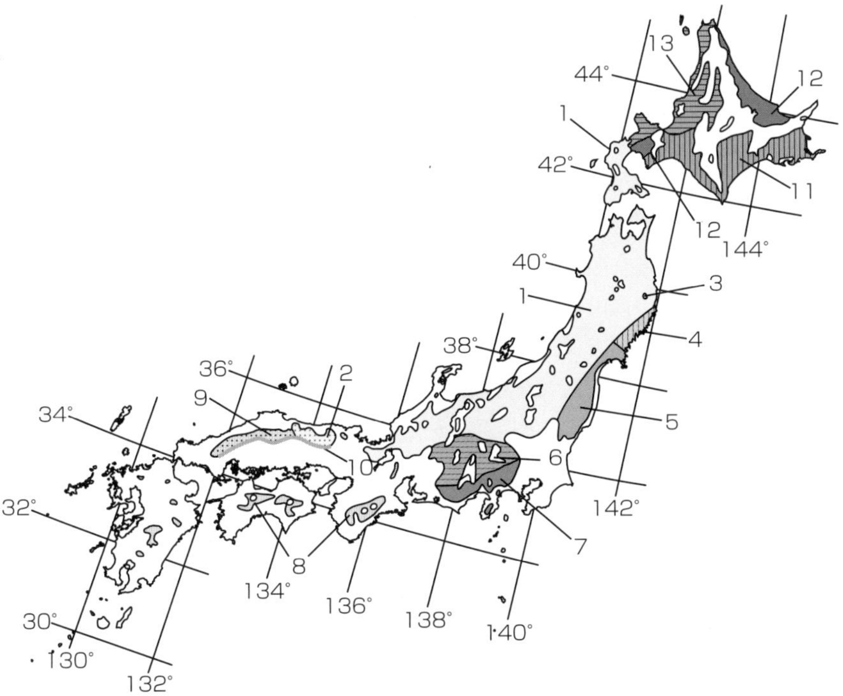

図 6.15 ブナクラス・ブナ-ササに属する群集の分布
【ブナ-チシマザサ群団】1：ブナ-チシマザサ群集，2：ブナ-ムラサキマユミ群集．【ブナ-スズタケ群団】3：ブナ-ツクバナンブスズ群集，4：ブナ-イヌブナ群集，5：イヌブナ-モミ群集，6：ブナ-スズタケ群集，7：ブナ-ヤマボウシ群集，8：ブナ-シラキ群集，9：ブナ-クロモジ群集，10：イヌブナ-チャボガヤ群集．【ミズナラ-サワシバ群団】11：ミズナラ-サワシバ群集，12：ミズナラ-フッキソウ群集，13：ミズナラ-ツルシキミ群集．

群団は，本州東北地方から近畿地方までの太平洋側および中国山地，四国と九州の降雪の少ない地域に分布する．これらの群団とそれぞれに属する群集の分布を図 6.15 に示す．

③ 亜高山帯の植生

亜高山帯では常緑針葉樹林が発達する．これらの群落はトウヒ-コケモモクラスに位置づけられ，トウヒ-シラビソオーダーとハイマツ-コケモモオーダーを含む．トウヒ-コケモモオーダーには，シラビソやオオシラビソなどの常緑針葉樹が優占するトウヒ-シラビソ群団が含まれ，ハイマツ-コケモモオーダーにはハイマツが優占するハイマツ-コケモモ群団が含まれる．ハイマツ-コケモモオーダーはトウヒ-シラビソオーダーより標高の高いところに発達する．

亜高山帯にも夏緑広葉樹林があり，ダケカンバが優占する．ダケカンバ群落は，積雪の多い地域の雪崩頻度が高い谷沿いや風背地の吹きだまりなどに発達する．この群落はミヤマキンポウゲ-ダケカンバクラスに位置づけられる．

④ 高山帯の植生

高山は標高が高いため，気温が低く，強風が吹くなど環境が厳しい．とくに冬期の低温，降雪，強風などは植生に大きな影響を及ぼす．そこで，それぞれの環境に対応して植生が発達している．風当たりの強い場所では，ミネズオウ-エイランタイクラスのような高山風衝矮性低木群落が見られる．さらに風が強く礫(れき)が移動するような場所では，ヒゲハリスゲ-カラフトイワスゲクラスのような高山風衝草本群落に変わる．また岩場では，アオチャセンシダクラスの高山および亜高山岩隙植物群落が発達する．一方，礫の移動があるような場所では，イワツメクサ-コマクサクラスの高山荒原植物群落が見られる．さらに残雪があるような湿性な立地では，ジムカデ-アオノツガザクラクラスのような雪田群落が発達する．

⑤ 土地的な植生

気候的な要因より土地的な要因のほうが大きく作用する場所では，気候的極相と異なる植生が発達する．

低地帯の湿性な立地では，ハンノキクラスに属するハンノキ群落やヤチダモ群落が成立する．また，上流から下流までの河川沿いや中州には，ヤナギ類が優占するオノエヤナギクラスの群落が発達する．さらに高山・亜高山の湿地では高層湿原が発達する．高層湿原ではイネ科やカヤツリグサ科の植物が優占し，ミズゴケ類が発達する．これらミズゴケの死骸は低温のため十分に腐らず，泥炭となって蓄積する．この高層湿原には，凸地に発達するミズゴケ-ツルコケモモクラスと凹地に発達するホロムイソウクラスがある．

一方，低地の湿地は泥炭が蓄積しない低層湿原となり，ヨシ，ガマ，マコモなどの抽水植物群落が発達し，ヨシクラスに位置づけられている．抽水植物とは，根元は水に浸かっているが，茎や葉が立ち上がって水面から出ている植物である．そのほか，高層湿原と低層湿原の中間にあたる湿原があり，やや泥炭の蓄積が見られる．この湿原を中間湿原と呼び，イヌノハナヒゲやコイヌノハナヒゲなどのカヤツリグサ植物や，イネ科のヌマガヤが優占するヌマガヤオーダーが発達している．

(2) 代償植生

代償植生(secondary vegetation)とは，自然植生が人間によって破壊され，その後に二次的に成立した植生である．元の植生とは異なることが多い．日本の植生の大部分は改変されて代償植生になっている．森林の代償植生は二次林と呼ばれ，草原は二次草原または半自然草原と呼ばれる．

里山とは人間が昔から利用してきた山で，そのほとんどが代償植生の森林になっている．代表的な群落体系としてコナラ-イヌシデオーダーがある．これは森林群落であり，一部，自然植生も含まれるが，ほとんどが代償植生である．代表的なものとして次の二つの群団が含まれる．これらは里山の森林の大部分を占めている．

コナラ-イヌシデ群団：ミズナラ，コナラ，アベマキなどの夏緑樹が優占する代償植生の群落である．ブナクラスであるが，低地帯から山地帯まで分布する．

アカマツ群団：アカマツが優占する群落で，自然植生と代償植生が含まれる．コナラ-イヌシデ群団と同様，低地帯から山地帯まで分布する．

日本では，自然草原は高山，湿原，河川，海岸などに形成されているが，それほど多くない．里山と同様に重要な資源として利用されてきたのが，森林を伐採したり焼き払ったりしてつくりだしてきた**二次草原**である．この草原は放牧で利用されたり，水田や畑に入れる緑肥や屋根の茅(かや)の採集場として活用されたりしてきた．草原の維持には，刈取りや火入れを毎年行わなければならない．しかし近年では，これらの利用が減り，明治時代に比べると二次草原が数% に減ったといわれる．そのため草原性の植物や昆虫も減少している．これらの草原はススキが優占することが多く，ススキクラスにまとめられている．

草刈りが頻繁に行われる道端には，ヨモギやギシギシなどが生育するヨモギクラスの植生が発達し，農道やグラウンドの隅など人に踏みつけられる影響を受けるような場所では，オオバコやカゼクサなど踏みつけに強いオオバコクラスの植生が発達する．

河川や水田など攪乱が激しく湿生の立地では，タウコギクラスやイネクラスの植生が発達する．タウコギクラスではミゾソバやヤナギタデが優占群落を形成する．またイネクラスでは，コナギ，ウリカワ，アゼナなどさまざまな植物が優占する．

Column

里山の生態系

里山とは，里近くで古くから利用されてきた山である．稲作を行うためには肥料が必要であるが，山の木を切り，焼いて木灰(きばい)にしたり，草を刈って堆肥にしたりして，肥料に利用してきた．また，生活を営むためには家事や暖房のための燃料も必要で，薪(まき)，柴，炭なども里山から得ていた．そのため何度も里山の木が伐採され，本来の自然植生とは異なった植生が形成されてきた．長期間にわたる利用で生まれた新しい生態系は，比較的生物多様性に富んでいるが，利用が過度になると木が再生できず，はげ山になり，生物多様性も低下する．

関西地方の里山林はアカマツ林やコナラ林などの代償植生になったが，1960 年代から燃料は薪や炭から石炭，石油，電気などに代わっていき，里山が利用されなくなった．そのため里山が放置され，遷移が進み，アラカシなどの常緑樹が増えた．常緑樹が増えると林床が暗くなるので，下層の植生が貧弱になり，林の構成種も少なくなり，生物多様性が低下する．人間が手をいれて維持されてきた高い生物多様性が，逆に放置されることで低下を招いている．

6.4　植物群落の遷移

植物群落は，人為的な影響がない場合，周囲の自然環境と調和するように成立する．火山活動や隆起によって新しい生息環境ができた場合，また，自然災害や人為的な要因でその植物群落が破壊された場合，植物群落は新しく侵入したり，残っているものから再生したりして，周囲の自然環境と平衡がとれるように変遷していく．この変遷の過程を**生態遷移**(ecological succsession)といい，最終的に周囲の自然環境と平衡がとれた状態を**極相**(climax)と呼んでいる．

6.4.1　遷移の原因

遷移は一般的に，裸地→草本植物群落→陽樹低木群落→陽樹高木群落→陰樹高木群落の方向で進む(図6.16)．遷移が進む原因としては，環境条件の外的変化，植物による環境への応答作用，植物間競争などが考えられる．環境条件の外的変化としては，土地の乾燥化や湿性化などの立地の変化や，近年の温暖化などの急激な気候変動がある．このような外部的な要因による遷移を**他発的遷移**(allogenic succession)という．

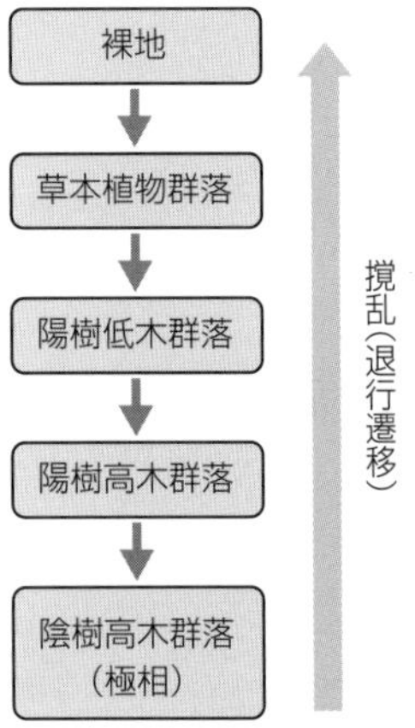

図6.16　植物群落の遷移

植物は環境によって影響されるが，植物も環境に作用し，環境を変える．たとえば植物が枯死し，分解され有機物となって土壌に蓄積し，土壌を団粒構造に変えると，水分や栄養塩類の保持力が高まったりpHが変化したりして土壌環境を変える．それによって生育できる植物が変わることもある．このような植物自身が環境を変えることで始まる遷移を**自発的遷移**(autogenic succession)という．

植物は光合成を行い，成長する．そのため光をめぐる競争が起こる．光に対する要求が同じであれば，背の高い植物が低いものより有利となり，背の低い植物は駆逐される．また光要求が低ければ，高いものに勝る．したがって，陽生植物よりは陰生植物のほうが有利であり，森林が極相であれば，最終的には陰樹の林が優占することになる．

6.4.2　遷移系列

遷移が始まるためには，まず植物が存在しなければならないが，新しく噴出した溶岩・噴出物上や新島ではまったく植物が存在しない．最初に現れる植物は，種子などの散布体が風で運ばれたり鳥によって運ばれたりして侵入する．新島などでは海流による散布も考えられる．このように植物がまったくない場所から始まる遷移を**一次遷移**(primary succession)と呼び，人間などにより破壊されたが，ある程度植物が存在する場所から始まる遷移を**二次遷移**(secondary succession)という．また，遷移が溶岩や噴出物上などの乾いた場所から始まる遷移を**乾性遷移**(xerosere)といい，湖沼などの湿った場所から始まる遷移を**湿性遷移**(mesosere)という．

(1) 一次遷移

2012年，服部保らは桜島の溶岩上の植生を調査し，その乾性遷移を明らかにした．桜島の溶岩は噴出した年代がわかっているので，その上の植生を調べることで時系列的な遷移を追うことができる．噴出後約20年で，ハナゴケなどの地衣類やスナゴケなどの蘚類が侵入してくる．さらに約50年で，イタドリ，ススキ，タマシダなどの草本群落が成立する．その後約100年から150年で，ヤシャブシ，ノリウツギ，クロマツなどの陽樹低木群落が優占するようになる．さらにこれらが成長し，陽樹高木群落になり，その後，すでに侵入しているアラカシ，ネズミモチなどの陰樹が大きくなり，150～300年でタブノキの優占する林になる．最終的には約600年で，極相であるスダジイ林へと移行する(図6.17)．

一方，湿性遷移の例として，愛知県豊橋市の大池で1950年から15年間の植生の変化が観測された．1950年当時，マコモやハスなどの抽水植物群落の面積はわずかだったが，1965年には池の半分以上を占めるようになった．それとは逆に，ヒシやガガブタなどの浮葉植物群落の面積がかなり減った．これは，土砂などが流れ込み，池が浅くなったためと考えられる(図6.18)．

(2) 二次遷移

森林などが伐採されると，そこから新しい遷移が始まる．伐採されると切り株や土の中に埋もれている埋土種子から発芽して，遷移が始まる．2001年の神戸市の六甲山の例では，伐採後にアカメガシワ，ヌルデ，タラノキ，ニガイチゴなどの埋土種子から発芽したもの，ベニバナボロギク，クロマツ，アカマツなどの種子が風によって散布されたもの，ヒサカキ，コバノミツバツツジ，ソヨゴなどの切り株から萌芽してきたものによって，最初の群落が形成された．

伐採などが繰り返されると，植生は回復せず，徐々に後退し，最後にははげ山になってしまう．このように何らかの原因で極相とは逆の方向に進む遷移を**退行遷移**(retrogressive succession)という．また，環境の改変が著しく，

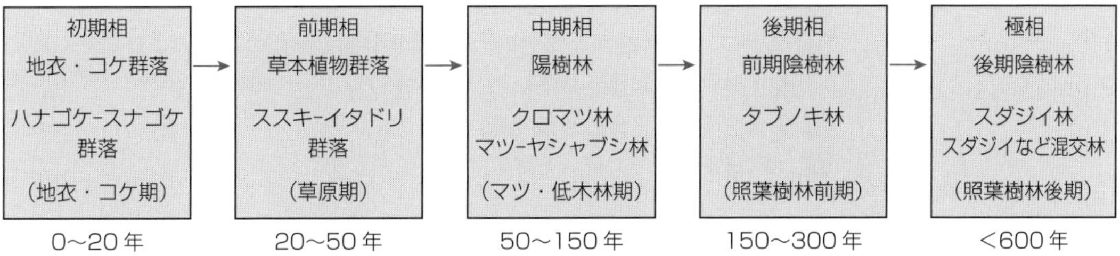

図6.17　桜島溶岩上の乾性遷移系列
服部保，『照葉樹林』，神戸群落生態研究会(2014)より．

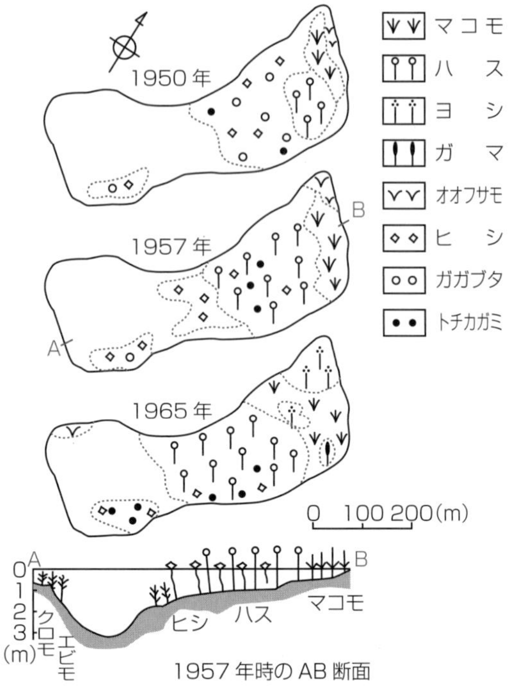

図6.18　大池の湿性遷移系列
15年間の変化と断面．沖合のハスの侵出，後方でマコモの侵出，ヨシ，ガマの侵入が注目される（愛知県豊橋市）．沼田真編著，『図説植物生態学』，朝倉書店（1969）より．

通常の遷移とは異なった方向に進む遷移を**偏向遷移**（plagiosere）と呼んでいる．

一次遷移，二次遷移ともに，その地域の自然環境とバランスのとれた極相に収れんしていく．遷移初期に侵入する種を**先駆種**（pioneer species），中期に出現する種を**中期種**（medium species），後期に出現して極相を形成する種を**後期種**（later species）と呼んでいる．

練習問題

1 植物群落のおもな分類方法を述べなさい．
2 照葉樹林と硬葉樹林の違いを述べなさい．
3 植生の垂直分布と水平分布の違いを述べなさい．
4 日本の植生の垂直分布の特徴を述べなさい．
5 ブナ-スズタケ群団とブナ-チシマザサ群団の種類組成，および成立している環境の違いを述べなさい．
6 多発的遷移と自発的遷移の違いを述べなさい．
7 一次遷移について桜島を例に挙げて説明しなさい．

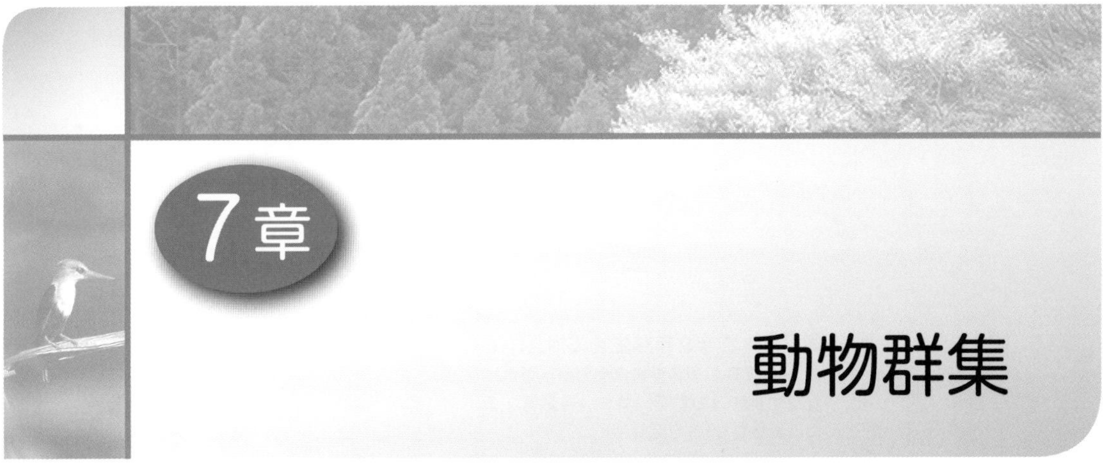

7章 動物群集

動物とは，一般には約30の門からなる動物界に属する生物を指す．体長1 mmに満たないクマムシ（緩歩動物門）や，モデル生物として盛んに研究が行われ多細胞生物として初めてゲノム解読がなされたセンチュウ（線形動物門），30 mに達するシロナガスクジラ（脊索動物門）まで含まれる．動物に共通する特徴は，感覚や運動性があり，かつ他の生物やデトリタスを摂食する従属栄養生物という点である．そのため，約5～6億年前に動物が出現して以降，捕食や競争といった他の生物との関わりを通して，地球上に複雑な食物網が発達してきた．この章では，動物が関わる生物間相互作用を中心に学び，生態系におけるその役割について理解しよう．

7.1　生物間相互作用の分類

ほとんどの生物は，他の生物とさまざまな関係を結びながら生活している．このような生物同士の間に働く作用・反作用を**生物間相互作用**（biological interaction）と呼んでいる．生物間相互作用は，生物群集の形成過程や動態に影響するだけでなく，物質循環を変えたり，自然選択や種分化の引き金になることで生物多様性の創出に貢献したりしている．

生物間相互作用をその波及効果の損益（正か負の影響，または影響なし）で区分した場合，**競争**（competition），**捕食**（predation），**相利**（mutualism），**片利**（commensalism）および**片害**（amensalism）に整理することができる（図7.1）．競争とは，生物同士が共通の利用資源をめぐって互いの個体群密度や繁殖率などに負の影響を及ぼし合う関係である．捕食は，捕食者と被食者（餌生物）の間の食う-食われるの関係を指し，食う側の個体群には正，食われる側の個体群には負の効果を与える．宿主の体から栄養を摂取する寄生や，一次消費者による植食も捕食関係と見なすことができる．これに対し，双方に利益が生じる関係が相利であり，一方は得も損もしないが他方のみが利益

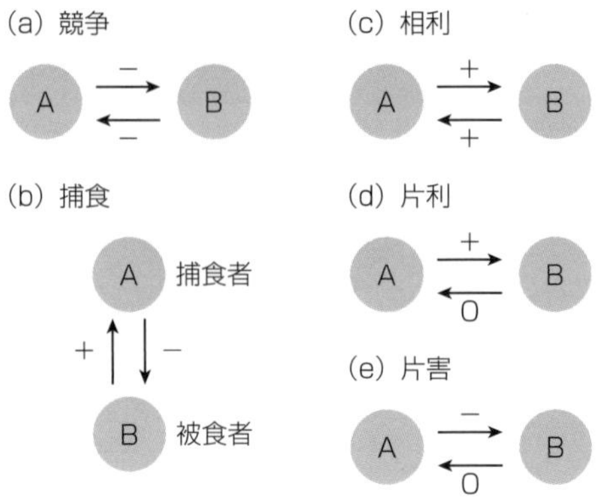

図 7.1　さまざまな生物間相互作用
種 A と種 B の個体群密度や繁殖率などに及ぼす正(+)の影響，負(−)の影響，または影響なし(0)を記している．

を得る関係が片利，他方のみが負の影響を被る関係が片害である[*1]．動物群集ではこれらすべてのタイプの相互作用が見られるが，この章ではとくに動物の栄養様式に着目して捕食を中心に学んでいこう(競争については2章，相利や片利については3章を参照)．

*1　相利には，植物と花粉を運ぶ送粉者(ポリネーター)との関係や，互いに栄養物質を与えるマメ科植物と窒素固定細菌の関係がよく知られている．片利には，コバンザメのように，大型のクジラやサメから餌の余り物を得て一方的に利益を得ている例がある．片害には，森林内の植物同士における光をめぐる競争のように，背の低い植物が高木による遮光の害を一方的に受ける場合が挙げられる．

7.2　機 能 群

複雑な食物網のなかで，どの生物種間で捕食-被食関係や餌をめぐる競争が作用しているのかを見分けるのは容易ではない．しかし，資源の利用様式を元に動物群集を分類することで，潜在的に相互作用する種を把握することができる．同じ資源を類似の様式で利用するグループを**機能群**(functional group)または**ギルド**(guild)と呼んでいる．たとえば，植物プランクトンを摂食するゲンゴロウブナ(魚類)とミジンコ(甲殻類)はともに藻食ギルドであり，同じ生息場所に分布する場合は餌をめぐる競争関係が生じる可能性がある．さらに採餌様式で細かく分けた場合，同じ藻類食でも，植物プランクトンを細かい肢毛で濾しながら摂食するミジンコ(*Daphnia*)と，ついばんで摂食するカイアシ類(ケンミジンコなど)は，異なる採餌ギルド(沪過食者とついばみ食者)に区分される．両者は採餌様式が異なることで，植物プランクトンの量や種組成に異なった影響を及ぼす．河川では，採餌様式に従って無脊椎動物を摂食機能群(または摂食ギルド)に分類し，食物網の解析や各摂食機能群が物質循環に及ぼす影響を評価することがよく行われている(図 7.2)．ギルドは資源の利用様式やニッチに着目した分類であるため，ゲンゴロウブナとミジンコのように系統の大きく異なった生物種同士が同じグループに属することも多い．同じギルド内の種同士では種間競争が強く働く一方で，生物間相互作用を通して群集に及ぼす影響は同じギルドに属する種ほど似ていると考えられる[*2]．

*2　同じギルドに属する捕食者同士は，餌をめぐって競争するだけでなく，互いに捕食することもある．このような相互作用をギルド内捕食と呼んでいる(4章参照)．ギルド内捕食は，陸域の節足動物(昆虫やクモ)や水域の捕食者(肉食魚など)でよく見られる種間関係である．

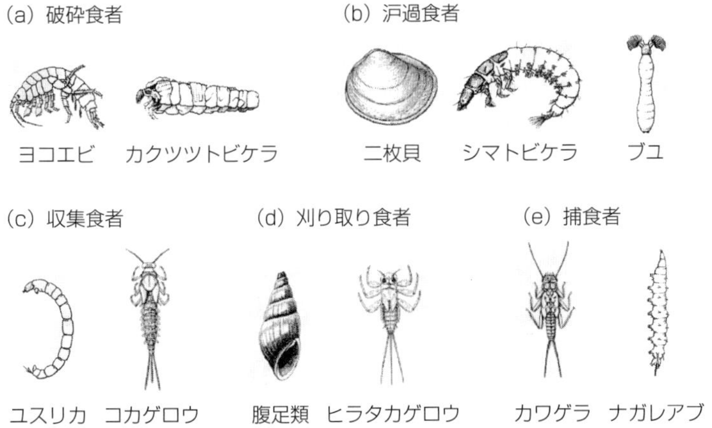

図 7.2　水生無脊椎動物の摂食機能群
河川に生息する無脊椎動物を採餌様式によって分類している．(a)破砕食者(shredder)：河川に流入する落葉などを破砕して摂食する．(b)沪過食者(filterer)：水中の細粒有機物を沪過して摂食する．(c)収集食者(gatherer)：堆積物や川底付近の餌を集めて摂食する．(d)刈り取り食者(scraper)：石面に生える付着藻類を刈り取って摂食する．(e)捕食者(predator)：他の生きた動物を捕食する．F. R. Hauer, G. Lamberti eds.,"Methods in Stream Ecology, 2nd Ed.," Academic Press(2007)を元に作成.

7.3　捕食・植食・寄生

動物が栄養摂取のために他の生物を消費することが捕食であり，食う側を**捕食者**(predator)，食われる側を**被食者**(prey)という(図 7.1 参照)．捕食のうち被食者が動物である場合を**肉食**(carnivory)，被食者が植物である場合を**植食**(herbivory)という．捕食者が被食者の体内や体表で生活しながら，宿主を殺すことなくその体から栄養を摂取する場合が**寄生**(parasitism)である．ただし，**捕食寄生**(parasitoid)は最終的に宿主を食い殺してしまう点で，一般的な寄生とは異なっている[*3]．捕食は被食者個体群を致死的に減少させたり，行動や分布を変化させたりする．このように捕食者が被食者の個体数やバイオマス，生存率，成長・増殖速度，行動，分布などに及ぼす影響を**トップダウン効果**と呼んでいる．トップダウン効果が淘汰圧となり，被食者に適応進化が生じることがよく知られている．また，捕食者が餌生物のなかで競争に優位な種を特異的に減らすことで，競争に優位な種と劣位な種の共存が可能になる場合もある．このように，捕食は動物群集を支える栄養的側面だけでなく，被食者の進化や個体群の変動の原動力となったり，生物群集の種多様性を高める機能を果たしたりする重要な相互作用である[*4]．

肉食者や捕食寄生者は最終的に被食者を致死させるが，植食者や寄生者は被食者(植物や宿主)を殺さずに体の一部のみを消費することが多い．とくに陸上植物は大型であるため，植食者は葉や種子，果実など一部の器官のみを利用することがほとんどである．この場合，植食者が植物に及ぼす致死的効

＊3　代表的な捕食寄生者に寄生バチが挙げられる．寄生バチの雌は，寄主である昆虫の体や卵の中に卵を産みつけ，孵化した幼虫は寄主の中で幼虫期を過ごす．やがて羽化して，成虫となる段階で寄主を殺し，その体から脱出するという生活史をもっている．

＊4　捕食者が存在することで食物連鎖が高次栄養段階へと縦方向に拡大し，群集内における種間関係が複雑になる．このように捕食は，複雑な生物間相互作用網をつくりだす役割を果たしている．

果は小さく，肉食者が餌生物に及ぼすトップダウン効果とはその影響の大きさや質が異なっている[*5]．また，葉食性昆虫による食害に対し，植物はその損失を補うために成長を促進させるなどの正の応答を示すこともある．

寄生は，特定の**宿主**(または寄主，host)の体内や体表で生活し，そこから栄養を摂取する特殊な捕食-被食関係(predator-prey interaction)である．寄生者には多様な生物群が知られており，よく知られているものにはカイチュウやセンチュウなどの線形動物，マラリア原虫などの原生生物，節足動物(ノミ，ダニなど)の動物のほかに，細菌や真菌などの微生物や無生物であるウイルスも含まれる[*6]．病原性の細菌やウイルスは，時として宿主個体群の死亡率を大きく上昇させることもある．寄生者の多くは宿主の体内で生活する**内部寄生者**(endoparasite)であるが，宿主の体表で生活する**外部寄生者**(ectoparasite)も少なくない．たとえば，クジラ類の体表に外部寄生する甲殻類のクジラジラミは有名である．寄生者の生活環はきわめて多様であり，複数の中間宿主を経て終宿主へ寄生するものも多い．他の宿主への転換様式は，寄生者自身が直接移動する場合や，宿主が次の宿主に捕食されることで寄生生物が感染していく場合がある．

*5　植食の影響には，食害による成長速度の低下や，特定の植物が選択的に採餌されることで植物群落の種組成が変化するなどの例が挙げられる．植物は動物と異なって，移動することができないため，成長速度の遅い植物ではとくに，植食者の影響を抑えるための被食防衛戦略(7.4節参照)が進化することが多い．

*6　樹木を宿主とし，水や栄養を摂取するヤドリギのように寄生性の植物もある．

7.4　被食防衛戦略

捕食-被食関係は，しばしば自然選択の強い淘汰圧として作用する．被食者は，捕食を避けるためにさまざまな適応的形質を進化させている．また，被食者の防衛に対抗する形質を捕食者が進化させる共進化もまれではない[*7]．被食防衛には，捕食者との遭遇を避けるための一次的防衛と，捕食者と遭遇後の被食率や死亡率を低下させるような二次的防衛がある(**表 7.1**)．

捕食者が存在する場所からの**逃避**(refuge)は，遭遇確率を下げる一次的な

*7　捕食者のいない島嶼(とうしょ)の生物は被食防衛戦略を十分に進化させていないことがある．このような地域に捕食者が侵入すると，被食者個体群が壊滅的な影響を被ることがある．

表 7.1　捕食を避けるための防衛戦略

防衛戦略	形質	例
一次的戦略		
逃避	捕食者が存在する場所からの移動	日周移動
隠ぺい	目立ちにくい色や形	ガの工業暗化[*9]
二次的戦略		
群れ	自身の被食率を下げるための集団逃避	イワシ
物理的防御	硬い殻や棘，微毛など	貝殻，トゲウオ
化学的防御	毒や消化阻害物質の生産など	トリカブト
警告色	派手な色や模様による危険性の通知など	ハチ，チョウ
ベイツ型擬態	捕食者に忌避される生物に似ること	アブ
免疫	B細胞やT細胞による獲得免疫応答など	脊椎動物
相利共生	他の生物の助けを借りた被食防衛	アリ植物

捕食者との遭遇を避けるための一次的戦略と，遭遇後の被食率・死亡率を下げるための二次的戦略に分けて例を挙げている．

防衛戦略である．これには，捕食者の密度が低い場所や複雑な生息空間に隠れる空間的逃避のほか，捕食者が活発な時間帯に活動を減らすような時間的逃避がある[*8]．**隠ぺい**(crypsis)は，色や体を背景に似せて自らの体を目立ちにくくする戦略である．捕食者の存在下では目立ちにくい個体の適応度が高くなるため，捕食者がいない環境の同種個体群とは異なる体色に進化することがある．オオシモフリエダシャク(ガの仲間)の工業暗化や動物プランクトンの透明な体色などが，よく知られている例である[*9]．

最も普通に見られる二次的防衛には**物理・化学的防御**(physical and chemical defence)がある．植物や動物では，棘や微毛，硬い葉や殻など捕食者が食べにくい防御形態がよく見られる．また，植物プランクトンや細菌などの微小生物は，群体を形成したり細胞を大型化させて捕食を妨げる構造をとったりする．化学的防衛には，捕食者が忌避する物質の分泌や，陸上植物による毒(アルカイドなど)や消化阻害物質(タンニンなど)の生産などが知られている．物理・化学的防御のなかには，捕食者の存在下や被食を受けたときのみ発現する**誘導防衛**(inducible defence)もある(図 7.3)．捕食者の存在下でミジンコが長い殻刺(かくし)や尖った頭を発達させたり，フナが体高を高くして捕食者に食われにくくしたりと，可塑的に形態を変化させることが知られている[*10]．最近では，アオムシなどに食害を受けた植物が誘導的に化学物質を放出し，植食者の天敵である寄生バチや他の捕食性昆虫を呼び寄せていることも明らかになった．そのほかの二次的戦略には，「群れる」ことで自身への捕食のリスクを希釈させる利己的戦略や，毒やまずい味をもつ被食者が目立つ色や模様によって警告を発し捕食者の忌避的行動を促す**警告色**(warning coloration)，さらに毒などをもたない生物が警告色をもつ種に似ることで捕食を回避する**ベイツ型擬態**(Batesian mimicry)がある．**免疫系**

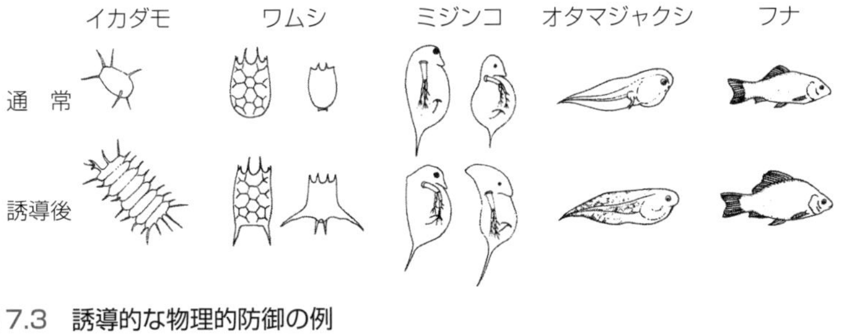

図 7.3 誘導的な物理的防御の例
上段は捕食者がいないときの形態，下段は捕食者がいるときの形態を示す．捕食者の存在下で，イカダモは群体を形成し，ワムシは棘をつくる．ミジンコは背首に突起をつくったり，長い殻刺や尖った頭を発達させたりする．オタマジャクシはヤゴがいると幅広い尾を発達させ，フナは肉食魚がいるときには体高が高くなる．いずれも，捕食者に食われにくい形態への可塑的な変化と考えられている．C. Brönmark L.-A. Hansson 著，占部城太郎監訳，『湖と池の生物学』，共立出版(2007)より．

＊8 時間的逃避には夜行性や日周鉛直移動などが知られている．両方とも，視覚で餌を探す捕食者を回避するための手段である，ミジンコ(枝角類)などの動物プランクトンは，日中は暗い湖の深い層で過ごし，夜間に表層に浮上する日周鉛直移動を行っている．プランクトン食性の捕食者(魚など)がいない湖では，動物プランクトンはこのような移動を行わないとされている．

＊9 産業革命以降のイギリスでは，工業化による大気汚染で木の幹を覆う地衣類が減少し，樹皮の色が黒っぽく変化した．それに伴って，木の幹に生息するオオシモフリエダシャクの隠蔽色も明色型から暗色型へと進化したことが知られている．動物プランクトンのカイアシ類は，抗酸化作用をもつ赤い色素(アスタキサンチン)によって，紫外線による生体への悪影響を防いでいる．一方，捕食者がいる湖では，この色素を減らし，体を目立たなくして捕食を回避している．

＊10 誘導防衛のような可塑(かそ)的戦略の多くは，捕食者が放出するある種の化学物質が信号となり，それを受信した被食者が誘導的に発現させていると考えられる．

(immunity)の進化は，細菌やウイルスなど小型の細胞内寄生者に対抗する防衛手段と見ることができる．

7.5　捕食者の応答

餌に対する捕食者の応答は，捕食者と被食者の個体群動態を考えるうえで重要である．この捕食者の応答には**数の反応**(numerical response)と**機能の反応**(functional response)がある．数の反応は餌密度の増加に対する捕食者の個体数変化であり，**繁殖**(reproduction)による増加や個体の**集合**(aggregation)による増加が挙げられる．これに対し機能の反応とは，被食者の増加に対する捕食者1個体の摂食速度の変化をいう．数の反応と機能の反応の積が，被食者の密度が変化したときの捕食数の変化を表す．

機能の反応にはⅠ～Ⅲ型の3タイプが知られている(**図7.4**)．どのタイプも，被食者(餌)の増加とともに1個体あたりの摂食速度は増加し，やがて最大値に達して頭打ちになるが，最大値に至る過程が異なっている．摂食速度が餌の増加に伴い単調に増加し，ある餌密度(閾値)以上で一定になる場合をⅠ型，摂食速度の増加が飽和型の曲線を描く場合をⅡ型，S字型の曲線を描く場合をⅢ型という．Ⅰ型の反応はおもに沪過食者(ミジンコや二枚貝)で見られる．沪過食者の摂食速度の上限は摂食器官や消化管容量によって決まっており，ある餌密度以上になると摂食速度が頭打ちとなる．Ⅱ型の反応では，捕食者が餌を処理するのに一定の時間を要するため，摂食速度の上昇が緩やかになるために生じる．この反応では，捕食者が被食者個体群のうち餌として利用できる割合が徐々に低下するため，被食者の個体数変動は不安定になる．Ⅲ型の反応曲線では，餌が少ないときは捕食者の摂食速度が低く，餌の増加に伴い急激に摂食速度が上昇してから，徐々に緩やかになるのが特徴である．この反応は，餌の密度が低いときに発見効率が低下する場合や，捕食

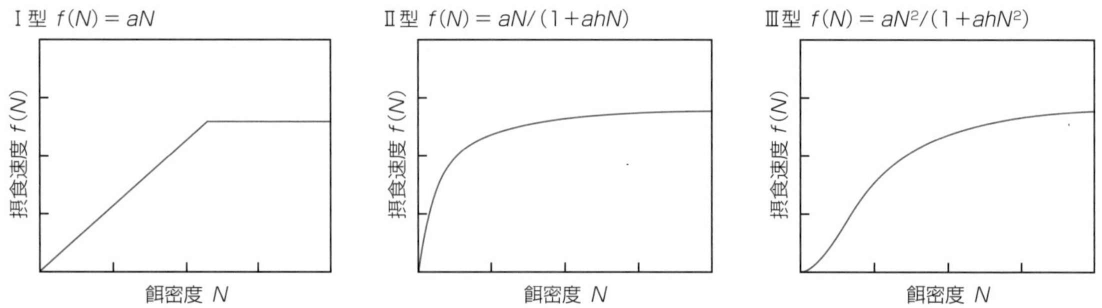

図7.4　捕食者の機能の反応(1個体あたりの摂食速度)
Ⅰ型の反応では，捕食者の摂食速度$f(N)$は，ある閾値までは餌密度Nに比例して増加する．ここで傾きaは餌の発見効率である．Ⅱ型の反応では，餌の処理時間hが式に加えられている．処理時間がゼロ($h = 0$)のときはⅠ型の式に一致する．Ⅲ型の反応では，餌の発見効率aが餌密度Nとともに変化すると考えられている．

者が個体数の多い種類へ**餌の切り替え**(prey switching)を行う場合などに見られる．Ⅲ型の反応は被食者の増加を抑えることで，捕食者と被食者の個体群動態を安定化させる効果がある．

7.6　捕食者と被食者の個体群動態

捕食は，餌生物の個体群動態にどのような影響を及ぼすだろうか．この問いに理論的に答えたのが，ロトカ(A. Lotka)とヴォルテラ(V. Volterra)が考案した個体群動態モデル(**ロトカ-ヴォルテラの捕食式**)である．このモデルでは，被食者の個体数 N と捕食者の個体数 P の変動は次の式で表される．

$$\frac{\mathrm{d}N}{\mathrm{d}t} = rN - aNP \tag{7.1}$$

$$\frac{\mathrm{d}P}{\mathrm{d}t} = faNP - qP \tag{7.2}$$

式(7.1)右辺第1項は，捕食者がいない場合($P = 0$)には被食者が個体数 N に比例して増殖率 r に従って指数関数的に増加することを示している．右辺第2項は捕食の影響を表しており，被食者は捕食者によって摂食数(aNP)に相当する数が食われて減少する．ここで a は，被食者1個体が捕食者1個体に被食される率である．式(7.2)の右辺第1項は，捕食者の個体数が食べた餌量 aNP に繁殖への投資分 f をかけた値に比例して増加することを記述している．右辺第2項は捕食者の死亡を表し，捕食者の個体数 P に比例して死亡率 q に従って指数関数的に減少する．この連立微分方程式の右辺の符号を調べ，捕食者と被食者の変動を確かめてみよう[*11]．

まず，捕食者と被食者ともに個体数が変化しない平衡状態を考える．このとき $\mathrm{d}N/\mathrm{d}t = 0$，$\mathrm{d}P/\mathrm{d}t = 0$ であるから，式(7.1)および式(7.2)から平衡密度はそれぞれ $P = r/a$ および $N = q/fa$ になる．この二つの平衡密度は，N(横軸)と P(縦軸)の平面上ではそれぞれ N 軸と P 軸に垂直な直線になる〔図 7.5 (a)，(b)〕．この線上では個体数の増減はない(ゼロアイソクラインと呼ぶ)．また，二つのゼロアイソクラインの交点は，両者が安定して共存する平衡点である。次に，二つのゼロアイソクラインで分けられた四つの領域で式(7.1)と式(7.2)の符号を求め，被食者と捕食者が増加傾向にあるのか，あるいは減少傾向にあるのかを調べてみよう．図 7.5 (c)に示したように，被食者と捕食者の個体数は，平衡点を中心に周回軌道を描きながら変化する．この密度変化を時間 t に対して示すと，被食者と捕食者が一定周期で増減を繰り返していることがわかる〔図 7.5 (d)〕．すなわち，被食者が増えると捕食者がそれに追随して増加し，捕食圧の増加で被食者が減少すると捕食者も減り，再び被食者が増加に転じるサイクルを繰り返している．このように，捕食は被食者と捕食者の個体数を周期振動させる効果をもっている[*12]．

＊11　ロトカ-ヴォルテラの捕食モデルは，1 種の捕食者と 1 種の被食者のみが相互作用する系を想定し，かつ捕食者は被食者の密度の変化に対して，図 7.4 で示すⅠ～Ⅲ型のような機能の反応を示さないことを仮定している．すなわち，捕食者 1 個体あたりの摂食数 aN は餌の密度 N に単調に比例している．また被食者は，捕食者がいない場合は指数関数的な増殖(マルサス型増殖モデル)を示し，密度効果が働かないと仮定している．

＊12　実際の生物の特徴を考慮して，ロトカ-ヴォルテラの捕食式を改良することができる．たとえば，個体数が増えるとともに増殖率が減少する様子を記述したロジスティック型増殖モデルのように，式(7.1)の右辺に環境収容力 K を導入して被食者個体群の密度効果を含めることが可能である．また，捕食者 1 個体あたりの摂食速度をⅠ～Ⅲ型の機能の反応に応じて変形することもできる．このようにして，野外で観測される複雑な個体数変動を再現する理論研究が行われている．

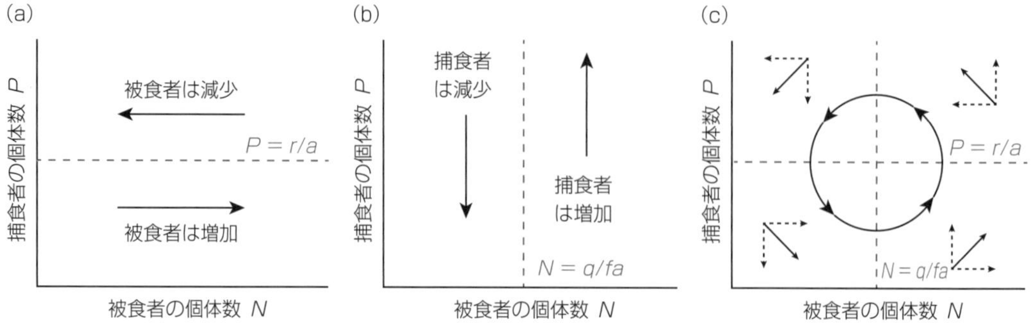

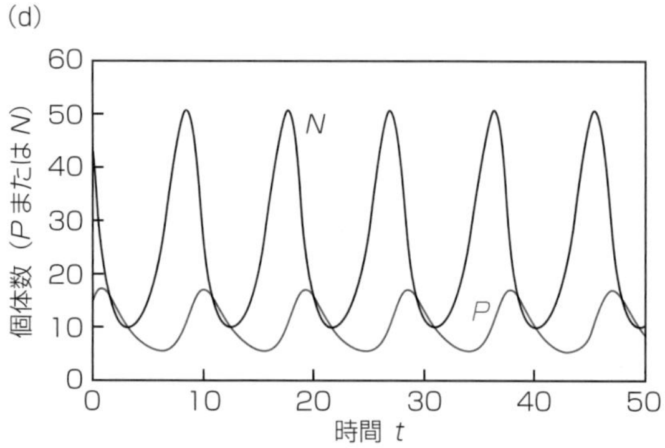

図 7.5　ロトカ-ヴォルテラの捕食式

(a)被食者のゼロアイソクライン．(b)捕食者のゼロアイソクライン．(c)被食者と捕食者のゼロアイソクラインを重ねた図．rは個体群の平均増加率(1個体あたりの出生率と死亡率の差)，aは被食率，fは捕食者が摂取した餌量のうち繁殖に投資する割合，qは捕食者の死亡率である．四つの領域のうち，右上では$P > r/a$，$N > q/fa$より捕食者は増加し，被食者は減少する．一方，左下では捕食者は減少し，被食者は増加する．このように捕食者と被食者は，平衡点を中心に周回軌道を回りながら増減を繰り返す．(d)被食者と捕食者の個体群動態．パラメータの値を$r = 1.0$，$a = 0.1$，$f = 0.2$，$q = 0.5$として連立常微分方程式の積分を行うと，図の周期変動が得られる．

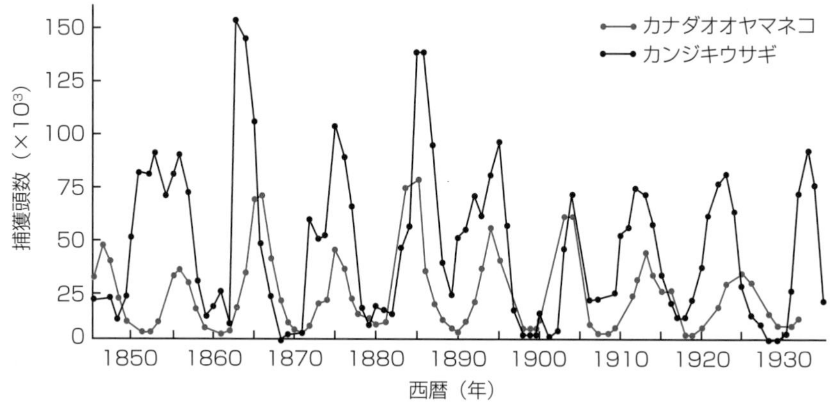

図 7.6　カナダオオヤマネコとカンジキウサギの個体数の周期変動

MacLulich(1937)より．

ロトカ-ヴォルテラの捕食式では単純な捕食-被食関係を仮定しているものの，モデルによく合致するデータも得られている．たとえば，カナダオオヤマネコとその餌であるカンジキウサギの個体数は，ともにほぼ10年周期で振動しており，さらにオオヤマネコの位相はウサギの位相から少し遅れている(図 7.6)．両個体群の周期変動は捕食者がもたらした結果と考えられる．ただし，ウサギの個体群変動には被食者自身の密度効果や気候変動などが関わり，オオヤマネコはウサギの個体群密度の変化に追随しているだけとの見方もあり，その解釈には注意が必要である．

7.7 直接効果と間接効果

捕食や競争は，被食者や競争相手にのみ影響を及ぼすわけではない．複雑な食物網構造を見てもわかる通り（たとえば図 4.9），生物同士は他種を介して群集内の多くの生物と相互作用する関係にある．生物間相互作用を通して，ある生物が他の生物に直接的に及ぼす影響を**直接効果**（direct effect）と呼ぶのに対し，2 種間の相互作用の結果が第三者に波及する影響を**間接効果**（indirect effect）と呼んでいる．

間接相互作用でよく知られているものには，**消費型競争**（exploitation competition）や**栄養カスケード**（trophic cascade），**見かけの競争**（apparent competition），**見かけの相利**（apparent mutualism）がある（**図 7.7**）*13．消費型競争は，同じ餌資源を利用する 2 種が餌の減少を介して互いに負の影響を及ぼす間接効果である．栄養カスケードは，捕食の影響が複数の栄養段階にわたって食物連鎖を垂直に伝播する間接効果である（4 章参照）．たとえば，肉食者は餌である植食者には負の効果を及ぼすが，植食者が減少することで植物に正の間接効果を及ぼす場合がある．見かけの競争と見かけの相利は，共通の捕食者を介した間接効果である．まず見かけの競争は，餌種 A が捕食者を増加させることで，結果として餌種 B への捕食圧が増大してしまう関係である．このとき，A は B に負の間接効果を与えている．これに対し，

＊13 間接効果には，種 A が種 B の個体群密度を変化させることで種 C に影響が波及する場合のほかに，種 B の行動や性質が変化することで種 C に影響が及ぶ場合もある．たとえば，捕食者（A）の存在で植食者（B）の分布範囲や活動時間が狭まったり，誘導防衛が発現したりすると，植物（C）は間接的に捕食者（A）の影響を受けることがある．

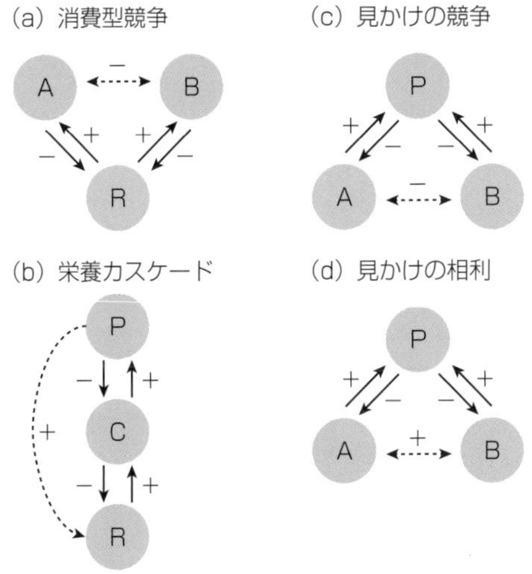

図 7.7 間接相互作用の例
(a) 種 A と種 B の間の資源 R をめぐる消費型競争．(b) 捕食者 P が一次消費者 C を減少させることで，生産者 R に正の効果を及ぼす栄養カスケード．(c) 種 A に対する捕食により増加した捕食者 P が，種 B を減少させる見かけの競争．(d) 種 A に対する捕食により種 B への捕食圧が減少する見かけの相利関係．実線は直接効果を，破線は間接効果を示す．各種の個体群密度に及ぼす正（＋）と負（−）の影響を記している．

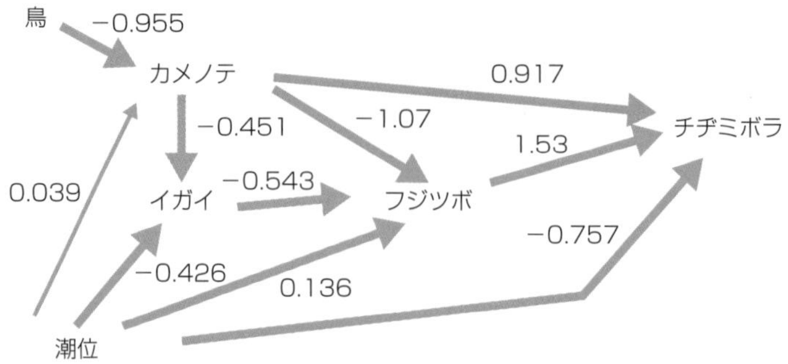

図 7.8　ワシントン州の岩礁潮間帯における生物間相互作用網
矢印は因子間の因果関係を示し，その相対的な強さが数字(パス係数)で示されている．パス係数の符号は正または負の影響を示している．たとえば，鳥(カモメやミヤコドリなど)は捕食によってカメノテに負の影響を及ぼしている．また，カメノテとフジツボ，イガイは空間をめぐる競争関係にあり，互いに負の影響を及ぼしている．捕食性の巻貝であるチヂミボラはカメノテとフジツボを摂食する．チヂミボラに対する鳥の影響は，カメノテを捕食することで競争相手のフジツボが増加し，それによってチヂミボラが正の効果を受ける間接効果が最も大きい．間接効果の大きさと符号は，因果関係の経路に沿ってパス係数の積を求めることで推定できる．J. T. Wootton, *Ecology*, 75, 151 (1994)より．

餌種Aの捕食により餌種Bへの捕食圧が減少する場合は，AはBに正の効果を与えることになり，これを見かけの相利と呼んでいる．見かけの相利は，捕食者の餌の切り替え(図7.4のⅢ型の機能の反応)によって生じ，捕食者と被食者の個体群変動を安定化させる機能がある．これらの間接効果は，群集内の種の個体群密度に影響を及ぼし，その影響の大きさは直接効果を上回ることもある(図7.8)．

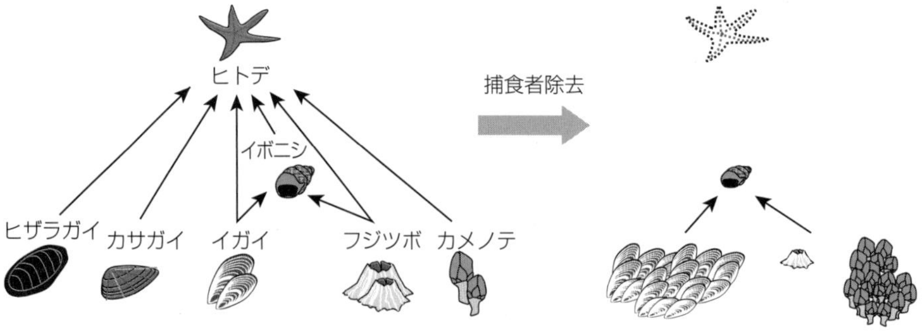

図 7.9　キーストーン捕食による種間競争の緩和と多種共存
岩礁潮間帯で最上位捕食者であるヒトデを除去すると，初めフジツボが増加した後にイガイとカメノテが増え始め，最終的には空間をめぐる競争に強いイガイが岩場のほとんどを占めるようになった．その結果，種数は15種から8種に減少した．一方，ヒトデを除去しない場合は，ヒトデによる捕食によってイガイの個体数が低く抑えられるため，競争種同士が共存している．なお，ヒトデを除去した岩場では中位の捕食者であるイボニシが増加したが，イボニシは下位栄養段階の多様性には大きな影響を及ぼさなかった．R. T. Paine, The *American Naturalist*, 100, 65 (1966)を元に作成．図には，マカー湾の調査圧で見られた潮間帯のおもな生物群を示している．イラストは斎藤裕美氏(東海大学)の厚意による．

7.8　キーストーン種

動物のなかには，群集の種組成や物質循環を改変するほどの影響力をもつ種が存在することがある．捕食や競争によって生物群集に特異的に強い影響を及ぼす種を**キーストーン種**(keystone species)と呼んでいる．有名な例に，岩礁潮間帯で最上位捕食者に位置するヒトデが挙げられる(図 7.9)．岩場からヒトデを除去すると，餌生物のなかでも生息場所をめぐる争いに強いイガイが増加して岩場を占有し，競争排除によって餌生物の多様性が減少する．

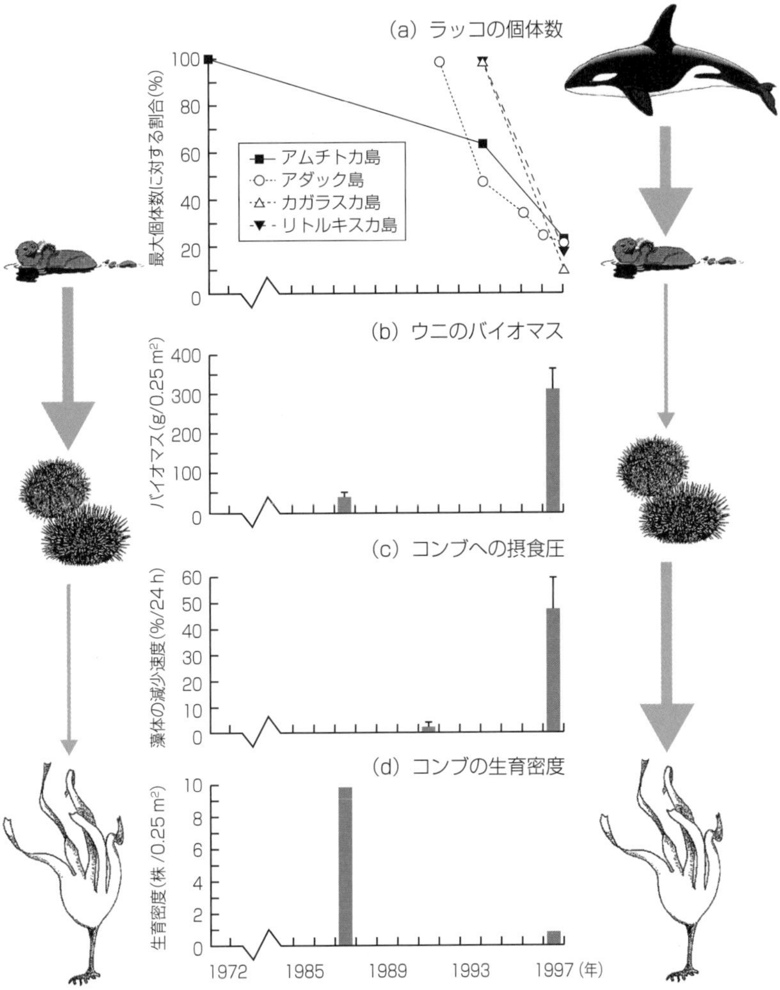

図 7.10　アリューシャン列島沿岸域における(a)ラッコの個体数変化，アダック島における(b)ウニのバイオマス，(c)コンブへの摂食圧，(d)コンブの生育密度の経年変化
太い矢印は強い捕食圧を，細い矢印は弱い捕食圧を示す．1990 年代以降にラッコの個体数が激減したことで，ラッコの餌であるウニのバイオマスが約 8 倍増加し，コンブの生育密度が 1/10 以下に減少した．この強い栄養カスケードは，シャチによるラッコへの捕食圧の増大が引き金になったと考えられている．キーストーン捕食者であるラッコの個体数変化により，海藻類による純一次生産や沿岸生態系への炭素貯蔵量も大幅に変化したことが報告されている．J. A. Estes et al., *Science*, 282, 473 (1998) より．

＊14　北米の岩礁潮間帯における実験を元にキーストーン種の概念を提示したのは，アメリカの海洋生態学者ペイン(R. T. Paine)である．キーストーン捕食者が生態系から絶滅したときの群集の種多様性や物質循環への影響は大きい．

＊15　生態系保全において，キーストーン種と並んでよく目標種とされる生物にアンブレラ種が挙げられる．アンブレラ種とは，大型の肉食性哺乳類や猛禽類のように広大な生息域を必要とする種である．アンブレラ種の個体群存続を目標に生息地の保全を行えば，結果としてその餌生物や他の低次栄養段階の生物種の保全につながると考えられている．

一方，ヒトデが生息している岩場では，ヒトデは優占種であるイガイを集中的に食べることで，その増加を抑え，結果として他の競争劣位種(カサガイなど)とイガイを共存させる効果をもたらしている．このように，捕食者が種間競争を緩和させることで競争種の共存を促進したり，捕食による栄養カスケードが群集構造全体を大きく変化させたりするような強い間接効果を**キーストーン捕食**(keystone predation)と呼んでいる＊14．北太平洋沿岸域に生息するラッコも，強い栄養カスケードを引き起こすことで海洋の物質循環にまで影響を及ぼすキーストーン捕食者であることが知られている(図7.10)．

キーストーン種が群集に及ぼす影響の大きさは，野外で対象種を除去する実験区と除去しない実験区を作成し，群集への波及効果の大きさ(個体群密度の変化など)を比較することで定量化できる．影響力の強い種ほど，少ない生物量で大きな群集構造の変化をもたらす．このように生物間相互作用の強度を元にキーストーン種を評価した場合，捕食者以外にも該当するものが含まれてくる．植物の花粉を運ぶ送粉昆虫や生態系を物理的に大きく改変するような大型哺乳類などは，個体数が少なくても群集の特性に大きな影響を及ぼすキーストーン種になりうる＊15．

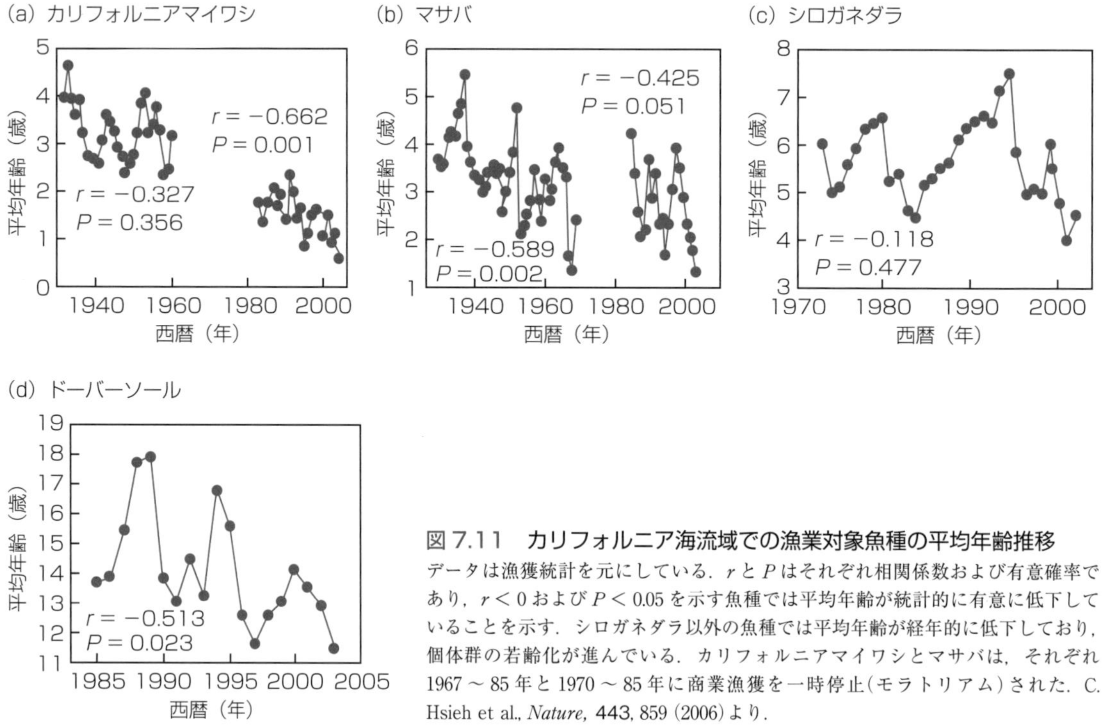

図 7.11　カリフォルニア海流域での漁業対象魚種の平均年齢推移
データは漁獲統計を元にしている．r と P はそれぞれ相関係数および有意確率であり，$r < 0$ および $P < 0.05$ を示す魚種では平均年齢が統計的に有意に低下していることを示す．シロガネダラ以外の魚種では平均年齢が経年的に低下しており，個体群の若齢化が進んでいる．カリフォルニアマイワシとマサバは，それぞれ1967～85年と1970～85年に商業漁獲を一時停止(モラトリアム)された．C. Hsieh et al., *Nature*, 443, 859 (2006)より．

7.9 狩猟による野生生物の個体数変動

人間による狩猟や漁獲は，餌生物を消費する点で捕食に類似しているが，捕獲活動が野生生物の個体群動態を不安定化させることがある[*16]．50年にわたって調査されているカリフォルニア海流域でのデータから，魚類個体群の小型化と若齢化が進行していることが明らかになっている(図7.11)．これは，漁業活動によって大型の老齢個体が長期にわたって選択的に漁獲された結果である．この捕獲による個体群構造の変化によって漁業資源の個体数変動が大きくなり，不安定化していることが明らかになってきた．これには，若齢個体ほど環境変動の影響を受けやすく個体群が変動しやすくなることと，若齢化が進むと個体群の増殖率rが上昇し，個体群動態が非線形な変動を示すようになることの二つが原因と考えられている．

＊16　人間は野生生物の捕食者となるだけでなく，他の捕食者との間で餌をめぐる競争関係になることもある．ただし，近代的な狩猟や漁獲によってもたらされる人口増加(数の応答)や狩猟採集による捕獲効率の変化(機能の応答)は，野生生物の捕食者のそれとは大きく異なっている．

Column

捕食者としてのヒトの特徴

ヒトの生態は野生生物と大きく異なっているが，他の動物を食べる捕食者としての特徴も独特である．私たちの現代の食生活は，集約的に管理された農業や畜産業で生産された食料に大きく依存しているものの，ヒトは今でも狩猟や漁業によって捕獲した野生動物を食用に利用しており，自然界の食物網の構成員と見ることができる．それでは，ヒトの資源利用様式(捕食行動)は野生の肉食動物とどのように異なっているのだろうか．

ヒトは植物と動物の双方を食べる雑食者であるため，食物網における栄養段階は2～3程度と決して高くはない．しかし，動物を捕獲する際には栄養段階の高い獲物を好んで利用する傾向にある．また，サメやライオンなどの肉食動物が小型で若齢の獲物を狙うことが多いのに対し，ヒトは市場やトロフィー（狩猟の記念品）の価値が高い大型の成熟した獲物を選択的に狙う点も特徴的である．たとえば，狩猟においては高次栄養段階の陸上動物(中型または大型肉食者)に対する捕獲圧，漁業においては海産魚のなかでも成熟個体に対する漁獲圧が特異的に高いことが指摘されている．

食糧需要の増加や捕獲技術の進歩，希少資源の経済的価値の上昇などが大型個体の捕獲数の急速な増加をもたらしている．しかしながら，捕獲される生物や，餌をめぐってヒトと競合する肉食動物は，人類の技術の進歩や捕獲圧の増大に対抗する手段を迅速に進化させることは困難だろう．繁殖を担う大型個体が生態系から除去され続けることで被食者の個体群動態は不安定化し(7.9節参照)，生物間相互作用を通じて他の生物へと影響が連鎖的に波及することが懸念されている．さらに，狩猟統計や漁獲統計に現れにくい混獲(付随的捕獲)による大型個体の減少と，その波及効果も深刻視されている．持続可能な野生生物の資源利用と保護の観点から，成熟個体の捕獲数を制限するなど，ヒトによる資源利用(捕食行動)の特性を考慮した資源管理の必要性が指摘されている．

練習問題

1 捕食は被食者の個体群動態にどのように関わっているか述べなさい．

2 捕食を回避するために被食者が進化させてきた防衛戦略を大きく二つに類別し，具体例を挙げながらそれぞれの特徴を説明しなさい．

3 強いトップダウン効果を発揮するキーストーン捕食者が生態系から失われた場合，どのような波及効果が生じると考えられるか．この章で学んだ内容などを参考にしながら，予想される波及効果とそのメカニズムについて述べなさい．

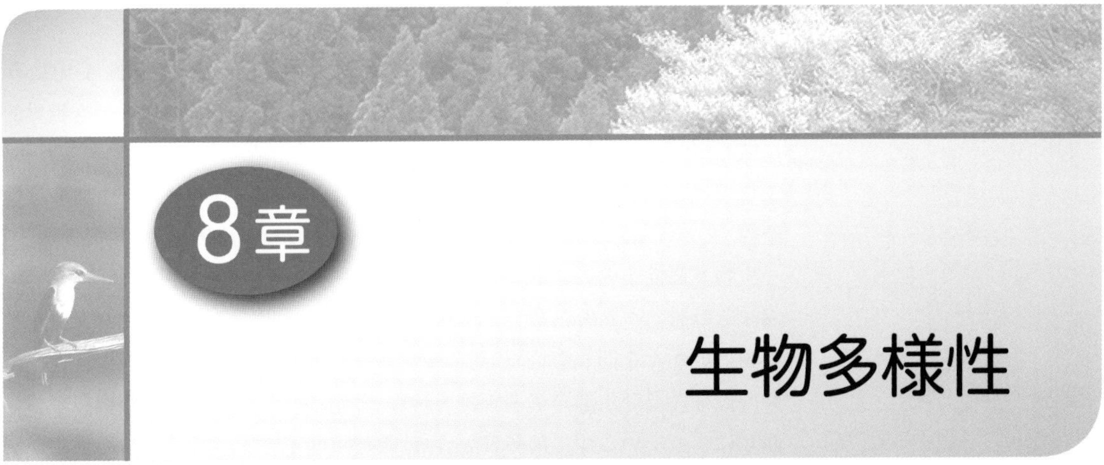

8章 生物多様性

地球上にはどのくらい多くの生物が暮らしているのだろうか．この単純な質問に答えるのは非常に大変である．現在，人間によって記載されている種[*1]の数は約120万種以上であるが(表8.1)，最新の研究では，未記載種を含めると1000万種以上の生物が地球上に暮らしているという推定値も示されている．一つの共通祖先から自然選択などによって進化し，姿や生き方を変え，種数を増やしてきた生物たちは，今や地球上の至るところに分布し，地球環境へ大きな影響を与えうる存在になっている．この章では，この地球上の生物の多様性をとらえる視点をまず紹介し，どのように多様性が生まれ，維持されてきたのか，現在急激に進行する多様性の減少がなぜ起こっているのか，多様性は私たち人間にどのように関わっているのかについて学ぶ．

＊1　新種の記載は，模式(タイプ)標本を元にして，その種の形態などの特徴と近縁種との区別点を記した記載論文を科学誌に発表することで行われる．この際，リンネ(C. v. Linne)によって体系化された二名法(属名＋種小名によって表す)に基づいて種名(species name)がつけられる．

8.1　生物多様性とは

生物多様性(biodiversity)とは，1960年代後半から使われ始めた生物学的

表8.1　地球上に暮らす生物の種数(記載種数および推定種数)

分類群	陸上			海洋		
	記載種数	推定種数	標準誤差	記載種数	推定種数	標準誤差
真核生物						
動物	953,434	7,770,000	958,000	171,082	2,150,000	145,000
植物	215,644	298,000	8200	4859	7400	9640
菌類	43,271	611,000	297,000	1097	5320	111,000
原生動物	8118	36,400	6690	8600	16,600	9130
クロミスタ	13,033	27,500	30,500	8118	36,400	6690
原核生物						
古細菌	502	455	160	1	1	0
細菌	10,358	9680	3470	652	1320	436
全分類群	1,244,360	8,750,000*	1,300,000	194,409	2,210,000*	182,000

*全分類群の推定種数は，各分類群の推定種数の合計ではなく，すべての分類群のデータをまとめた高次分類群数からの推定値．C. Mora et al., *PLOS Biol.*, 9 (8): e1001127 (2011)より抜粋．

多様性(biological diversity)という言葉の略語である．生物多様性は1980年代半ば以降に，生物学者の間だけでなく，政治や市民活動の場面でも世界的に広く使われる言葉になった．この言葉は実に多様な解釈が可能であるため，ここでは，1993年に発効された「生物の多様性に関する条約」(**生物多様性条約**, Conventaion on Biological Diversity)にある定義を採用して説明する．

生物多様性条約の定義では，生物多様性とは「すべての生物(陸上生態系，海洋その他の水界生態系，これらが複合した生態系，その他の生息又は生育の場のいかんを問わない)の間の変異性をいうものとし．種内の多様性，種間の多様性及び生態系の多様性を含む」と定義されている．少し複雑な言い回しになっているが，簡単にいうと「地球上の生物すべてに，また生物がつくるすべての生態系に存在する変異性」ということができるだろう．ここで変異性とは，他と異なるものの総体といえる．

8.2　生物多様性の三つのレベル

生物多様性条約では，生物の変異性についてより具体的にイメージするために，三つのレベル(種内，種間，生態系)の多様性を認識することを掲げている．この三つのレベルの多様性を理解することは，生物多様性を研究する際にも，多様性の持続的な保全を考えるうえでも非常に重要になる．この節では,三つのレベルの多様性について詳しく説明しよう．種間の多様性は「種の多様性」，種内の多様性は「遺伝的多様性」と言い換えることができる．

8.2.1　種の多様性

まずは直感的にわかりやすい**種の多様性**(species diversity)について説明する．このレベルの多様性が表現するものは，ヒト，イヌ，イエネコ，ニワトリ，アサガオ，マツタケなど多様な生物種が存在するということである．この多様性の指標として最もよく用いられているのが特定種群の単位生息地面積あたりの種数(たとえばブナ林1 haあたりの樹木種数)である．動物など，樹木の場合とは異なり，生息するすべての個体を観察することができない生物を対象とする場合は，単位努力量あたりの捕獲種数(たとえば，捕虫網を1000回振ったときに捕獲したバッタの種数)が種の多様性の指標として使われることが多い．

ここで，種の多様性が特定の種群に限って算出される理由は，生物の分類群ごとに個体を見つけ，種を見分けるために必要な能力や方法論が大きく異なり，分類群によってはすべての種を同定することが非常に困難なためである．つまり，特定のエリア内のすべての生物を数え上げることは現在の科学的手法では非常に難しいといえる．

種の多様性を表す指標としては，種数のほかに，それぞれの種の個体数の偏りを表す**均等度**(evenness)がある．一般的には，AとBの2種がいる場合，A種の個体数が多く，B種の個体数が非常に少ない状態よりも，A，B種ともに同様な個体数がいる状態(個体数が均等である状態)を「多様性が高い」と表現する．生息地内の種数と均等度を同時に考慮した多様性の指標が**多様度指数**(diversity index)で，シンプソンの多様度指数やシャノンの多様度指数が最も有名である[*2]．

以上に紹介した指標によって表現される種の多様性は，一般的にα多様性と呼ばれている．一方で，異なる生息地(生態系)間の種構成の違いはβ多様性と呼ばれ，定量化するためにさまざまな指標が提案されている．もともとβ多様性はホイタッカー（R. H. Whittaker)によって提唱され，α多様性とγ多様性(地域もしくは多くの生息地を含む景観内に存在する全種数)[*3]の概念が整理されるとともに，その算出法が提示されている(**図8.1**)．ホイタッカーのβ多様性はγ多様性をα多様性で割ったもの(γ/α)として表される．そのほか，よく使われるβ多様性の指標として種数の加法的分割(additive

＊2　シンプソン指数 D は

$$D=1-\sum_{i=1}^{S}p_i^2$$

と計算され(p_i は種 i の個体数が全体の個体数に占める割合，S は種数)，多様性が高いほど低く出てしまうため，使われる際には $1-D$ や $1/D$ に変形されることが多い．一方，シャノン指数 H' は

$$H'=-\sum_{i=1}^{S}p_i\ln p_i$$

として計算される．

＊3　一般的にγ多様性は，対象とする範囲を定めて算出されるが，その面積などの設定は研究ごとに異なっている．究極のγ多様性は地球上の全種数になる．

Column

種数の推定は難題！

ある限られた場所(たとえば，ある森林のなかの1 ha分)だとしても，その場所に暮らすすべての生物種を数え上げることは非常に困難である．

樹木や草など，大型かつ移動性がなく，種の記載がほぼできている生物群であれば，時間をかければすべての個体を見つけ，同定し，それらを数えることができる．ただし，植物であっても熱帯域では未記載種が多く，同定が困難である．また実生など，植物個体が小さく親個体と異なる形態をしているものも，やはり同定は困難である．

大型の動物も時間をかけて執拗に観察すれば，そこに暮らすほとんどの種を見つけ，数えることができるかもしれない．しかし，昆虫などの動物では，そもそもすべての個体を見つけだすことが難しい．また昆虫では，種群ごとに捕まえる手法が異なり，それぞれの手法の捕獲効率も大きく異なる．さらに昆虫の種群によっては，捕獲された個体に未記載種が混じることが当たり前に起こる．たとえば，キノコに集まるハエ目昆虫には未記載種が多く含まれる．

菌類に至っては，まず菌糸として存在する生物体を見つけること自体が大変で，見つけたとしても外部形態のみに依存した種同定は大変困難である．子実体(キノコ)をつけたものでも同定が難しいものが存在する．そこで，土中や枯れ木のサンプルに含まれるすべてのDNAを抽出し，多様な菌類で塩基配列が調べられているDNA領域を増幅し，既知の塩基配列を参照することで，サンプル中に含まれる菌類の検出・種同定を行う環境DNAメタバーコディング手法が広く用いられるようになってきた．しかし，塩基配列の情報が十分整っていない菌類のグループに関しては種同定を行うことは難しく，正確な菌類の種数を数えることは現代では不可能といってよい．細菌類についても同様の問題が生じている．

以上のように，特定の場所に住む全生物種数の推定は非常に困難な課題である．そのため，ほぼすべての研究では，特定の種群を対象に，調査方法を明らかにしながら，その方法で観察された種数を元にして，その場の多様性を議論している．

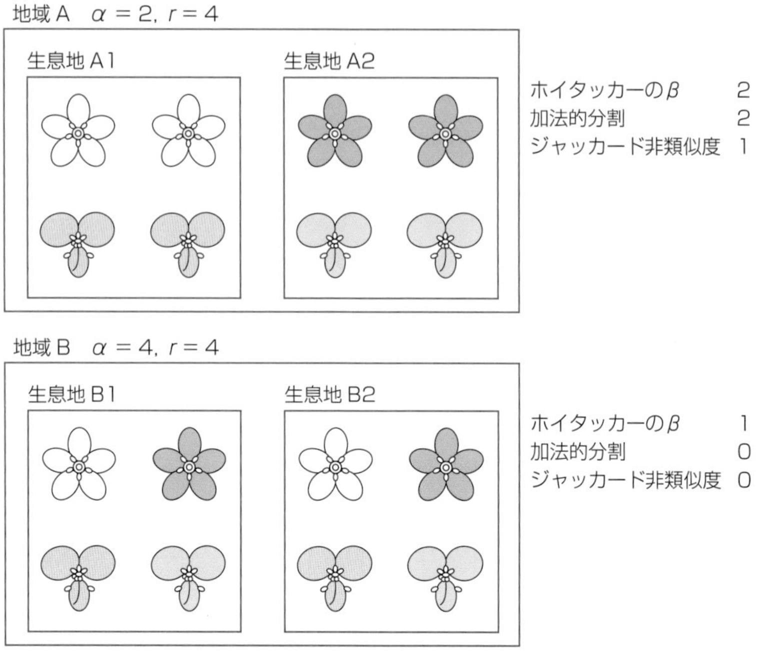

図8.1　α，β，γ多様性の関係

三つの指標を用いてβ多様性を算出している．ジャッカード非類似度指数は「生息地1の固有種と生息地2の固有種の合計種数」をγ多様性で割って算出される．それぞれのβ多様性指数ごとに値が異なるので，使用する際には注意が必要であるが，地域Aのほうが地域Bよりもβ多様性が高いことが，どの指数を使っても表されている．

partitioning of species richness, $\gamma - \alpha$)や非類似度指数などが挙げられるが(図8.1参照)，指標ごとにβ多様性の異なる側面を表現するため，解釈には注意が必要である．

また，特定の地域で見られる特定種群の種数(たとえば日本国内の哺乳類種数)も多様性の指標としてしばしば用いられる．さらに，その地域でのみ見られる固有種の種数や，個体数が少ない希少種の種数も多様性保全の観点からは，現在，重要な指標とされている．これらの種群の種数が多ければ多いほど，より多様性が高いと表現される．

8.2.2　生態系の多様性

生態系とは，生物群集と非生物的な環境要素が相互作用することで，エネルギーフローや物質の循環などが自立的に成立しているシステムを指す(5章参照)．森林生態系，草原生態系，高山生態系，河川生態系，海洋生態系などの表現で使われる．**生態系の多様性**(ecosystem diversity)が高いとは，森林や草原，湿地，河川，湖沼，海など，異なる生態系が対象地域に多く含まれている状態を指す．すでに紹介したβ多様性は，生態系の多様性の増加に伴い，増加する．たとえば日本の里地里山は，里山林，水田，溜池，半自然草地[*4]，小川など多様な半自然生態系からなり，生態系の多様性が高い景観であるが，それぞれの生態系に適応した生物群集が成立している．

近年，生態系間の生物移動や食物網のつながりが種の多様性維持にも重要であることが明らかにされてきている(4章参照)．日本で野生絶滅したコウノトリは，巣作りには里山林のアカマツを利用し，採餌は水田，草地，溜池，小川などで行う．またアマガエルは，繁殖を水田で，採餌を半自然草地で，越冬を里山林で行う．里地里山における生態系の多様性がコウノトリやアマガエルの生活を支えていると考えられる．

＊4　半自然生態系(semi-natural ecosystems)とは，生物群集の遷移が人間活動によってある段階に留められている生態系である．たとえば半自然草地は，定期的な火入れや放牧，草刈りなどの人為管理によって森林への遷移が阻まれ，草原の状態が維持されているものを指す．里山の景観を構成する生態系は，それぞれ人為管理下にあり，自然の状態のものから改変された状態が維持されている．

8.2.3 遺伝的な多様性

遺伝的な多様性(genetic diversity)は種内の多様性ともいわれ，集団内の対立遺伝子の多様性によってもたらされる遺伝形質の個体間差の大きさを指す．同種内で見られる遺伝形質の地域間差も遺伝的な多様性に含まれる．高い遺伝的な多様性は進化の源であるだけでなく，新たな病気や環境変動にさらされた集団の存続性を高めうると考えられている．これは，集団内の遺伝的な多様性が高いほど，新しい生物的・非生物的な環境下で適応的な遺伝子が含まれている可能性が高くなると考えられるためである．逆に，遺伝的な多様性の低下は，近交弱勢の発現による集団内個体の適応度低下を引き起こしうる[*5]．

＊5　集団内の遺伝的多様性の減少は，個体間で同じ遺伝子を共有する確率(個体間の血縁度)を増加させる．これは，同一の有害劣性遺伝子を雌雄間で共有する確率が増加することも意味し，子において近交弱勢(有害劣性遺伝子のホモ化による適応度の低下)が発現する可能性を高くする．フロリダパンサーでは，開発によって個々の集団が孤立化し，集団内の遺伝的な多様性が減少した結果，ほぼすべての個体から精子異常や内臓の先天的疾患など近交弱勢の発現と思われる症状が見られるようになったと報告されている．

また，人にとってより好ましい(有用な)農作物，家畜，ペットなどを育種によって見出す際には，育種の対象とする生物の遺伝的な多様性がもともと高いことが重要であり，人が好む形質を多様性のなかから選抜していくことになる．作物の栽培集団内に遺伝的多様性がなければ，選抜は不可能である．

8.2.4 その他の注目すべき多様性

これまでに述べた三つのレベルの多様性のほかに，群集内の生物種間に見られる相互作用の多様性も，保全を考えるうえで非常に重要な生物多様性の要素になる．3章で解説しているように，多くの生物は他種と何らかの相互作用(共生関係)をもちつつ生存・生育している．近年，舞木昭彦と近藤倫生が，相互作用の多様性が高いほど(複数タイプの相互作用がほどよく混合しているほど)，群集の安定性が高くなることを理論的に示した．これは，多様な種がいることで相互作用の多様性が増し，群集や生態系が維持されている可能性を示した重要な研究である．理論からの予測で相互作用の多様性の重要性が示されたため，今後は実験系や野外実験などを用いて，この理論予測の正しさを検証していく必要がある．

8.3　多様性の創出と維持

現在地球上で見られる生物の多様性は，生物の共通祖先から自然選択による進化や中立進化[*6]とそれによって引き起こされる種分化[*7]によってもたらされたと考えられている．つまり，多様性の創出のためには突然変異によって形質の集団内変異が創出され，集団が異なる複数環境に置かれた後に，それぞれの環境への適応進化が起こるプロセスが必要になる（詳しくは2章参照）．

一般的に，同所的に共存する生物種がまったく同じ生態的地位（ニッチ[*8]）を占める場合，たとえばまったく同じ資源を利用する生物種が群集内に存在する場合には，ニッチ（資源）をめぐる種間競争の結果，より競争力の高い種が低い種を排除すると考えられている（**競争排除則**，competitive exclusion hypothesis）．このときニッチとは，その生物の生存にとって重要な環境要因であり，餌，行動範囲，巣場所，行動時間など多様な項目が含まれる．種の共存が可能になるには，種間でニッチのずれが存在することが重要になる．たとえば，同じ植食性昆虫であっても，餌となる植物種が異なっている場合は共存可能になる．つまり，同所的に多様な生物が共存することは，その環境内に多様なニッチが存在することを示唆している．

また，生物多様性を高める要因としては，高い生物生産[*9]や中規模な撹乱[*10]，歴史性（同じ生態系が長く存続していること）などが知られている．しかし，これらの要因だけでは，観察される多様性を説明できない例外も多く，現在でも多様な生物が共存する条件を明らかにすることは，生物多様性科学で重要な課題になっている．

8.4　現代における多様性の急激な減少

古生代から現在に至るまでの海性生物の化石データから，多様な生物群で多くの種が同時に絶滅する大量絶滅期が少なくとも5回あったことがわかっている[*11]．有名な絶滅期は白亜紀末（6600万年前）に起こったもので，鳥類以外の恐竜がすべて絶滅したイベントである．この絶滅イベントは，直径10 kmを超える巨大隕石の衝突によって引き起こされたと考えられている．また，ペルム紀末（2億5100万年前）の大絶滅期は地球史上最大級と考えられているが，化石情報から，海産生物の実に9割以上，地上の脊椎動物の7割が絶滅したと推測されている．有名な三葉虫は，このときにすべて絶滅している．絶滅の要因については，巨大隕石の衝突，大規模な火山活動による気候変動など多くの説が挙げられているが，特定するには至っていない．

現在進行している完新世（1万1700年前以降）における生物多様性の減少は，これらの大絶滅イベントと匹敵するという研究者もおり，「第六の大量絶滅」といわれることもある．2005年に発表された**ミレニアム生態系評価**[*12]

＊6　中立進化理論（neutral theory of evolution）は木村資生によって体系化され発表された．おもに分子進化に関して，自然選択下で中立な対立遺伝子（適応度の増加も低下も引き起こさない対立遺伝子）が突然変異によって集団にもたらされた場合，偶然のイベント（遺伝的浮動）によってその集団内頻度が増加・減少することがあるとした理論である．表現型形質の進化よりも分子進化をよく説明するとされている．後に，木村の学生であった太田朋子は，適応度のわずかな減少しかもたらさない有害対立遺伝子も，自然選択に対して「ほぼ中立」であり，その集団内頻度は遺伝的浮動により強く影響を受けることを示している．

＊7　種分化とは，もともと同種同一集団だったものが，進化の結果，異なる形質をもつ複数の集団になっていくプロセスを指す．たとえば，同一集団だったものが，あるときに造山活動や海の成立などによって異なる集団に分けられ，それぞれの環境下で異なる形質進化を遂げた場合，再び集団が出会っても互いに繁殖できなくなることがある．これは異所的種分化と呼ばれている．種分化については，そのほか，則所的種分化や同所的種分化など多様なプロセスで起こりうることが議論されている．

＊8　特定の種が生命活動を行ううえで必要とする生物的・非生物的環境要因の総体を示す概念．たとえば，利用する資源（餌，生息地）や活動時間帯などがまったく同じである場合，ニッチが重なっていると表現する．

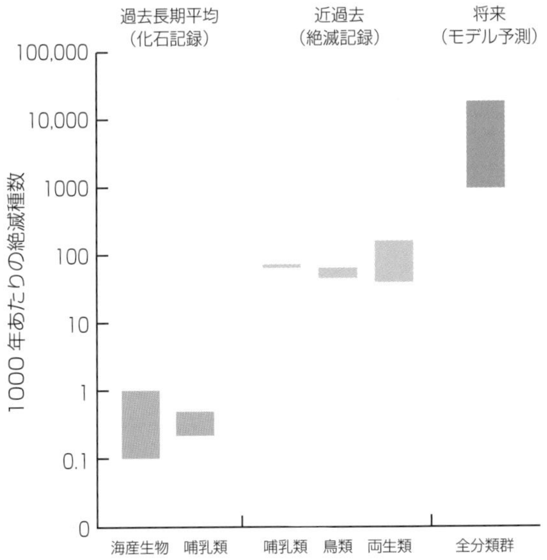

図 8.2　化石記録，文献情報，モデル予測の比較から見る近年の絶滅スピードの加速
Millennium Ecosystem Assessment（2005）を元に作成.

では，化石情報から推定される絶滅スピードの過去の長期平均は1000年あたり0.1～1種（海産生物，哺乳類）とされているが，実際の絶滅記録が残る近過去では1000年あたり数十～100種強（哺乳類，鳥類，両生類）と，最大で1000倍になっている（図 8.2）．さらにモデルを用いた将来予測では，絶滅スピードは現在の10倍以上になり，1000年あたり1000～20,000種が絶滅すると推定されている．国際自然保護連合（**IUCN**[*13]）が2014年に発表した**レッドリスト**[*14]では，哺乳類で2割以上，両生類で3割以上の種が絶滅危惧種として認定されている．ここでも，多くの種に関して，将来，絶滅の危険性が高いことが指摘されている．

現在進行する生物多様性のこの急減は，その要因がヒトという1種類の生物種の活動によって引き起こされているという点で過去の大量絶滅期との相違が見られる．ミレニアム生態系評価では，「人類は過去50年以上にわたり，

表 8.2　国際自然保護連合（IUCN）による2014年版レッドリストに記載された主要分類の絶滅危惧種数

分類群	記載種数	評価対象種数	絶滅危惧種数	絶滅危惧種の比率
脊椎動物				
哺乳類	5513	5513	1199	0.22
鳥類	10,425	10,425	1373	0.13
両生類	7302	6414	1957	0.31
植物				
裸子植物	1052	1010	400	0.40

IUCN（2014）によって評価が十分に行えていると判断されている分類群のみを抜粋.

＊9　一般的に，単位面積あたりの種数は熱帯で高く，寒帯で低い．また降水量の多いところで高く，乾燥地で低い．植物の光合成によって固定される有機物の量は，平均気温が高ければ高いほど，湿潤であればあるほど多くなる．種の多様性は植物の生産力に依存するという仮説．

＊10　植物などの種の多様性は，中規模な撹乱がある環境で最大になるという仮説である（中規模撹乱仮説，intermediate disturbance hypothesis）．撹乱がまったくない環境下では，競争種が他種を排除するために種数の低下が見られる．一方，強い撹乱がある，または撹乱頻度が高い環境下では，撹乱耐性種以外が撹乱によって排除されるために，やはり種数の低下が引き起こされる．中規模な撹乱によって競争種と撹乱耐性種の両者の共存が可能になるという仮説である．

＊11　この5回は大量絶滅期のビックファイブと呼ばれることがあり，新しい順に，白亜紀末，三畳紀末，ペルム紀末，デボン紀後期，オルドビス紀末に起こったとされている．

＊12　ミレニアム生態系評価とは，国際連合によって提唱された「地球規模における人間活動が生態系に与える影響に関する評価」で，2001年から2005年の5年間にわたり実施された．このなかでは，人類が生態系から受けるさまざまな恩恵（生態系サービス）を供給サービス（食料や化学物質などの生産），調節サービス（気候や洪水，病気の制御など），文化的サービス（精神性の拠り所やレクリエーションなど），基盤サービス（栄養塩循環や土壌生成など，生態系の自立性を保つ機能）に分類・整理し，その概念を広く普及させた．9章参照.

人類史上最も急速かつ広大に生態系を改変し，その結果，不可逆的に生物多様性を減少させた」，「この生態系改変により，人類は幸福と富を得たが，生態系の劣化と一部の人々の貧困をもたらし，将来われわれの子孫が享受できる利益を十分減少させた」，「今世紀の半ばまでに**生態系サービス**(9章参照)の劣化は深刻なものになりうる」という結論を出し，生物多様性の減少に伴う生態系サービスの劣化が**地球環境問題**(global environmental issues)の一つであることを印象づけた．

8.5　生物多様性の保全

前節に挙げた地球規模で進行する生物多様性の減少は，20世紀後半にはすでに世界的に認識されており，国際的にその保全活動の必要性が唱えられた．1970年代には生物や生物の暮らす環境の保全に関係する複数の国際条約(ラムサール条約，ワシントン条約，ボン条約)が採択されている[*15]．これらの条約はそれぞれ個別の対象を設定しており，ラムサール条約は水鳥が利用する湿地の保全，ワシントン条約は絶滅の恐れのある野生動植物の国際取引の制限，ボン条約は異なる国の領土を越境して移動する野生動物の保全を目指した国際条約である．これらの条約の発効やそれに伴う国際的な生物保全活動の高まりを背景に，さらに包括的な生物多様性保全とその持続的な利用を目指した生物多様性に関する条約(**生物多様性条約**，Convention on Biological Diversity)が1992年，リオデジャネイロで開催された国連環境開発会議(地球サミット[*16])で採択された．今日行われている生物多様性保全の多くは，この生物多様性条約を後ろ盾に行われている．このため，本節では生物多様性条約についてより詳細に説明する．また生物多様性条約の締約国は，それぞれの国で生物多様性国家戦略を策定することが定められている．締約国の一つである日本でも生物多様性国家戦略が策定されているので，それについても説明する．

8.5.1　生物多様性条約

生物多様性条約では次の三つの大目標を掲げている．

① 生物の多様性の保全
② 生物多様性の構成要素の持続可能な利用
③ 遺伝資源の利用から生ずる利益の公正で衡平な配分

①については，地球規模で生息環境，種と個体群，遺伝的多様性を積極的かつ包括的に保全することで，進行する生物多様性の減少のスピードを顕著に遅らせることを目標としている．

②では，生物多様性の持続的な利用を目標にすることで，生物多様性が人

＊13　IUCN(International Union for Conservation of Nature)は1948年創設の国際的に活動する自然保護団体であり，世界で最も歴史があり，大きな規模の地球環境ネットワークである．200以上の政府機関や900を超えるNGO，1万人以上の科学者のボランティアなどから構成される．さまざまな自然保護活動を行っているが，個々の生物種の現状を評価し，絶滅危惧種認定を行い，レッドリストを作成する活動が有名である．

＊14　レッドリストとは絶滅危惧種のリストであり，そのなかでは，絶滅危惧種がより詳細にカテゴリー分けされている．絶滅種は絶滅(EX)と野生絶滅(EW)に分けられる．絶滅危惧種には，絶滅危惧種ⅠA類(CR，ごく近い将来に絶滅の危険性が高い種)や絶滅危惧ⅠB類(EN，ⅠA類ほどではないが，近い将来に絶滅の危険性が高い種)，絶滅危惧Ⅱ類(VU，絶滅の危険性が増大している種．近い将来にⅠ類となることが確実)などが含まれる．

＊15　ラムサール条約は1971年に採択され1975年に発効，ワシントン条約は1973年に採択され1975年に発効，ボン条約は1979年に採択され1983年に発効している．日本は1980年にラムサール条約とワシントン条約に加盟しているが，ボン条約には加盟していない．

＊16　リオデジャネイロで行われたこのサミットでは，生物多様性条約のほかに，気候変動枠組み条約と砂漠化対処条約も採択されたため，地球サミットと呼ばれている．

類にとって必要な存在であること，生物多様性から受ける恩恵を次世代に引き継ぐことの重要性を認識することを目的にしている．8.5.3 項で詳しく紹介するが，現在の生物多様性の減少のおもな要因の一つとして，生態系および個別生物種の過剰な利用が挙げられる．私たちは，これらの過剰な利用を継続すると，将来の利用の可能性を著しく減少させるという認識をもたなくてはならない．そのために，伝統的な生物資源管理の見直しや**適応的資源管理**(adaptive resource management)の導入など，さまざまな対策を検討する必要がある．

一般的に，地球上で生物多様性の分布は偏っており，赤道付近の熱帯域など，発展途上国で高い生物多様性が見られることが多い．一方で，生物多様性を利用して利益を上げる国の多くは先進国である[*17]．そのため，高い生物多様性を保有する途上国において，自国で生物多様性を持続的に利用し，保全していく枠組みが策定されにくいことが問題視されるようになった．③の目標では，高い生物多様性を保有する途上国に，生物多様性を利用するための資金や技術を移転することや，多様性から得られた利益の途上国への還元を可能にする仕組みをつくっていくこと(フェアトレードの実現など)を目指している．③は実現が難しい目標ではあるが，これを目標としていることが，生物多様性条約が他の生物保全に関する条約と大きく異なっている点である．

＊17　たとえば，土壌微生物が生産する化合物を利用して新薬開発が行われることがあるが，多くの場合，新しい化合物をつくる生物が発見されるのは途上国で，新薬開発や商品化は先進国の企業によってなされている．

8.5.2　生物多様性国家戦略

生物多様性条約の締約国は，自国内の生物多様性を保全し，その持続的な利用を実現するための国家的な戦略(**生物多様性国家戦略**，biodiversity action plan)を策定することが求められる．日本でも，生物多様性条約と生物多様性基本法に基づき，生物多様性国家戦略が策定されている．最初の生物多様性国家戦略は平成 7 年(1995 年)に策定され，これまで 4 度の改訂がなされ，最新のものは平成 24 年(2012 年)に閣議決定された「生物多様性国家戦略 2012-2020」である[*18]．このなかでは，次の五つの基本戦略を打ち立てている．

＊18　「生物多様性国家戦略 2021-2030」は令和 3 年(2021 年)に策定される予定．

① 生物多様性を社会に浸透させる
② 地域における人と自然の関係を見直し，再構築する
③ 森・里・川・海のつながりを確保する
④ 地球規模の視野を持って行動する
⑤ 科学的基盤を強化し，政策に結びつける

①では，現在，地球規模および国内で進行する生物多様性の急減と，それによる生態系サービスの劣化について国民が広く認知することが重要と考え

られている．また⑤では，将来，生物多様性の減少が生態系や人間社会にどのような影響をもたらすかを予測するために必要な科学的知見の不足を解消することを目指している．②～④では，人がつくってきた里地里山の半自然生態系における人と生物多様性の関係，ダム建築などによって人が壊してきた海と川の上流部とのつながりなどの生態系間のつながり（生態系ネットワーク），さらに資源の少ない日本では国民生活が国外の生物多様性に支えられているという事実を国民が意識しながら普段の活動を行うことを提言している．これらの戦略は，国内で自然共生社会を確立することによって，今の世代だけでなく，次世代・次々世代の国民も持続的に生態系サービスを受けられる豊かな国を実現することを目指すものである．自然共生社会を確立するには，多くの困難な課題の解決が必要であるが，その実現は持続的な国家運営には必要となるだろう．

生物多様性国家戦略では，多様性保全のために，現在どのような理由で国内の多様性が失われているのかについてもまとめを行っている．次の項では，日本での多様性減少を引き起こしている要因について見てみよう．

8.5.3　日本における生物多様性減少の要因

日本で策定している生物多様性条約では，国内で生物多様性を減少させている人間活動を次の四つに大きく分類し，生物多様性の四つの危機としている．

第１の危機　人間活動や開発による危機
第２の危機　自然に対する働きかけの縮小による危機
第３の危機　人間により持ち込まれたものによる危機
第４の危機　地球環境の変化による危機

第１の危機では，多くの人が容易に想像できる多様性の減少要因，つまり森林や湿地を宅地や工業用地として開発し，生物の生息地を大きく改変してしまうこと，また，商業価値の高い生物（たとえばマグロ類やニホンウナギ）を乱獲することで絶滅の可能性を高めてしまうことが挙げられる．この危機は，日本社会が高度経済成長を経験し，国民が豊かになるなかで，宅地や工場用地需要や生物資源の収奪的利用が増加したことに起因している．

第２の危機では，人の手によって管理されてきた里地里山などの半自然生態系において，農林業従事者の高齢化や人口の減少などが原因となって，伝統的に行われてきた重労働を伴う管理が行われなくなる，または簡略化されることで引き起こされるさまざまな要因事象が，生物多様性の減少要因となっている．また，燃料革命や科学技術の向上によって，里地里山から受けていた生態系サービス（生活エネルギーや肥料の獲得など）を化石燃料や化学肥料に置き換えてきたことも，この危機を引き起こす要因になっている．たとえば，薪取り，芝刈り，下草刈り，落ち葉かきなどによって管理されていた里山林は，燃料革命と化学肥料の登場でその利用価値がなくなったため，その多くが管理放棄された．また，明治時代には国土の1割以上に広がっていた半自然草地は，牛馬利用の減少や人工草地の増加に伴い面積が減少の一途をたどっており，現在では明治時代の面積のほぼ1/10に減少している．これらの半自然生態系に暮らす生物の多くは，その個体群維持に人為的な管理が必要であるため，管理の放棄によって絶滅の危機に瀕している．例を挙げると，秋の七草の一つであるキキョウは，半自然草地をその生育地としているが，人による草刈りや火入れなどの管理が放棄されると，草地の植生高[*19]の増加や森林への遷移が進んでしまい，日本各地で減少している．そのため現在では環境省によって絶滅危惧種に認定されている．キキョウのみならず，ヒゴタイ，メダカ，タガメ，オオルリシジミ，マツタケなど里地里山を生息・生育地とする多くの生物が絶滅を危惧されている．さまざまな社会要因の変化が背景となっているこの危機を乗り越えることは，多くの困難を伴うが，2010年，名古屋市で行われた第10回生物多様性条約締約国会議(COP10)の場で，これまで里地里山で見られた人と自然が持続的に共生する社会を世界的に再興していくための取組みを「SATOYAMAイニシアティブ」としてまとめ，日本をリーダーとして国際的にも広めていくことが決められている．

第3の危機には，人間活動のグローバル化に伴って，意図的・非意図的に生物が元の生息・生育地以外の地域(国内外とも)へ移動させられて外来種となり，移動先の在来種を捕食したり競争排除したりするなどの過程を経て減少させてしまうこと，また元々自然界に存在しなかった有害な化学物質などが人間によってもたらされることで生態系が変化してしまうことが含まれる．日本国内の外来種問題については，「特定外来生物による生態系等に関わる被害の防止に関する法律(外来生物法)」によって特定外来生物として認定されると飼育や移動が制限されるなど，その分布拡大を食い止める法的な対処がなされているが[*20]，特定外来生物を国内から根絶させることは困難である．とくに古くから定着している生物に関しては，完全に排除することはきわめて困難である．有名な外来種にはセイタカアワダチソウ，オオクチバス，ブルーギル，ミシシッピアカミミガメ，ウシガエル，アメリカザリガニなどがいる．国内外来種問題としては，遺伝的に系統の異なるゲンジボタルを他地域から導入してしまうことなどが問題になっている．外来種の起こす問題の一つに，在来種と雑種をつくってしまうことも挙げられる[*21]．一方で，日本のクズが北米で侵略的外来種として指定されるなど，日本の生物が他国の生物多様性を脅かしている例もある．外来種問題に対して個人がで

＊19　植物群集において，植物体が覆っている地上からの高さを指す．植生高2mといった場合は，地上から2mの範囲が植物に覆われていることを意味する．半自然草地において管理が放棄されると，ススキやネザサ類などの高茎草本が優占するため，植生が高くなることが知られている．

＊20　外来生物法では，外来種のなかでもとくに生態系や人間生活への影響が強い侵略的外来種を特定外来種として指定し，その輸入だけでなく，飼育，栽培，保管および運搬を原則禁止としている．また野外へ放つ，植える，撒くことも禁止されている．特定外来生物として，ヌートリア，アライグマ，マングース類，ソウシチョウ，カミツキガメ，タイワンハブ，オオヒキガエル，カダヤシ，セイヨウオオマルハナバチ，アルゼンチンアリ，カワヒバリガイ属，オオハンゴンソウ，アレチウリなど100を超える分類群(種，属，科)が指定されている．

＊21　外来種と在来種の間の雑種形成によって在来種固有の遺伝組成が失われること(遺伝子撹乱)が問題になっている．例を挙げると，タイワンザルとニホンザルの雑種，オオサンショウウオとチュウゴクオオサンショウウオの雑種が形成されていることが大きな問題として取り上げられている．

きることとして，むやみに国内に「入れない」，飼育・栽培している外来種を野外に「捨てない」，野外に侵入している外来種を他の地域に「広げない」ことが挙げられる．人為的な化学物質の導入の影響としては，農薬や化学肥料が使用後に長期間にわたって周辺や流域下流の生態系に残留し，生物に影響を与え続けることが問題になっているが，これらの残留化学物質がどのように生態系に影響を与えているのか，そのメカニズムについては未解明のことが多い．今後のさらなる研究や対応策が待たれる．

第4の危機は，地球温暖化や気候変動，海洋の酸性化などによる生物多様性の減少を含んでいる．IPCC（気候変動に関する政府間パネル）のレポートでは，現在，地球全域にわたって気候が変化しており（世界平均地上気温の上昇を含む），その変化はおおむね人間活動によって引き起こされることが示されている．多くの生物は，文化的にある程度は適応できるヒトとは異なり，この平均気温の上昇やそれに伴う気候変動や生態系の変化によって大きく影響を受けると考えられる．たとえば，海水温度の上昇が世界的に観測されているが，この水温上昇がサンゴ礁の減少の一因になっていることが指摘されている．また，北極海の海氷の減少により，ホッキョクグマの生息環境が悪化しているとの報告もある．しかし，地球温暖化が生態系にどのような影響を与えうるかについては，科学的な知見が圧倒的に不足しており，温暖化後の将来予測に必要な情報を集めるためにも科学的な研究の推進が求められる．

生物多様性国家戦略では，生物多様性を減少させる要因について四つの危機をまとめ，それぞれの危機に対して個別に対応策を考えることで，国内での多様性保全を促進することを掲げている．また，ここで挙げられている生物多様性の減少要因は，世界的にも多様性を大きく減少させる要因として考えられている．

8.6　生物多様性ホットスポット

世界的な生物多様性減少は大規模かつ急速に進行しているため，現在，絶滅の危機に瀕している種や劣化した生態系のすべてを保全することは困難と考えられている．また，生物多様性減少以外にも，地球温暖化，大気・水質・土壌の汚染，酸性雨，オゾン層の破壊などの対応すべき他の地球環境問題があるなかで，生物多様性減少問題の解決へ配分される金銭的・人的資源は限られる．限られた資源を有効に活用し，生物多様性を効率的に保全するためには，保全対象（地域や種）に優先順位をつけ，順位の高いものへ保全に配分された資源を重点的に投資する必要があると考えられている．この考え方を背景に，保全の優先順位が高い地域を選定したものの一つが**生物多様性ホットスポット**（biodiversity hotspot）である．その概念はマイヤーズ（N.

Myers)によって提唱され，「地球規模で，生物多様性およびその固有性が高く，その高い多様性が現在，人間活動によって急速に失われている地域」を生物多様性ホットスポットとして優先的保全地域に設定するものである．現在，コンサベーション・インターナショナル(Conservation International)というNGOが「1500種以上の維管束植物の固有種が生育している(代替のない生物相をもっている)」，「原生植生が30% 以下しか残存していない(生態系が大きく劣化している)」という二つの厳格な基準に従って，その選定を行っている．初期にはマダガスカルやブラジルのセラード，東南アジアのスンダランド，中国南西部山岳地帯などが選定されており，その後，東ヒマラヤなどが追加され，現在35地域が選定されている．選定された地域の総面積は陸上の2.3% にすぎないが，この地域で植物の50% 以上，両生類，爬虫類，鳥類，哺乳類の約43% の固有種が生育・生息している．生物多様性ホットスポットに対しては，その選定基準について批判的な意見も出されているが，優先順位のつけ方に一定の基準をもつというアイデアを提案していることに意義がある．また，この生物多様性ホットスポットの概念は，世界的規模の地域の指定だけでなく，特定の地域内の生物多様性ホットスポット(local biodiveristy hotspot)を認識し，優先的な保全対象地として指定することへも応用できる．

日本も第二次選定の際に，生物多様性ホットスポットとして認定されている．日本は国土が南北に広く分布し，国内の標高差が大きく，モンスーンの影響によって平均的な降水量が多く，周囲を海洋に囲まれていることによって国内に非常に多様な環境があり，ユーラシア大陸の東端に位置するため固有種が多い．一方で，高い人為圧によってその原生植生が著しく改変されているために，生物多様性ホットスポットとして認定された．国際的に価値を認められている国内の生物多様性をどのように保全していくのか，生物多様性国家戦略で目指す自然共生社会の実現が日本へ求められる課題となっている．

練習問題

1 いまだに地球上に生物が何種いるのか明らかにできないのはなぜか，その理由を説明しなさい．

2 生物多様性を考えるうえで重要な三つのレベルを挙げ，それぞれ説明しなさい．

3 α，β，γ 多様性をそれぞれ説明しなさい．

4 20世紀以降，顕著になった地球規模での生物多様性減少について，過去の大絶滅と比較して，その特徴を説明しなさい．

5 生態系サービスとは何か説明しなさい．

6 生物多様性条約の目標の一つに「遺伝資源の利用から生ずる利益の公正で衡平な配分」が掲げられている．その理由を述べなさい．

7 日本で策定されている生物多様性条約 2012-2020 のなかで掲げられている五つの基本戦略を挙げなさい．

8 日本における生物多様性減少の要因の一つとして「自然に対する働きかけの縮小による危機」が挙げられている．その内容を説明しなさい．

9 外来生物はなぜ問題なのか，説明しなさい．

10 生物多様性ホットスポットの概念を説明し，なぜ日本がホットスポットとして認定されているのか述べなさい．

9章 生態系サービス

生態系は生物と環境からなるシステムであり，人間もその一部を構成している．人間は生態系から多大な恩恵を受けている．人間が生態系から受ける利益は**生態系サービス**(ecosystem services)と呼ばれる．生物多様性は生態系の基盤をなしており，それが低下すると生態系サービスも低下する．生態系サービスには供給サービス，調整サービス，文化的サービス，基盤サービスがあり，この章ではそれぞれの生態系サービスについて解説する．

9.1 供給サービス

供給サービス(provisioning services)とは生態系から直接得られるもので，食料，木材，燃料，遺伝資源，医薬品などが提供される．

人間は生態系から食料を得てきた．科学が発達し，品種改良が進み，人工栽培や飼育がされるようになったが，今でも食料を合成することは一般的にはできない．また，住居や家具などの多くは木材を使い，本や新聞などに使用する紙も木材に由来する．さらに，私たちの着ている服も化学合成繊維が増えたが，まだまだ植物繊維や羊毛などの動物の毛が使用されている．また水産資源は，一部は養殖されているが，ほとんどが天然のものが利用されている．

人間の生活や経済活動には大量のエネルギーが必要とされるが，そのエネルギー源の多くは原子力，石油，石炭などである．しかし燃料革命が起こるまでは，樹木を炭や薪として利用してきた．家庭用燃料としては，今でも樹木に頼っている地域も多い．

生態系には多くの遺伝子がプールされており，人間にとって有用な遺伝子も数多く存在し，人類はこれまでもそれらを利用してきた．野生の生物は，栽培植物や家畜の品種改良などに使われ，人間の生活にとって欠かせないものである．さらに近年では，他の生物の遺伝子を組み込んだ耐病性の品種な

Column

放線菌から得られた医薬品

大村智博士（北里大学特別栄誉教授）は，熱帯で発生するオンコセルカ症の特効薬としてイベルメクチン（ivermectin）を開発し，2015年にノーベル生理学･医学賞を受賞した．オンコセルカ症はブユによって媒介される回旋糸状虫（*Onchocerca volvulus*）によるフィラリア感染症で，ひどい場合は失明に至る。感染した多くの人がイベルメクチンによって救われた．

大村博士は、静岡県伊東市で採取した土壌中にいた放線菌（*Streptomyces avermectinius*）の生成物からアベルメクチン（avermectin）を発見し，それをイベルメクチンとして改良した．また，すでに発見されている結核の特効薬ストレプトマイシン（Streptomycin）も，放線菌の一種から得られている．このように自然界には，まだ発見されていないが，人間にとって有益な生物が数多く存在している可能性があり，これらの保全は必要であろう．

どもつくりだされている．

漢方薬などのように，採集したものを直接に利用してきた医薬品もある．さらに，有効な成分を抽出したり合成したりして，医薬品として使用している．たとえば，インフルエンザ治療薬として知られるオセルタミビル（oseltamivir）は，香辛料の八角[*1]に含まれるシキミ酸からつくられている．現在は石油などからも合成されている．

＊1　中華料理で香辛料として使われる．日本のシキミの近縁種．

9.2　調整サービス

調整サービス（regulating services）とは，生態系が環境に作用し，大気質の安定化，気候調節，水の調節，土壌侵食防止，自然災害の防御などをもたらすことである．

9.2.1　炭酸ガスの吸収と酸素の供給

地球が誕生したときの大気中には，水蒸気や高濃度の二酸化炭素や窒素が含まれ，そのうち二酸化炭素は海水に吸収されてカルシウムイオンと結合し，減っていった．この時代に酸素はほとんど存在しなかったが，27億年前に光合成を行うシアノバクテリアが誕生し，二酸化炭素を吸収し，酸素を放出するようになり，大気中に酸素が増えていったといわれている（1章参照）．約5億年前に陸上植物が出現してからは，酸素濃度がさらに増加し，現在の大気組成ができあがった．

現在，大気中には約829 PgCの炭素が存在し，陸上植物には450～650 PgCの炭素が含まれている．土中には泥炭（でいたん）も加えて1500～2400 PgCがある．陸上植物は毎年，光合成（総生産）により123 PgCの炭素を吸収し，呼吸（群集呼吸）で 118.7 PgC を放出する（図 5.7 参照）．遺体として土中に光合成量と呼吸量の差分の 43 PgC が残る．

9.2.2 気温の緩和

陸上植物には蒸散作用があり，植物体を通して水を蒸散させる．その気化

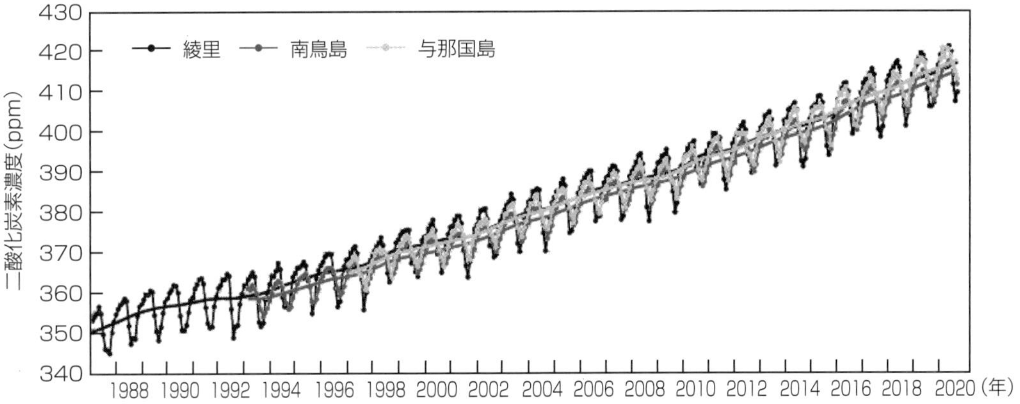

図 9.1 大気中における二酸化炭素濃度の経年変化

気象庁ウェブサイト（https://ds.data.jma.go.jp/ghg/kanshi/ghgp/co2_trend.html）より．

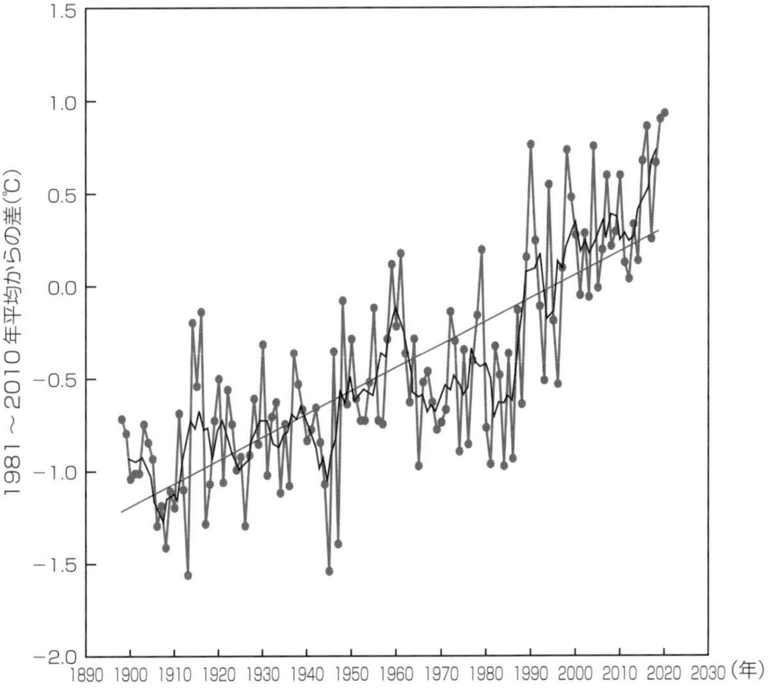

図 9.2 日本の年平均気温偏差の経年変化（1898～2020 年）

薄い黒：各年の平均気温の基準値からの偏差，黒：偏差の 5 年移動平均値，赤：長期変化傾向．
気象庁ウェブサイト（https://www.data.jma.go.jp/cpdinfo/temp/an_jpn.html）より．

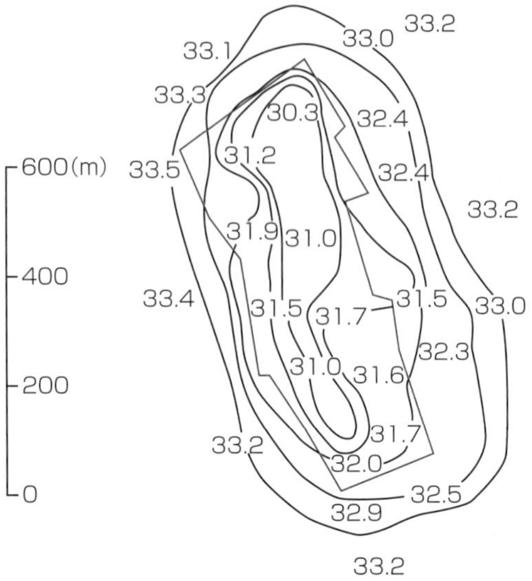

図 9.3　小石川植物園の夏期 14 時における気温分布

単位は℃，赤い線は敷地境界．丸田頼一，気象研究ノート，119，65 (1974) より．

熱で，直射日光が当たり，温度が上昇した植物体を冷やす．それが周囲の気温も下げ，気候を緩和する．

近年は，森林の大規模な伐採や化石燃料の使用などにより二酸化炭素の放出量が多くなり，温暖化の一因にもなっている．気象庁によると，二酸化炭素の濃度は，1980 年代後半には約 350 ppm だったが，2018 年には 410 ppm を超えた(**図 9.1**)．2020 年の日本の年平均気温も，基準値(1981 ～ 2010 年平均気温)からの偏差は + 0.95 ℃であり，100 年あたり 1.26 ℃の割合で上昇しているといえる(**図 9.2**)．

都市部では森林があると，その周辺の夏の気温を低下させることができる．1974 年，東京の小石川植物園で夏期の気温分布が測定された．小石川植物園は森林で被われており，内部は外部より気温が 2 ～ 3 ℃低い．また，風の強さや向きによっても変わるが，気温の低下が植物園周辺の 50 ～ 100 m 範囲にわたって認められた(**図 9.3**)．これらのことから，市街地で緑地が多ければ，ある程度ヒートアイランド現象を抑えることができると考えられる．

9.2.3　緑のダム

森林があると，山に降った雨は林冠[*2]を通り，地面に達する．そのときに 10 ～ 20%の水が林冠に補足され，蒸発する．これは年間の降水量に対する平均値であり，1 回あたりの降水が少ないと補足される割合が高くなり，多いと低くなる．補足されなかった雨は地上に達し，地面にしみ込み，地下水となって流れていく．そのときに土壌の**団粒構造**が発達していると，その空隙(くうげき)に水が吸収され，降雨がある程度以下だと土壌中に留まり，ほとんど流

＊2　林の上部で，太陽光を直接に受ける高木の枝葉のかたまり．

れ出さない．この一時的に水をためる機能が**緑のダム**といわれる由縁である．ただし１回の降水が多すぎると，吸収されない雨は地表面を伝って流出する．土中に留まった水は，その後徐々に一部は蒸発し，一部は地下水となって流れ出す．

アメリカでは，１降雨あたりほぼ同じ降水量で，異なる森林タイプから流出する水量の違いが測定されている（**図 9.4**）．その測定結果によると，荒廃

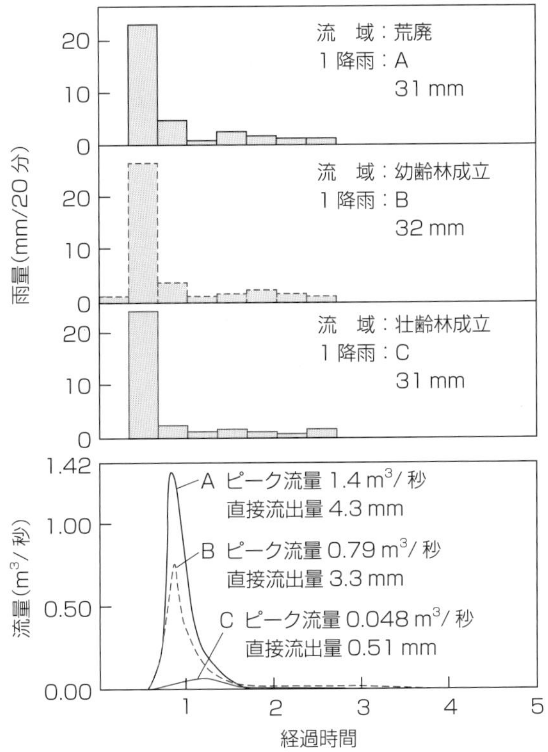

図 9.4　荒廃流域への造林による直接流出量の減少と流出量の平準化

TVA 1962．只木良也，『新版 森と人間の文化史』，NHK ブックス（2010）より．

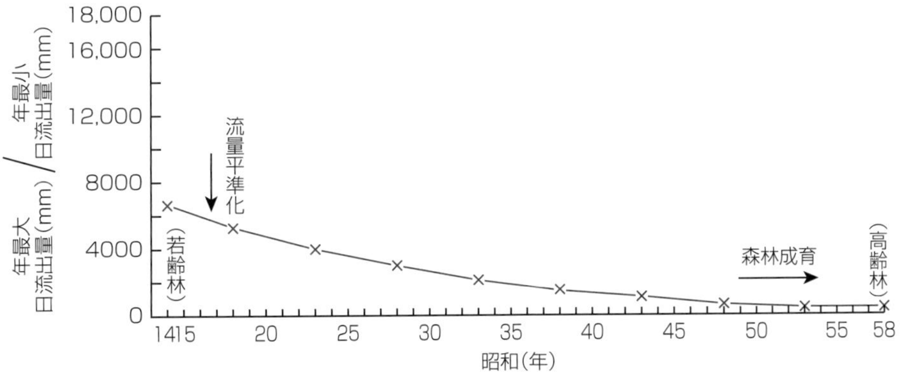

図 9.5　森林の生育に伴う中期流出の平準化

国立林業試験場山形試験地．只木良也，『新版 森と人間の文化史』，NHK ブックス（2010）より．

地では降った雨が一気に流れ出すが，壮齢林では土中に留まり，流れ出す量は少ない．森林が緑のダムであるのは，保水機能をもち，流出量を平準化するために渇水期でも河川への流水を期待できるからである．

図 9.5 は，山形林業試験場で測定され，年最大日流出量と年最小日流出量の比を表したものである．この値が大きいと流出量の変動が大きく，小さいと変動が少ないことを示している．若齢林であると水の供給量の変動が大きく，高齢林になるにつれて変動が小さくなり，安定してくる．一方で，森林が発達すると蒸散量も多くなるので，その分，総流出量は減ると考えられる．

以上の機能は，洪水防止や干ばつ防止などの保全サービスにつながる．

9.2.4 崩壊防止

森林が発達すると地下部も発達し，樹木の根が網の目状に広がり，それぞれ絡まって地表面を緊縛する．また，直根性の樹木は地中に深く根を張り，土壌を固定する．図 9.6 は，1972 年に愛知県小原村と足助町(現豊田市)で起こった集中豪雨での山崩れと，アカマツ林の林齢との関係を示したものである．これによると，林齢約 10 年まで崩壊数，崩壊面積とも増加し，その後減少していることがわかる．アカマツの伐採後約 10 年で根が腐り，植林してもまだ十分根を張っていないので，土壌の緊縛力が弱まり，崩壊が起こりやすくなったと考えられる．ただし，森林が発達しているからといって安

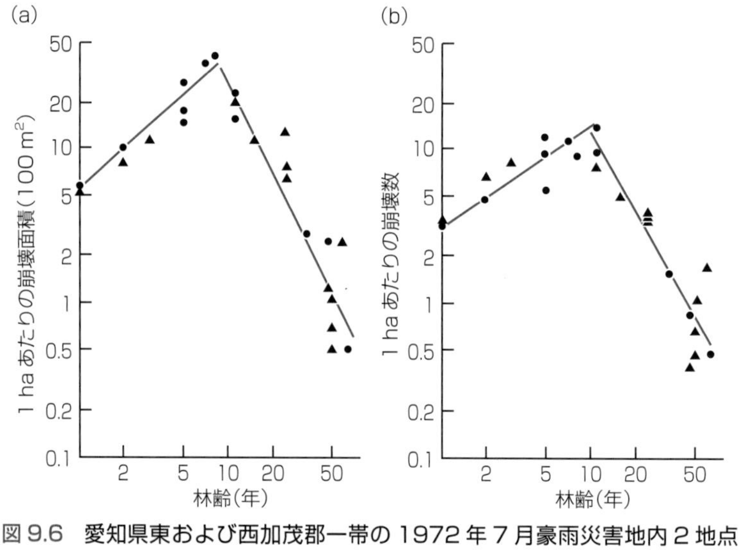

図 9.6　愛知県東および西加茂郡一帯の 1972 年 7 月豪雨災害地内 2 地点での林齢と崩壊の関係

▲：愛知県東加茂郡足助町月原足助町共有林，■：愛知県西加茂郡小原村竹平大ヶ蔵連国有林．縦軸，横軸とも対数表示．中西哲，自然災害特別研究成果，A-51-4, 41 (1975) より．

心はできない．集中豪雨などでは，土壌の保水容量をはるかに超え，樹木の根が張っている下から深層崩壊が起こることもあるので，注意が必要である．

植生が地表面を覆うことで，雨が降っても土壌の流出が起こりにくくなる．土壌が流出すると，それが川底に蓄積されて水深が浅くなり，洪水が起こりやすくなる．これが繰り返されると，川底が周囲よりも高くなる天井川になる．森林では，針葉樹林よりも広葉樹林のほうが土壌流出が少ないといわれている．広葉樹の落ち葉は地表面を覆い，降雨が直接地面にあたるのを防ぐので，土壌流出は起こりにくい．また葉は，針葉樹に比べて分解しやすく，土壌の団粒構造を形成しやすいので，降った雨を吸収する．逆に針葉樹は，密度が高いと林内が暗くなり，下層木や草本が育たず，地表を覆うものがなくなるため，雨が直接地面にあたり，土壌が流出しやすくなる．

9.3　文化的サービス

文化的サービス（cultural services）とは，生態系が人間に対して文化的な価値観を与えることで，宗教的価値，知識・教育的価値，文学・芸術的価値，審美的価値，娯楽・エコツーリズム的価値などがある．

日本には古来，アニミズム的宗教があり，自然を崇め，崇拝してきた．生態系は，これらの宗教的価値を提供してくれる．また，生態系からはさまざまな知識を得ることができ，生物のもつ機能や構造からさまざまな発明品が生まれてきた．豊かな自然・生態系には審美的価値があり，それが文学や芸術の題材にもなる．さらに私たちは，ハイキングをしたり森林浴をしたりすることで，心身をリラックスさせることができる．ストレスがたまると唾液中のコルチゾール[*3]が増えるが，森林浴でそれが減少するといわれている．

また，樹木からフィトンチッドと呼ばれる揮発性物質が放出され，それに殺菌作用があるといわれている．昔から柏餅，ちまき，桜餅など植物の葉に餅をくるんだり，弁当のおかずのしきりにハラン[*4]を使ったりするのは，これらを利用することで食物が腐りにくいことが経験的にわかっていたのではないかと考えられる．

＊3　副腎皮質ホルモンの一種で，ストレスがたまると増加する．

＊4　キジカクシ科の植物．料理の飾りやおかずのしきりに使われる．

9.4　基盤サービス

基盤サービス（supporting services）は，調整サービスと共通している部分もあるが，生態系自身を維持するためのサービスであり，私たち人間にとってきわめて重要である．まず，植物は生産者として光合成を行い，外部のエネルギーを生態系に取り込む．動物は消費者として，植物を採食することによって，このエネルギーを利用して生きている．これがさらに高次の消費者に利用され，生態系内を循環し，最後には環境へ放出される．また光合成は，二酸化炭素を吸収し，生物にとって必要な酸素を供給している．さらに炭素，窒素，リンなどの栄養塩類や水は，食物連鎖を通じて生態系を循環している（5章参照）.

練習問題

1 生態系がもつ供給サービスについて述べなさい.

2 緑のダムとはどのような機能を指すのか述べなさい.

3 文化的サービスとは何か述べなさい.

4 調整サービスとは何か述べなさい.

10章 持続的な農業生態系

生態学は関係性の学問であり，必ずしも人間を含まない．しかし農業は農民の生業(なりわい)であり，人間の自然への働きかけそのものである．したがって，**農業生態系**は人間が自然を改変してきた結果である．とくに近年，平坦な陸上生態系は人間の開発行為によって致命的ともいえる打撃を受けてきた．自然の恵みを今の世代で使い尽くさず，末永く受け続けられるような関係をつくることが大切である．この章では生態系の恵みを農業にいかに利用し，その恵みをいかに後世の人々に残していくかを考えよう．

10.1　野草，作物，雑草と人間

コムギやイネなどの**作物**を，同じ仲間の野生の植物から農民が**栽培化**(domestication)したことにより，生産力が高まり，余剰生産が生じた．これにより人類の文明が発達したといっても過言ではない．中尾佐助[*1]は図10.1のように文明と作物の起源地を整理している．普通，栽培化は，食べる部分が大きい，おいしい，病気に強い，粒が勝手に落ちないなど優良な特質(農業形質)をもったものを選抜することから始まっている．すなわち，作物は長年，農民が育てたものであり，その土地に合ったものが選ばれた．これらを**在来種**(土着品種)という．反対に**雑草**は，農民が嫌がって農耕地から排除しようとしたのに，農耕地に**適応**してしまった植物である．

＊1　アジア，アフリカの民族探検学者．著書に『栽培植物と農耕の起源』，岩波新書(1966)など．

作物には，穀物と呼ばれるイネ科の種子を活用するもの，リンゴやナシのように果実を食べるもの，根菜といわれるジャガイモやサツマイモのように地下の肥大した茎や根を食べるもの，ハクサイやキャベツのように葉を食べる葉菜など，それぞれの用途に合ったさまざまな品種群が開発されている．これらは野生の種類と比べると活用する部分が大きく，特殊化していて，人間が管理しないと自然には生きていけない．

陸地の平らな部分はほとんど開発され，耕地面積は飛躍的に増えてきた．

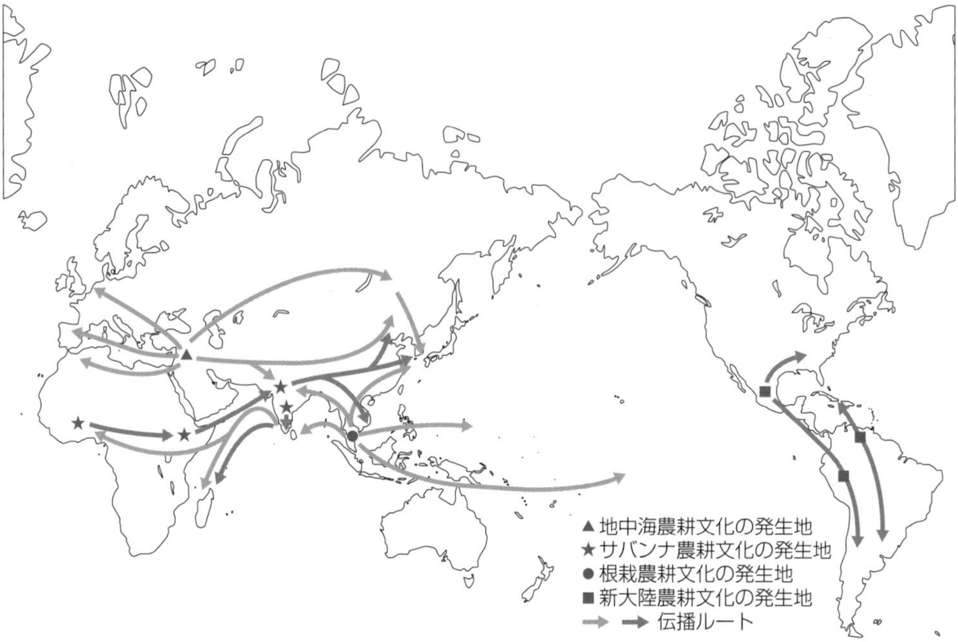

図 10.1　世界の四大農耕類型
中尾(1966)より.

日本では江戸時代から開田が進み，1960年代に700万haとピークに達した．東南アジア，アフリカ，アマゾンなどの開発も進み，世界の耕地面積は急激に増えて今や15億haとなった．しかし，耕地面積の増加は人口増加のスピードに追いつかず(**表 10.1**)，飢餓が予測されている．すなわち，もうすでに開発できるところは地球上になく，単位面積あたりの収量の増加に期待せざるをえなくなっている．ところが，決定的な技術革新の可能性は**遺伝子組換え技術**など非常に限られたものである．とくにアフリカの人口増加と飢餓へ

表 10.1　20世紀後半～21世紀前半における人口の推移と農業用地面積[1)]

地域[2)]	1950年人口	2000年人口		2050年推定人口			農業用地[3)]	
	(100万人)	(100万人)	1950年比(%)	(100万人)	1950年比(%)	2000年比(%)	(100万ha)	ha/人
世界	2522	6055	240	8909	353	147	4931	0.814
先進国	853	1307	153	1322	155	101	1874	1.434
占有率[4)]	34	22		15			38	
発展途上国	1669	4748	285	7587	455	160	3058	0.644
占有率	66	78		85			62	
日本	84	127	152	105	125	83	5.54	0.044
占有率	3.3	2.1		1.2			0.11	

[1)]国連食料農業機関(FAO)統計データベース(2000)による．[2)]先進国はヨーロッパ諸国(バルカン諸国を含む)，旧ソ連域内の諸国，アメリカ，カナダ，オーストラリア，ニュージーランド，南アフリカ，イスラエルおよび日本．[3)]耕地と永年草地の合計面積，1993～97年の5カ年平均値．[4)]世界全体に対する割合(%)．日本作物学会編，『作物学事典(普及版)』，朝倉書店(2012)より．

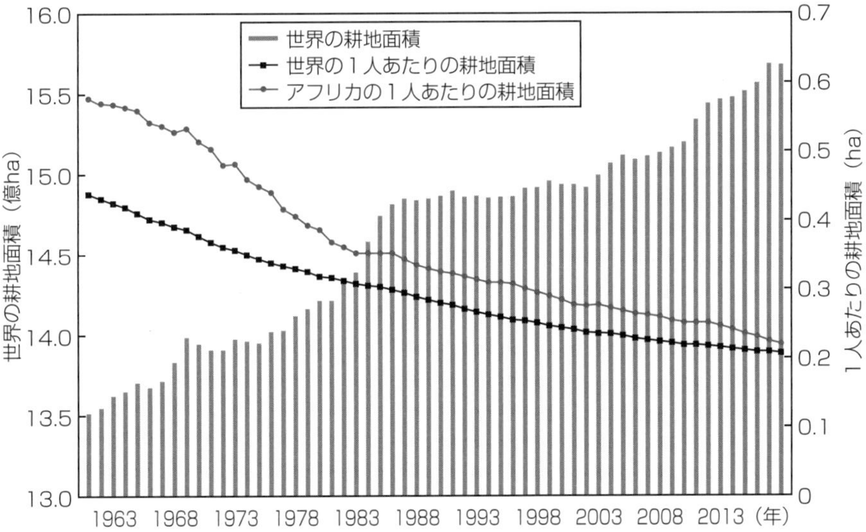

図 10.2　世界の耕地面積と1人あたりの耕地面積の推移
FAO 統計データベースを元に作成.

の不安は深刻である(図 10.2). サハラ砂漠以南のアフリカの場合, 肥料の投入が少なく, 焼畑の火入れによる地力の減耗が激しく, 穀物が根に寄生するストライガ〔図 10.4 (b)参照〕という雑草に養分を吸われ, 生産量が減少している. アグロフォレストリー (次節参照)のような持続的な生産体系の構築が求められている.

農業はその規模によって環境に対する影響が異なる. 日本を含む東アジア, 東南アジア, インド, アフリカなどの1戸あたりの耕地面積は1～2 ha ときわめて小規模である. これに対して大まかに見ると, ヨーロッパの農家ではおよそ10倍, アメリカ, カナダ, ブラジル, オーストラリア, アルゼンチンなどの農家ではおよそ100倍の広さである.

10.2　適地適作と作付け体系

もともと水が冷たい高冷地や水田の水口には, 寒さに強いモチ品種が作付けられた. その土地に合った作物や品種を選択することを**適地適作**という. 水田は水の力で**連作**[*2]できるが, 畑はそれができない. 連作により線虫や土壌病害が発生したり, 他感作用(アレロパシー)物質が蓄積したり, 肥料分が偏ったりして**忌地**(いやち)**現象**が起こるからである. このため, 畑では作付けの順番を考え, 連作を避けるようにする.

＊2　毎年, 毎作連続して同じ種類の作物を栽培すること.

水田は, 等高線に沿って曲がった畦(あぜ)よりも大区画の方形のほうが機械作業の効率が高い. 水系や自治体単位で基盤整備をして, 農道や用排水路を整備し, 水田内には暗渠(あんきょ)を施工して, 稲作期間外は水田を乾かして乾田にする.

日本の水田はもともと，イネとムギを作付ける**二毛作**が一般的であった．6月にコムギを刈って田植えをするのが普通であったが，1960年代にコムギの貿易自由化が始まって水田裏作が作付けされなくなり，急激にイネの**単作**(モノカルチャー，後述)化が起こった．さらに，食味の点からコシヒカリなどの品種群に偏重した稲作となり，作期は早期化して，5月初めの連休期間中の田植えが普通になった．趣のあった水田地帯は単純化され，米の生産工場と化した．

熱帯では**移動耕作**(焼畑，shifting cultivation)が行われている．日本でも第二次世界大戦前には各地で行われていた．雑木林を焼き，陸稲や雑穀，サツマイモ，カブなどを作付ける．肥料分がなくなり，雑草が増えてくると，その場所を放棄して，次の山を焼く．こうした耕作では，作物の種子以外は農耕地の外から何も入れない．雑木林を焼いてできた木灰と降雨によって作物を生産する持続的な農業である．しかし，畝立てがまずかったり，大雨がきたりすると土壌流亡が生じ，徐々に土地が痩せてしまう．このため，**マメ科作物**を入れることによって，根粒菌の力で**空中窒素の固定**を図ったり，地面を覆う植物を用いて土壌の流亡を防止したりしている．日本で栽培されているおもなマメ科作物としては，全国の転換畑でダイズ，北海道の畑でアズキが挙げられる．熱帯では，もやしの原料となる緑豆や自給用のササゲが多い．水田の畦にはかつてダイズが栽培されていたが，今ではまれである．

熱帯のサバンナでは太陽の光が強いため，林の中に畑がある光景を見かける．これを**アグロフォレストリー**という．根粒菌で窒素を固定するタマリンドのようなマメ科の木を始め，マンゴー，パパイヤ，バナナなど熱帯果樹を栽培しながら穀物やマメ科作物を栽培する方式である．植えられる木は，コーヒーやココアといった換金作物や，高級な家具材料であるシタン，薬用植物のノニなどの場合もある．うまく回転すれば，樹木や果実の生産，つる性の豆と穀物の生産が同時にできるので，一石二鳥の作付け方法である．

有機農業は，農耕地土壌を作物残渣などで覆い，堆肥を投入して作物生産をする持続的な農業形態である．環境のためにはいいが，生産量が少ないことと栽培面積の制約が課題である．窒素の固定には，根粒菌だけではなく，藍藻や放線菌も役立っている．その一例として，オオアカウキクサ(アゾラ)と共生している藍藻は空中窒素を固定する．

熱帯でもう一つの農業形態として，コーヒー，カカオ，紅茶，アブラヤシ，バナナ，パイナップル，香辛料などの**プランテーション栽培**がある．熱帯雨林や熱帯サバンナ林を切り開き，大規模な農地に改変して企業的にこれらの作物を生産し，先進国に輸出してきた．これは西洋の植民地支配の歴史的遺産でもあるが，一番の問題は**モノカルチャー**である．大規模に単一品種を多量に栽培することは，気象変動や病虫害の大発生など，農業の脆弱性の一端にもなっている．

10.3　光合成効率と作物生産

作物は，太陽の光，土中から吸い上げた水と空気中の二酸化炭素(CO_2)を用いて**炭酸同化作用**を行う．**光合成**は，光を吸収する明反応と炭水化物をつくる暗反応からなる．光合成は，CO_2 の還元回路の違いにより，C_3 植物，C_4 植物，CAM 植物に分けられる．**C_4 植物**は，光合成の過程で一般の CO_2 還元回路である**カルビン・ベンソン回路**のほかに，CO_2 濃縮のための C_4 経路をもつ光合成の一形態の植物群である．C_4 経路という名称は，CO_2 固定において初期産物であるオキサロ酢酸が C_4 化合物であることに由来する．C_4 植物の葉の断面を観察すると，維管束の周りを取り囲むように維管束鞘細胞が配列し，その周りを葉肉細胞が取り囲んでいる．トウモロコシやサトウキビを代表として，畑に生えるメヒシバやオヒシバなどの雑草も多く C_4 植物に含まれる．これに対してカルビン・ベンソン回路しかもたない植物を**C_3 植物**という．C_3 植物はイネやコムギを代表として，湿地を好む種に多い．**CAM 植物**は，砂漠などの多肉植物や，水分ストレスの大きな環境に生息する着生植物に多く見られる．CO_2 の取込みを夜に行い，昼に還元する植物である．CAM とはベンケイソウ型有機酸合成のことで，crassulacean acid metabolism の略である．

農業とは，単位面積あたり，少しでも多くの光合成産物を得ようとする産業である．一般に水の少ないところや高温・強光条件では，C_3 植物より C_4 植物のほうが成長が早く，光合成効率も高い．同じ C_3 植物でも，サゴヤシやケヤキのような樹木とイネやコムギのような草本性の作物とでは，どちらの光合成効率が高いだろうか．樹木のほうが高いといわれている．これは階層構造が発達しているため，無駄なく効率的に太陽エネルギーを活用できるからである．高収量を得ようと C_3 作物に C_4 回路を導入する研究が数多く行われているが，いまだ実現していない．

10.4　世界の三大穀物の生産と取り巻く生態学的状況

穀物は，植物の種子を食用とするデンプン質を主体とする食材である．多くは各国で主食の材料として用いられている．トウモロコシ，コムギ，イネは**世界三大穀物**と呼ばれ，世界で年間約 6 億トンずつ生産されている．

10.4.1　イ　ネ

イネは湛水(たんすい)条件で連続して栽培できる数少ない半水生作物のため，洪水が常襲的なアジアモンスーン地帯で好まれて栽培されてきた(図 10.3)．浅い湛水という条件が，手をかければかけるほど収量が上がった．それで，アジ

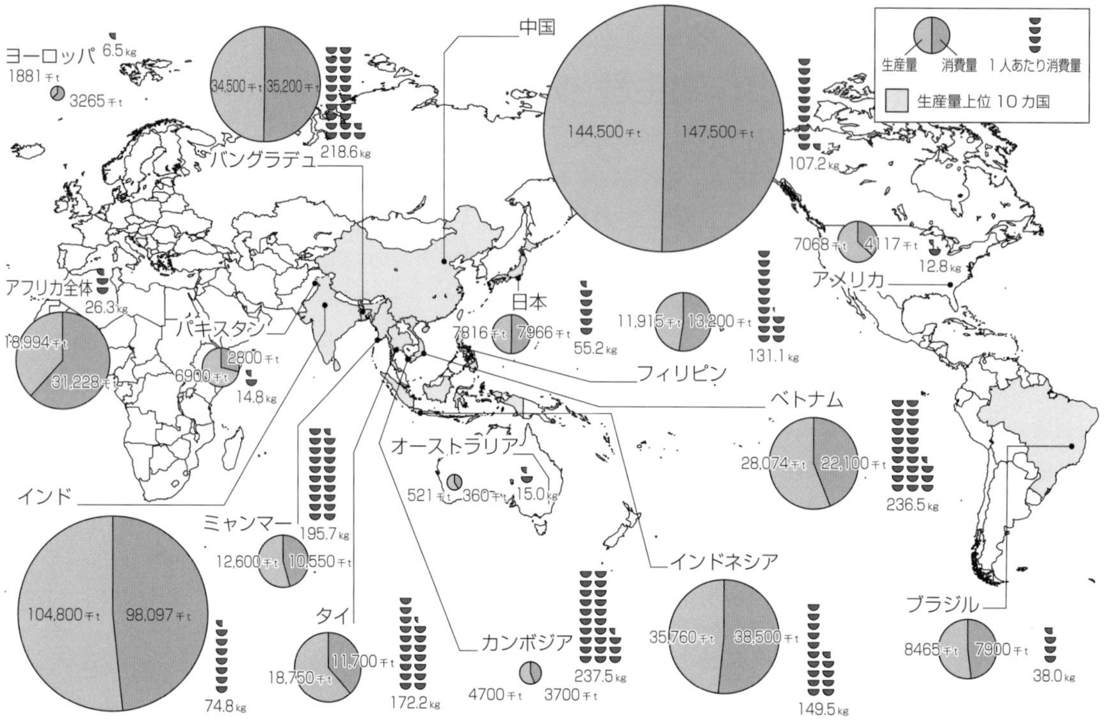

図 10.3　生産量と消費量で見る世界の米事情(2015年)

農林水産省ウェブサイト(https://www.maff.go.jp/j/pr/aff/1601/spe1_02.html)より.

アでは小規模経営でも自給自足の生活ができた．イネは湿潤アジア中心の田んぼでつくる作物であるが，最近ではアフリカでも栽培されるようになった．日本，韓国，中国では灌漑(かんがい)田の移植栽培が中心であり，日本や韓国では田植え機が利用されている．タイ，フィリピン，マレーシアなどの灌漑田では移植から直播への転換が見られる．湛水環境は水鳥にとっての繁殖地でもあり，ラムサール条約[*3]などにより生物多様性の維持が求められている．水田は，湛水することにより有機物の消耗が少なく，病虫害や雑草の発生が少ないため，資源循環型で持続しやすい農業形態である．したがって水田は，水稲(すいとう)の栽培をしながら生物多様性も維持できる数少ない農地である．

＊3　1971年に制定された，水鳥の生息地として重要な湿地の保存に関する国際条約．8.5節も参照．

イネ(アジアイネ，オリザ・サティバ，*Oryza sativa*)のほかには，西アフリカを中心に栽培されているアフリカイネ(グラベリマイネ，*O. glaberrima*)があるが，通常「イネ」という場合は，99% 以上の栽培を占める**アジアイネ**を指す．その祖先は，中国雲南からインド北西部に自生するオリザペレニス(*O. perennis*)と推定されている．近年では，1万年ほど前に長江中・下流域(湖南から江南)で稲作が起源したとする説が有力である．

1960年代後半に始まった国際イネ研究所を中心とした**緑の革命**で，半矮(わい)

表 10.2 イネの栽培方法

移植	成苗移植(手植え) 苗代をつくって苗をとり，田植えをする
	機械移植(中苗，稚苗，乳苗) 田植え機で苗箱規格の苗を植える
	不耕起植え棒移植 棒で穴を開け，大きな苗の葉先を切って植える
直播	乾田直播 乾いた田んぼ(畑の状態)にイネの種を畑作物のように播いて育てる
	潤土直播 代かきをして，水を落として芽が出た種を手で一面に播く
	湛水直播 代かきをして，酸素補給剤で被覆した種を機械で筋状に播く

性遺伝子[*4]を入れた短稈のインディカ品種 **IR-8** は，施肥をして水が十分にあれば多収となった.

1980 年代から東南アジアの工業化に伴って，水稲栽培は**移植**から**直播**に移行してきた(表 10.2)．直播には乾田直播，潤土直播，湛水直播がある．これらは田んぼに水を入れる時期が異なる．潤土直播は，耕運をした後，水を入れて代かき[*5]をし，芽出しをした種籾をたくさん播く．数日のうちに苗立ちを確認した後で肥料を施す．水を入れる時期が早まることにより，雑草の発生が乾田直播＞潤土直播＞湛水直播の順に少なくなる.

＊4 イネやコムギが実っても倒れにくくするため，作物の草丈を短くする遺伝子.

＊5 田植えや播種の 2，3 日前に田面を平らにならし，水をためやすくする作業.

トビイロウンカはイネ幼苗の吸汁による直接被害に加えて，それが媒介する病気を引き起こす．トビイロウンカの媒介による**ツングロ病**は，1980 年代初めに熱帯各地で蔓延したイネの重要なウイルス病である．この対策として，①雨季作と乾季作の間に 1 カ月ずつの休閑期を設けること，②収穫後の稲わらを焼くこと，③ウイルス抵抗性イネ品種に置き換えることが提唱され，マレーシア政府がこれらを実行して蔓延を防止した.

1990 年代初めに直播となって，移植の頃にはまったくなかったイヌビエなどのヒエ類が，ひたひた水の条件下で，またたく間に繁殖した．しかし，水稲の播種密度を高めることなどにより，問題は沈静化した．直播栽培では，収穫する前に脱粒してしまう雑草イネも問題となっている.

中国のハイブリッドライス[*6]は，単位面積あたりの籾数の獲得の点で日本の品種より勝っている．これは，強大な分げつ(枝分かれ)が多数発生し，それぞれに籾を多く付けるからである．この特質は，根系の旺盛な窒素吸収力で支持されている．1 穂あたり籾を 120 粒以上付けて，それらが実っても倒れないイネであるから，よほど丈夫な茎であるかを想像できるだろう(表 10.3).

＊6 雑種強勢の力(ヘテロシス)を活用して，花粉と胚珠に別々の品種を使って増収する，中国で多く使われている技術.

イネは熱帯の作物であるから，花粉のできる時期や開花期に 15 ℃前後の低温に遭遇すると**冷害**を受ける．田んぼに水をためて水の中に若い穂を浸け

表 10.3 新しい増収技術，ハイブリッドライスの収量(日本米との比較)

	Shan You 63	Xu You 3-2	黄金晴	日本晴
穂数($/m^2$)	50,360	55,100	38,400	37,300
1 穂籾数	139.5	124.1	76.8	82.8

ておくことで冷害を防止できる．これを**深水管理**という．東北地方の太平洋側の水田では，こうした技術のために畦が高くなっている．

10.4.2 コムギ

ムギといわれているものには，オオムギ(二条オオムギ＝ビールムギ，六条オオムギ＝裸ムギ，皮ムギ)，コムギ(パン用，麺用，マカロニ用)，ライムギ(ライムギパン用)，エンバク(オートミール用)があり，お互い別の属に分類される種である．いずれもヨーロッパから世界各地にもたらされた．

これらのムギの多くはいずれも**冬作物**といわれ，秋に種を播いて春に収穫する．ちなみにナタネも冬作物である．北海道では9月にムギの種播きをして7月に収穫する長期の栽培が行われているが，関東平野や九州の佐賀平野では水稲の裏作として栽培されてきた．すなわち，6月にムギ類を収穫して，イネの田植えをし，10月に稲刈りをして，11月に麦播きをしてきた．ナズナやスズメノテッポウは，ムギの雑草として春に花が咲く．

木原均[*7]のゲノム研究から，作物の進化や育種の研究が進展した．それによると，コムギはメソポタミア地方で，一粒系(2倍体)からマカロニコムギ(4倍体)，パンコムギへと進化してきた．現在一般に栽培されている通常のパンコムギは6倍体種である[*8]．

1935年に稲塚権次郎が見つけた日本のコムギ農林10号の半矮性遺伝子(*Rht1*, *Rht2*)は，日本国内では普及しなかったが，メキシコにある国際コムギ・トウモロコシ研究センター（CYMMIT)でコムギの収量を高めるために用いられ，輸入国であったメキシコがコムギの輸出国になった．この遺伝子はその後，インドなど世界中で使われ，倒伏しないで多肥栽培ができるようになり，多収を上げられるようになった．半矮性遺伝子を用いた多収栽培はコムギの「緑の革命」といわれ，この技術によりボーローグ(N. E. Borlaug)は1970年にノーベル平和賞を受賞した．

＊7　コムギの細胞遺伝学を確立し，祖先型を発見した遺伝学者．

＊8　ゲノムとは，生物が生きるための最小限の染色体セットのことである．また，2，4，6倍体のように染色体が増えることを倍数性という．

10.4.3 トウモロコシ

トウモロコシは，新大陸原産の雌雄異花で雄花先熟[*9]の他殖性種子繁殖作物である．熱帯から寒冷地まで栽培され，その適応性は広い．デント種，フリント種，スイート種などがあり，子実用や青刈用[*10]には前二者が用いられる．フリント種はデント種に比べて耐冷性に勝る．

デンプン用として使われるものの80%は**コーンスターチ**(トウモロコシデンプン)である．食品に使われるのはもちろん，製紙用のコーティング剤，ダンボールの接着剤として，また繊維業界や医療品業界などでも用いられており，私たちの生活に密着した製品である．また，コーンスターチからできる糖化製品[*11]は食品全般に幅広く使われている．一方，イネやコムギがデ

＊9　まず雄穂が開花して花粉を放出し，遅れて雌穂が開花する現象．

＊10　飼料として用いるため，未熟状態で全草を刈ってサイレージなどにする．

＊11　ブドウ糖や果糖など，デンプンの糖化によってつくられた甘味料．

ンプンとして使われることはほとんどない．残りのデンプンはジャガイモ，サツマイモ，タピオカ，サゴヤシなどが原料である．これらは飼料や工業用としても使われている．

アメリカのコーンベルト地帯ではダイズとの輪作が多い．近年，バイオエタノール用にトウモロコシが栽培され，価格を押し上げている．世界のトウモロコシ子実の生産量6億tのうち，約4割をアメリカが生産し，続いてブラジル，中国などで生産量が多い．日本は1800万tを輸入し，おもに飼料に利用している．このため畜産地帯では，畜産廃棄物による水域の富栄養化(窒素過多)の問題が生じている．

国際アグリバイオ事業団(ISAAA)[*12]は2017年，世界の遺伝子組換え作物の栽培面積は1億8980万ha，栽培国は24か国，輸入国は43か国であるとしている．全世界の各作物栽培面積に対する遺伝子組換え体作物の作付面積の割合は，ダイズ77%，ワタ80%，トウモロコシ32%，キャノーラ30%であった．世界の五大組換え体栽培国(アメリカ，ブラジル，アルゼンチン，カナダ，インド)における組換え体作物(ダイズ，トウモロコシ，キャノーラ)の導入率はいずれも9割を超え，飽和に近づいていた．これらはおもに除草剤耐性品種と生物農薬の導入(後述)である．このほかの遺伝子組換え作物として，アルファルファ，テンサイ，ジャガイモ，リンゴなども栽培され，すでに市場に出回っている．これらは70億人を超える人々の食料として役立っているとされているが，少数の限られた品種が世界中で生産されるようになると，品種や栽培法の多様性が失われ，農業が脆弱になる危険性が高いので，注意しなければならない[*13]．

＊12　遺伝子組換え作物に関する情報を国際社会で共有するために活動している国際的非営利団体．その収入の多くを発展途上国の農業生産者に提供して，バイオテクノロジーを利用して飢餓と貧困を解決すべく活動している．

＊13　この問題を遺伝的侵食という．

10.5　その他の穀物とマメ科作物の生産

10.5.1　雑　穀

世界で4番目の穀物として，アフリカ原産の**ソルガム**(モロコシ，コウリャン)がある．乾燥気候に適しており，アフリカの多くの国ではトウモロコシと並んで重要な穀物とされている．日本では飼料作物としての活用しか見られないが，中国では酒の原料にもなっている．

東北地方の水稲冷害地帯では，ヒエ，キビ，アワ，ハトムギなどの雑穀が栽培されている．これらの種子には抗酸化作用などが認められ，今では健康増進用にも活用されている．このほか，ソバは栽培期間が3カ月程度ときわめて短く，短期間の収穫に向く作物として活用されている．近年，南アメリカ原産のヒユ科のアマランサスも珍しい穀物として注目されている．

このように小さな粒のイネ科植物の種子は**雑穀**(millet)と呼ばれている．熱帯原産の雑穀にはシコクビエ，トウジンビエ，テフなどがあり，アフリカやインドで数多く栽培されている(図10.4，表10.4)．雑穀は，イネやコ

(a)

(b)

図 10.4　トウジンビエとストライガ
(a) C_4 植物のトウジンビエ，(b) イネ科の作物の根に寄生する雑草 *Striga hermonthica.*

表 10.4　インドの雑穀

アワ(*Setaria italica*)	東アジア原産
キンエノコロ(*Setaria glauca*)	インド原産の小粒のアワ
キビ(*Panicum miliaceum*)	中央アジア温帯域原産
サマイ(*Panicum sumatrense*)	インド原産の小型のキビ
インドビエ(*Echinochloa frumentacea*)	コヒメビエからの栽培化，インド原産，東アジア原産のヒエより小粒
コド(*Paspalum scrobiculatum*)	インドだけで栽培されているスズメノヒエ類似種
シコクビエ(フィンガーミレット，*Eleusine coracana*)	アフリカ原産
モロコシ(ソルガム，*Sorghum bicolor*)	アフリカ原産
トウジンビエ(パールミレット，*Pennisetum glaucum*)	エジプト，スーダン原産
コルネ(*Brachiaria ramosa*)	インド原産
ライシャン(*Digitaria cruciata* var. *esculenta*)	インド原産，北部のカシミールだけで栽培されているメヒシバ類似種
ハトムギ(*Coix lacryma-jobi*)	東南アジア原産

ムギおよび近世になってからのトウモロコシやジャガイモが入ってくるまで，世界各地で普通に食べられていた．これら雑穀は人間との付き合いが長い植物であり，これらの個々の品種群は，乾燥地や荒地での栽培品種の遺伝子源として今後もしっかり保存していく必要がある．

穀物は狭い意味ではイネ科植物の種子だけを指すが，広くはマメ科やタデ科などの植物の子実も含まれる．マメ科の種子，すなわちダイズやリョクトウを穀物に含める場合，菽穀(しゅくこく)，それ以外の科(たとえばソバ)の種子を穀物に含める場合，擬穀(ぎこく)と呼ぶ．

10.5.2　マメ科作物

ダイズの原産地は中国の長江(揚子江)中・下流域である．寒さには比較的弱いので，霜が降りなくなった5月から6月にかけて播種する．湿害には比較的強いので，水田転換畑の水稲代替作物になっている．2016年の世界のダイズ生産量は3.2億tであった．近年，ダイズに代えてトウモロコシを生産しているところが多いため，ダイズの生産量は頭打ちである．生産量はアメリカ33%，ブラジル31%，アルゼンチン18%，中国4%，パラグアイ3%の順に多い．ダイズの2000年以降の生産は南米産の伸びが著しい．一方，消費量は中国30%，アメリカ17%，アルゼンチン16%の順であった．2000年以降，中国の輸入の伸びが著しい．現在の日本のダイズ生産量は23

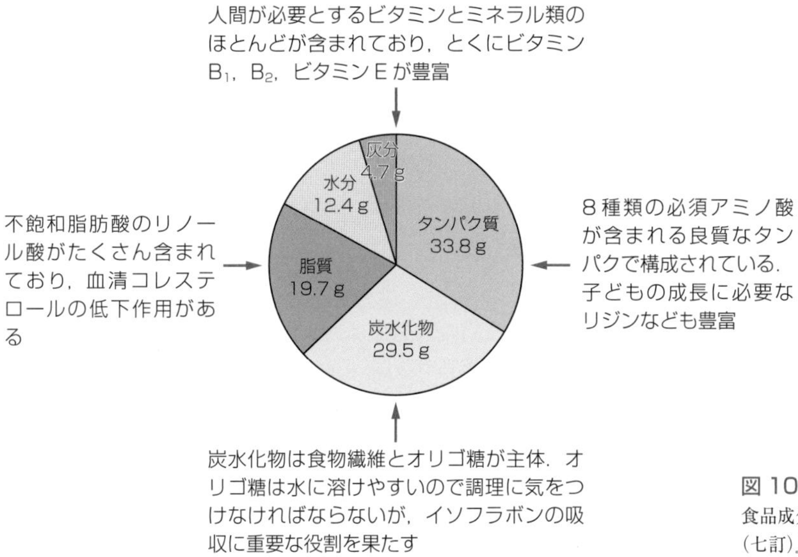

図10.5　ダイズの食品としての成分
食品成分は『日本食品標準成分表2015年版(七訂)』より，全粒/国産/黄大豆/乾．

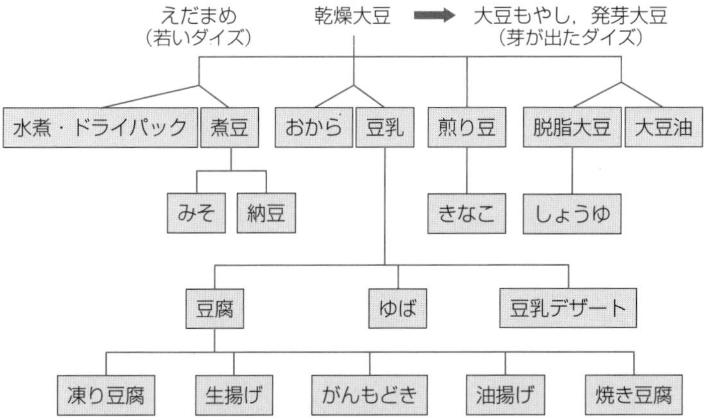

図10.6　ダイズからつくられる食品

万トン，消費量は 310 万トンである．図 10.5 に示すように，ダイズはタンパク質，脂質，炭水化物などのバランスがとれた食物である．タンパク質や脂質が多いため，単位面積あたりの収量は多くても 300 kg と，水稲などの半分である．国産ダイズは納豆用，豆腐用，みそ用が主体であり(図 10.6)，それぞれの地域で栽培品種が異なっている．

マメ科植物には 3000 種以上あり，ネムのような木本(もくほん)，フジやクズのような藤本(とうほん)[*14]，ダイズのような草本(そうほん)とさまざまな形態をしている．マメ科の作物として，ダイズのほか，東アジア原産のアズキ，東南アジア原産のリョクトウ，ツルアズキ，地中海原産のソラマメ，エンドウ，インド原産のヒラマメ，キマメ，ヒヨコマメ，アフリカ原産のササゲ，ラッカセイ，南米原産のインゲンマメなどさまざまなものがある．

＊14　つる植物のこと．ほかの樹木などを支えに茎を伸ばす植物．

10.6　根菜，果実，野菜の生産

10.6.1　根　菜

現在栽培されている 4 倍種のジャガイモが栽培され始めたのは，紀元後 500 年頃である．野生のジャガイモにはソラニンなどの毒があり，凍結と乾燥で毒抜きがされていた．ジャガイモは，アンデス高原のチチカカ湖周辺からチリ，メキシコへと伝播していった．旧大陸へはスペインのメキシコ征服以降に伝播した．イギリスへは 1586 年に導入された．1840 年代のヨーロッパ全域におけるジャガイモ疫病の大発生は大飢饉をもたらした．この大飢饉はジャガイモ単作の悲劇であり，その後，単作を危険視する教訓となった．日本へは，1601 年にオランダ船がジャカルタ港から長崎に着き，導入された．19 世紀後半には救荒作物として北日本に広まった．多湿環境には，ベト病などが発生するために適さない．現在では北海道での栽培が多い．図 10.7 に日本で栽培されている根菜(イモ類)の分類を示す．

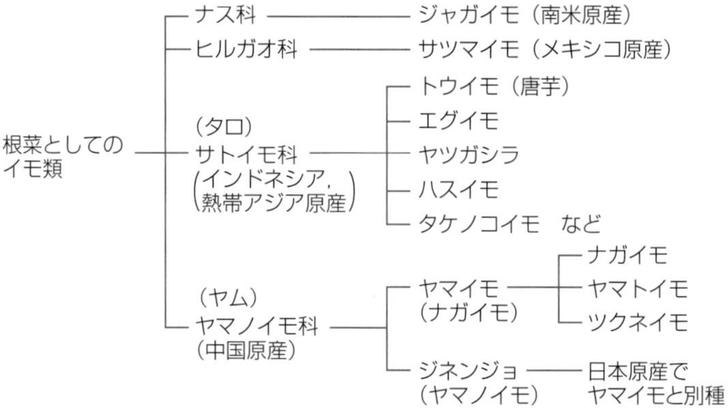

図 10.7　日本で栽培されている根菜(イモ類)の分類

サトイモ(タロイモ)はアフリカで最も多く生産されている．またオセアニアでは主食になっている．地下に塊茎(かいけい)をつくり，茎は伸びない．1塊茎から7～8枚葉が出る．塊茎は円筒型で，短間隔に多くの節があり，小イモをつける．花が咲くことはまれで，種子はほとんどできない．やや湿地に適し，乾燥地ではよく育たない．水田や湛水状態で栽培されることもある．畑では灌漑しなければ生産できない．カリ(カリウム)を必要とし，熱帯では年中植えられ，いつでも収穫できる．イモの貯蔵は長くできないのが欠点である．

ヤムイモは，東南アジアからポリネシアにかけて広がる根栽農耕文化地域を代表する作物の一つである．また，アフリカのヤムベルト[*15]でもたくさん栽培されている．ダイジョやトゲイモの原産地は東南アジアと考えられ，10世紀頃までにアフリカに伝わった．そして16世紀以降，アフリカから南米に伝えられた.アフリカ原産のギニアイエローヤムやホワイトヤムもある．一方，日本や中国に産するナガイモは温帯型のヤムイモである．太平洋のポナペ島ではかつて，年間の食料の半分はヤムイモが占めていた．しかし今日では，世界的にキャッサバやサツマイモに取って代わられつつある．

＊15　西アフリカのサハラ砂漠と熱帯雨林の間の東西に続くヤムイモ栽培地帯．年間降雨量は1000 mm前後．

サツマイモの仲間は400種もあり，大きな属であるが，イモを形成するのは数種だけである．サツマイモは6倍体であるが，元の2倍体種と4倍体種から，自然交雑，自然突然変異と人為選抜により現在のサツマイモとなった．サツマイモはメキシコ起源であり，太平洋各地に古くから広まっていたようである．

キャッサバは新大陸原産の多年生灌木で，高さ1.5～3 mに達し，茎は木質で太く，多数の枝を生じ，熱帯でよく繁茂する．繁殖は挿し木により行い，茎を30 cmほどに切って土に挿しておく．痩地(そうち)，酸性土壌，乾燥に強く，栽培しやすいが，連作すると地力が著しく減退する．塊根は貯蔵が難しく，青酸を含むものもある．生育期間が長く，低温に弱いため，日本では栽培されない．キャッサバのデンプンはタピオカパールとして輸入され，スイーツなどに用いられている．

このほか根菜には，ニンジンやゴボウのように野菜として栽培されるもの，レンコンやクワイといった湿地性のもの，コンニャクやクズのような畑を使うものなど多数ある．これらの多くはデンプン用ではなく，薬草として活用される場合が多い．根菜の栽培は，収穫時に土壌を掘り起こし，畑を耕運することになる．そこで,作付け体系の一つの作物として根菜を入れることが，持続性の高い農業生態系の構築にもつながってくるだろう．

10.6.2　果 実

果実のなかで最も生産量が多いのはバナナである．バナナは果物として利用されるだけでなく，揚げて食べるデンプン作物のプランティーンとしても多く栽培されている．日本に輸入されるバナナの大部分は，風の影響が少ないフィリピンのミンダナオ島のプランテーションで栽培されている．

果実の生産には緯度と標高が重要視され，本州北部や長野県ではリンゴやサクランボ，本州各地ではモモ，ナシ，ブドウ，クリ，九州や四国の西南暖地ではミカンなどの柑橘類が栽培されている．沖縄は亜熱帯であり，多くの熱帯果樹が栽培されている．高品質の果実生産には適地適作が求められ，栽培を始めてすぐに結果が出るわけではなく，品種の選定が栽培の鍵となる．ほんの少しの温度の差が品質に影響するので，果実は地球温暖化の影響を受けやすいものの一つといわれている．後ほど述べるように，高品質な果樹の生産には多くの農薬が使われている．生育適地の選定と病虫害抵抗性育種を組み合わせた持続的な果樹生産を目指す必要がある．

なお，重要な病害虫が広まらないように各国には植物防疫所があり，空港や海港で輸入農作物を検査することによって重要害虫の侵入を未然に防いでいる．

10.6.3 野　菜

野菜は日持ちしないものが多く，生で食べることも多い．また，毎日少量ずつ必要であり，少量多品目の品揃えが求められる．そこで元来，野菜は自給自足することが多く，それぞれの地域で身近なものが活用されてきた．熱帯では未熟なパパイヤやマンゴー，水辺のクウシンサイ，畑のヒユ科植物などが多用されている．

温帯野菜にはウリ科，ナス科，アブラナ科，キク科などのものが多く，ハクサイやキャベツのような葉菜，トマトやキュウリ，イチゴのような果菜，ダイコンやニンジンのような根菜が栽培されている．これらの栽培にあたっては連作を避け，作付け体系を考えて，土壌に由来する病気や線虫を発生させない努力が求められる．イチゴやメロンの栽培にはセイヨウミツバチやマルハナバチのような訪花昆虫が必要である．これらは殺虫剤の影響を受けやすい．

「旬の野菜」というように，元来，野菜には季節性が明確にあった．イチゴの旬は5月であり，キュウリの旬は7月である．しかし，ハウス栽培の普及と品種改良により年中出荷されるようになった．溶液栽培やガラス温室の施設園芸が発達して季節感がなくなっただけでなく，近年はレタスのような葉菜が植物工場で生産されることもある．施設内で人工光を活用し，生育過程の溶液やガス条件を最適に管理して，まったく自然から切り離された生産環境で計画的に生産されている場合もある．このとき，密閉環境のために病虫害を完全に締めだせるので，短期間で栽培できるベビーリーフのような作物では実用栽培が普及していくだろう．太陽光を上手に活用して果菜や根菜を栽培できるようになれば，ビルの屋上や道路や鉄道敷地など都市の各種施設も活用できるようになり，都市のヒートアイランド化の防止にも役立つかもしれない．

10.7　総合的病害虫雑草管理(IPM)

作物生産を増大させるには阻害要因を少しでも減らすことも求められる．作物生産を減少させる要因には生物的要因と非生物的要因がある．非生物的要因としては長雨，低温，高温，日照り，雹（ひょう）などの気象災害と，価格政策などの社会的要因がある．生物的要因は病害，虫害，鳥獣害，雑草害などに分けられる．また，低温および長雨によるいもち病の発生など，両方の要因が相互に作用することもある．

病虫害の発生を防ぐには，抵抗性品種の利用，栽培時期の移動，栽培法の変更，耕運や灌漑水の利用など，農業的な操作による生態的な防除も大変役に立つ．

自然界は絶妙なバランスで成り立っている．害虫の原産地には多種の天敵がおり，そこでは害虫が増えたら天敵も増えて密度調節をしている．したがって，他国から害虫が侵入した場合，爆発的に増加し，作物生産が皆無になることもある．こうしたときに，害虫の原産国から天敵を輸入して，天敵による害虫の防除がさまざまに試みられてきた．バチルス・チューリゲンシス(*Bacillus thuringiensis*，BT)という細菌によりトウモロコシの害虫アワノメイガを防除できるようになった．この農薬を**BT剤**といい，BT剤のようなものを**生物農薬**という．この細菌の虫への作用を遺伝子組換え技術でトウ

Column

農業生態系のわかりにくさ

日曜朝のNHK総合のテレビ番組に「さわやか自然百景」と「小さな旅」がある．前者は動植物や自然を扱った番組であり，後者は人と自然の関わりがよく取り上げられる番組である．前者は山，石，動物，植物，鳥，魚などを扱う．海，川，森，木，湿地，高山，露頭，断層などが現場である．これに対して後者の番組は，人の暮らしを中心とした農業，採集漁労，園芸などや，畑，田んぼ，棚田，段々畑などでの栽培や，林，用水路，ため池，小川などでの林業，山菜取り，キノコ採り，魚釣り，カニ捕り，ハチ追いなど，伝統文化が現場である．

農業生態系は後者が現場であるが，後者の実態を前者の方法論で取り上げているので，わかりにくいところがある．すなわち，人が住んでいる周辺で，人と関わりがある動植物や循環について考えている．前者は，他章のように自然の実態をありのままに見ているのに対し，後者は明らかに二次的な自然であって，元々の自然ではない．後者は人の手によって維持されてきた自然であり，人手が入らなくなれば維持することができない．どちらが重要か比較できるものではないが，一般に農業生態系は産業に隠れて見えにくい．

モロコシに導入して，コブノメイガに食害されないような品種をつくりだすことも行われ，アメリカなどで普及している．こうした技術は，害虫だけでなく，ホテイアオイなどの侵入植物(雑草)にも試みられている．

同じ作用性の農薬を長期間使い続けると，殺菌剤耐性菌が現れたり，殺虫剤抵抗性をもった害虫が出現したりする．また天敵と害虫の関係では，多くの場合，害虫より天敵のほうが殺虫剤に弱く，農薬を散布するとかえって害虫が増えてしまうことがある．これを**リサージェンス**と呼ぶ．リサージェンスを起こさないためには総合的な害虫管理が必要になる．

殺菌剤耐性菌の対策としては，菌のバランスを考慮した抗菌作用を活用したり，植物の免疫機能を利用したいもち病菌の予防剤なども開発されている．このような方法を組み合わせて，畑や田んぼの病害虫や雑草を経済的許容水準以下に抑えることを**総合的病害虫管理**(Integrated Pest Management, **IPM**)という．

近年，水田やその周辺の雑木林，ため池など，里山環境の生物多様性の重要性が見直されている．とくに，コウノトリやトキなどの絶滅危惧種が生存できる環境を人里に育むため，二次的自然を保護する重要性もわかってきた．害虫や雑草，それらの天敵だけでなく，「ただの虫」，「ただの草」を評価することが農業生産の面からも必要になってきた．IPM からさらに進んで，害虫を持続性のあるいろいろな方法で抑え，農地の絶滅危惧種を保全して，健全な農業を目指すことを**総合的生物多様性管理**(Integrated Biodiversity Management, **IBM**)という．これからの農業の進むべき道であろう．

10.8　熱帯林の消失と農業による二酸化炭素の増加

2004 年 12 月 26 日，スマトラ島の北西約 160 km，深さ 10 km の震源でマグニチュード 9.3 の地震が起こった．この地震は 1900 年以降，2 番目に大きな地震であった[*16]．大津波が発生し，インドネシアをはじめとして，タイ，スリランカ，マダガスカルなどで一瞬のうちに二十数万人が亡くなった．マングローブ林があったら，これほどまで大きな被害にはならなかっただろうといわれている．

*16　1960 年のチリ大地震(マグニチュード 9.5)に次ぐ大きさ．1964 年のアラスカ地震は 9.2，東日本大震災の地震は 9.0 であった．

マングローブ林は，地上部は普通の林であるが，地下部は潮の干満がある海中である．普通の植物は塩水中では生きられない．それは浸透圧により水が細胞から外に出てしまうからである．そこでマングローブには，空気を吸う呼吸根，塩水を体外に出す機構，空中で成長する胎生種子など，いろいろな仕組みが存在する．こうした仕組みが植物プランクトンや動物プランクトンを育み，甲殻類，魚類，両生類，鳥類など生物多様性の高い生態系ピラミッドを形成する元を築いている．マングローブとは，1 種類の植物ではなく，オヒルギ，メヒルギ，ヤエヤマヒルギ，ヒルギダマシ，マヤプシキなどを総称していう．

国連食料農業機関（FAO）の調査によると（2010年），世界の森林面積は40億ha，陸地面積の約31%である．南アメリカ，アフリカなどの熱帯林の減少が著しい．マングローブ林は，海岸，河口，入り江など潮干帯の塩水が混じる泥地・沖積地に発達し，585万haは東南アジアにある．熱帯林の減少要因には，木材資源としての伐採，人口増加に対する食料供給のための森林の田畑への転用，炊事用薪炭の利用，放牧の大規模化などがある．

1980年代，養殖していたクルマエビが多量に病気になった．そのうちに台湾のブラックタイガーというエビを養殖したが，ウイルス病に侵された．その後ブラックタイガーの養殖は，タイ，インドネシア，フィリピンなどに広がった．そうした国でもエビの病気が発生し，現在ではバナメイというエビに置き換わっている．日本でのエビの消費は，バブルがはじけた1992年を過ぎて，すぐに止まった．しかし，肉から魚へのブームで，中国やアメリカなどで消費が伸び，生産量は現在でも拡大している．マングローブ地帯でのこうした密度の高いエビの飼育は，沿岸海域の環境にも大きな影響を及ぼしている．

ボルネオ島は世界で3番目に大きな島であり[*17]，日本の約2倍の面積がある．この島はマレーシアのサバ州とサラワク州，インドネシア領のカリマンタン，それに石油が出るブルネイ王国からなる．この島にはマングローブの蓄積した広い熱帯泥炭の低湿地がある．マングローブが生えていた低湿地は，通年湛水，強い酸性，貧栄養条件のために二酸化炭素の巨大な貯蔵庫であり，これまで農地としてはほとんど活用されてこなかった．

＊17　1位はグリーンランド島，2位はニューギニア島である．

近年，ボルネオ島やスマトラ島では掘削して巨大排水路をつくり，森林を切り払って木材を輸出し，売れない樹木や泥炭の表面に火をつけて焼き，水位を2mほど下げてアブラヤシのプランテーションや水田稲作のための巨大な農地を造成している．泥炭を乾燥させると，酸素が泥炭層に入り，微生物の活動により二酸化炭素が放出される．この過程で，1997年から98年にかけての乾燥年には，乾燥した泥炭に自然に火がつき，低温で長期間焼けた．このときに放出された二酸化炭素量は，日本の1年間の二酸化炭素放出量の2倍にも達した．この煙（ヘイズ）が東南アジア一帯に漂い，健康被害さえ出した．

石油が枯渇し始めると**バイオエネルギー**の活用が必要になってくる．アメリカではトウモロコシからバイオエタノールを生産し，ガソリンに混ぜて車を走らせている．ブラジルなどの熱帯ではサトウキビを活用している．このため近年，トウモロコシ，ダイズ，砂糖の値段が高騰してきた．ブラジルの場合，アマゾンの森林などを切り開いて大規模農地にしていて，環境破壊の問題が起こっている．これ以上の熱帯林の減少を食い止めると同時に，サトウキビの生産でも，茎以外の部分を焼いて収穫する持続的でない方法を改めなければならない．サトウキビは熱帯アジア原産の多年生イネ科作物である．茎を20～30 cmに切り，挿し木してクローン繁殖させる．収穫までには早くても2，3年を要する．サトウキビ生産は，作物生産とエネルギー生産のバランスを考え，資源の投入量を極力減らして持続的な生産体系に導かなければ長持ちしないであろう．

アフリカ原産のアブラヤシは洗剤やバイオディーゼル油(BDF)になるため，クリーンな材料や燃料としてのイメージが強いが，すでに述べたように，地球温暖化の一因になっていることは否定できない．熱帯低地林の持続的な生産を図るためには，水位を下げる排水をやめ，茎にデンプンをためるパプアニューギニア原産のサゴヤシを生産し，そのデンプンからバイオエタノールを生産するほうがまだ負荷が少ないだろう．このほか，種子が有毒なため，食用にはならないヤトロファ（ジャトロファという場合もある）を不毛の地に栽培して，その種から油を絞るBDFの生産がインド，東南アジアで始まった．これらも有望な燃料資源の活用である．

練習問題

1 単作(モノカルチャー)のメリットとデメリットを挙げなさい．

2 連作障害を防止する方法にはどのようなものがあるか．

3 世界で多量に生産される第4位の穀物は何か．それはどこで栽培され，何に使われているか．

4 IBMとは何か．

5 マングローブ林は生物の多様性にどう役立っているか．それが減っている要因は何か．

参考図書

■1章　環境と生物の関わり

1）川道美枝子ほか編，『移入・外来・侵入種』，築地書館(2001)
2）安田喜憲著，『環境考古学事始』，NHKブックス(1980)
3）中西　哲ほか共著，『日本の植生図鑑Ⅰ森林』，保育社(1983)
4）D. Mueller-Dombois et al., “Aims and Methods of Vegetation Ecology,” John Wiley & Sons (1974)

■2章　生物の適応進化

1）ダーウィン著，渡辺政隆訳，『種の起源(上・下)』，光文社古典新訳文庫(2009)
2）リチャード・ドーキンス著，日高敏隆ほか訳，『利己的な遺伝子 増補新装版』，紀伊國屋書店(2006)
3）J. C. Herron et al., “Evolutionary Analysis: 5th Edition,” Pearson(2013)

■3章　生物の共生

1）種生物学会編，『種間関係の生物学』，文一総合出版(2012)
2）種生物学会編，『共進化の生態学』，文一総合出版(2008)
3）M. Begonほか著，堀　道雄監訳，『生態学 原著第四版』，京都大学学術出版会(2013)

■4章　生態系と食物網の構造

1）M. Begonほか著，堀　道雄監訳，『生態学 原著第四版』，京都大学学術出版会(2013)
2）宮下　直ほか著，『群集生態学』，東京大学出版会(2003)
3）大串隆之ほか編，『生態系と群集をむすぶ』，京都大学学術出版会(2008)

■5章　生態系におけるエネルギーと養分の流れ

1）E. P. オダム著，三島次郎訳，『基礎生態学』，培風館(1991)
2）日本生態学会編，『微生物の生態学』，共立出版(2011)
3）柴田英昭編，『森林と物質循環』，共立出版(2018)
4）蒲生俊敬編著，『海洋地球化学』，講談社サイエンティフィク(2014)
5）J. E. アンドリュースほか著，渡辺　正訳，『地球環境化学入門 改訂版』，丸善出版(2012)

■6章　植物群落

1）R. H. ホイッタカー著，宝月欣二訳，『生態学概説』，培風館(1979)
2）中西　哲ほか共著，『日本の植生図鑑Ⅰ森林』，保育社(1983)
3）J. Braun-Blanquet, “Planzensoziologie: 3 Aufl.,” Springer-Verlag(1964)
4）沼田　真編，『図説 植物生態学』，朝倉書店(1969)
5）H. Walter, “Vegetation of the Earth,” Springer-Verlag(1968)
6）服部　保著，『照葉樹林』，神戸群落生態研究会(2014)

■7章　動物群集

1）嶋田正和ほか共著，『動物生態学　新版』，海游舎(2005)

2）宮下 直ほか著，『群集生態学』，東京大学出版会(2003)

3）巌佐 庸著，『数理生物学入門』，共立出版(1998)

4）大串隆之ほか編，『生物間ネットワークを紐とく』，京都大学学術出版会(2009)

■8章　生物多様性

1）鷲谷いづみ著，『〈生物多様性〉入門』，岩波ブックレット(2010)

2）宮下 直ほか著，『生物多様性概論』，朝倉書店(2017)

3）IPBES，「生物多様性と生態系サービスに関する地球規模評価報告書 政策決定者向け要約(日本語版)」，環境省(2019)　※環境省自然環境局生物多様性センターHPに掲載

■9章　生態系サービス

1）只木良也著，『森と進化の文化史 新版』，NHKブックス(2010)

2）中西 哲，自然災害特別研究成果，A51-4-4，41 (1975)

■10章　持続的な農業生態系

1）宇根 豊著，『農は過去と未来をつなぐ』，岩波ジュニア新書(2010)

2）桐谷圭治著，『「ただの虫」を無視しない農業』，築地書館(2004)

3）古谷隆雄著，『アイガモがくれた奇跡』，家の光協会(2012)

4）前野ウルド浩太郎著，『バッタを倒しにアフリカへ』，光文社新書(2017)

5）藻谷浩介ほか著，『里山資本主義』，角川oneテーマ21 (2013)

6）守山 弘著，『水田を守るとはどういうことか』，農山漁村文化協会(1997)

索引

編著者略歴

武田　義明（たけだ　よしあき）

1948年　兵庫県生まれ
1971年　神戸大学農学部畜産学科卒業
2007年　神戸大学大学院人間発達科学研究科人間環境学専攻教授
現　在　神戸大学名誉教授
専　門　植物生態学，植生学
博士（学術）

基礎生物学テキストシリーズ8　生態学

第1版　第1刷　2021年3月31日
　　　　第2刷　2022年2月10日

検印廃止

編著者　武田　義明
発行者　曽根　良介
発行所　㈱化学同人
〒600-8074　京都市下京区仏光寺通柳馬場西入ル
編集部　TEL 075-352-3711　FAX 075-352-0371
営業部　TEL 075-352-3373　FAX 075-351-8301
振替　01010-7-5702
e-mail　webmaster@kagakudojin.co.jp
URL　https://www.kagakudojin.co.jp

印刷・製本　㈱太洋社

ISBN978-4-7598-1108-7